Dreamweaver CS6 WANGYE ZHIZUO

国家中等职业教育改革发展示范学校建设系列成果

Dreamweaver CS6

主　编　涂江鸿　李　璧

副主编　周小力　梅　莹　储　辛

编　者　朱言明　何春筱　李　璧　杜昌美　杨天芬
周小力　岳　玲　姚兴旺　涂江鸿　梅　莹
储　辛　董　艳

主　审　吴孟飞

重庆大学出版社

内容提要

网页制作是中职计算机网络技术专业核心课程。本书针对 Adobe Dreamweaver CS6 这一款专业的网页制作软件，介绍了如何利用 Adobe Dreamweaver CS6 中的可视化编辑环境，快速创建网页。全书共十三个模块，主要针对静态网站创建的介绍。教学目标是使学生掌握常用的网页布局工具，熟练运用多种网页设计技术，从而具备静态 Web 网页设计、制作及站点管理的知识和技能，能够独立制作中小型静态网站，其内容涵盖网页设计基础知识、层叠样式表、文本处理、图像处理、表格及多媒体元素等。

书中每个模块由多个任务组成，每个任务又包含“任务目的”“任务展示”“重点提示”“跟我做”几个部分，对理论知识的介绍是在每个任务的最后引入了“知识窗”加以说明，对关键的知识点还设置了“注意”“技巧提示”加以强调。大部分模块后有“拓展练习”，便于知识的巩固、总结和提高。

本书内容充实，结构清晰，图文并茂，通俗易懂，特别适合中职院校计算机网络技术专业的教材或自学用书。

图书在版编目(CIP)数据

Dreamweaver CS6 网页制作 /涂江鸿，李璧主编.—重庆：重庆大学出版社，2015.3(2022.2 重印)
中等职业教育计算机专业系列教材
ISBN 978-7-5624-8910-8

Ⅰ.D… Ⅱ.①涂… ②李… Ⅲ.网页制作工具—中等专业学校—教材 Ⅳ.TP393.092

中国版本图书馆 CIP 数据核字(2015)第 037666 号

国家中等职业教育改革发展示范学校建设系列成果
Dreamweaver CS6 网页制作
主 编 涂江鸿 李 璧
策划编辑：杨 漫
责任编辑：陈 力 邓桂华 版式设计：杨 漫
责任校对：刘雯娜 责任印制：赵 晟
*
重庆大学出版社出版发行
出版人：饶帮华
社址：重庆市沙坪坝区大学城西路 21 号
邮编：401331
电话：(023) 88617190 88617185(中小学)
传真：(023) 88617186 88617166
网址：http://www.cqup.com.cn
邮箱：fxk@cqup.com.cn (营销中心)
全国新华书店经销
POD：重庆新生代彩印技术有限公司
*
开本：787mm×1092mm 1/16 印张：14.5 字数：335 千
2015 年 3 月第 1 版 2022 年 2 月第 4 次印刷
ISBN 978-7-5624-8910-8 定价：38.00 元

教管校教材编委会

前 言

Adobe Dreamweaver CS6 是一款专业的网页制作软件，利用 Adobe Dreamweaver CS6 中的可视化编辑环境，可以快速创建网页，无需编写代码。

本书主要针对静态网站的创建，全书共十三个模块。模块一介绍网页制作的基础知识和 Adobe Dreamweaver CS6 的界面；模块二介绍网站的创建和管理，重点是创建本地静态站点；模块三介绍如何使用表格布局网页；模块四介绍文本的编辑，以及如何使用 CSS 样式设置文本格式；模块五介绍图像的插入和属性设置；模块六介绍各种链接的创建；模块七介绍 CSS 样式在网页中的应用；模块八介绍如何在网页中插入 FLASH 动画和视频等多媒体元素；模块九介绍 AP Div 在网页布局中的应用；模块十介绍行为的基本概念、基本操作以及 Adobe Dreamweaver CS6 的预置行为；模块十一介绍模板和库项目，借助它们可以快速创建网页；模块十二介绍了一个简单的个人网站的制作流程；模块十三介绍网站的优化、测试与上传。

编写本书本着以下原则：

- 以项目来驱动，以任务为导向。全书以任务为基本编写单位，一个任务即一张网页实例。
- 结构清晰。全书按照网站建设的流程，由简到难，一步步深入学习，以最终保证学生具备静态网站建设的能力。
- 知识点简明扼要，语言简洁。全书尽可能地削减理论知识，注重实训操作，把培养学生的实际动手能力放在首要位置。
- 实例丰富。全书的内容既有知识点介绍，又有众多网页实例操作步骤的详细说明，所以本书既是一本教材，又是一本实训指导书，既是一份参考资料，又是一个作业本。让学生全方位地与教材为伴。对于初学者是一本好的入门教材。

本教材建议课时为 108 学时，周学时 6 学时（全部是上机实训）。全书大部分模块的内容都是按照一个模块一周（6 学时）的进度安排，但其中模块四、模块七和模块十分别是两周的教学时间。考虑到水平较高、有能力的学生，大部分模块都安排有拓展练习，拓展练习中任务的实例文件和参考步骤于本书配套素材中提供。

本书由涂江鸿和李璧主编，周小力、梅莹、储辛任副主编，吴孟飞主审。其中，模块一由周小力、杨天芬编写，模块二由周小力、姚兴旺编写，模块三由周小力编写，模块四由李璧、朱言明编写，模块五由李璧、杜昌美编写，模块六、模块十一由李璧编写，模块七由涂江鸿、董艳编写，模块八由涂江鸿、岳玲编写，模块九由涂江鸿、何春筱编写，其余模块由涂江鸿编写，全书由涂江鸿统稿。

本教材在编写过程中，得到了学校领导、计算机教学部全体同事、重庆大学出版社的大力支持与帮助，重庆策源地文化传播有限公司杨登全经理、重庆师范大学龚伟主任对全书的编写提出了很多宝贵的意见，在此一并表示衷心感谢。

由于编者水平及时间有限，书中难免有错漏和不妥之处，欢迎专家同行和同学们批评指正。如果有什么好的建议和意见，请发邮件到 foxromantic@ tom. com，以便再版时修订。

编　者

2014. 12

目 录

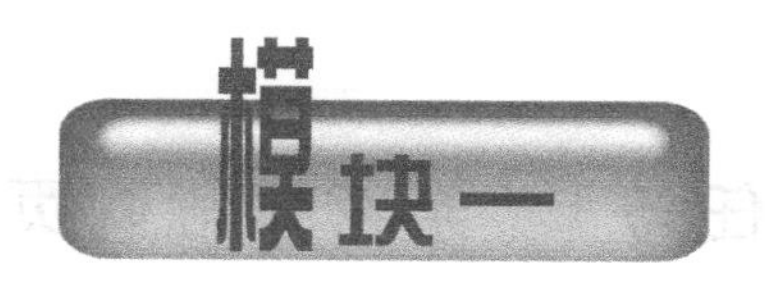

我要认识它

【模块综述】

在互联网高速发展的今天,全球已有数亿计的用户接入了因特网。通过建设网站,可以更好地展示个人、企业或者机构,网站已成为不可或缺的媒体力量。亲爱的读者,你想不想投身其中,创建自己的网络家园呢?使用 Adobe Dreamweaver CS6 就能帮你实现这一愿望。Dreamweaver CS6 是一款专业的网站设计开发软件,利用它能够使用户高效地设计、开发、维护网站,制作精美网页。

学习完本模块后,你将能够:

- 了解网站的基本概念
- 熟悉 Dreamweaver CS6 的工作界面
- 掌握 Dreamweaver CS6 文件操作
- 创建一张简单的网页

任务1　亲密接触网页

任务目的

本任务通过欣赏网页来体验网页设计的美妙，从而对网页设计产生直观的认识，并了解网站的一些相关概念。

跟我做

（1）双击桌面上 Internet Explorer 图标“”，在其地址栏中输入：http://www.sohu.com，按回车键，即可看到搜狐网站的首页。观察页面组成，如图1-1-1所示。

注意

> http://www.sohu.com 称为网址，sohu.com 部分称为域名。输入 http://www.sohu.com 后所看到的第一个窗口信息页面称为首页。

图1-1-1　搜狐首页的页面组成

注 意

- 网页包括网站 LOGO、导航栏、Banner 广告栏、文本、图片、视频、动画、表单等基本元素。
- 搜狐网是中国最大的门户网站之一。门户网站的特点是功能齐全，内容丰富，以宣传、信息展示为主要目的。搜狐网丰富的频道设置（导航栏）在网页顶部这个重要的位置，合理的频道分类为浏览者提供了查找的便利。在搜狐网首页中，出现了很多种广告形式，如 Flash 广告、图像广告和文字链接广告等。

（2）浏览网页。当我们将鼠标移到页面的某些地方时，指针形状会变为手形“”，说明该处设置了超链接。单击鼠标，可打开新的网页内容，并注意到窗口标题栏的标题和地址栏中的地址也发生了变化，如图 1-1-2 所示。

注 意

单击超链接，窗口中显示的内容称为一个网页。一个网站由众多网页组成。

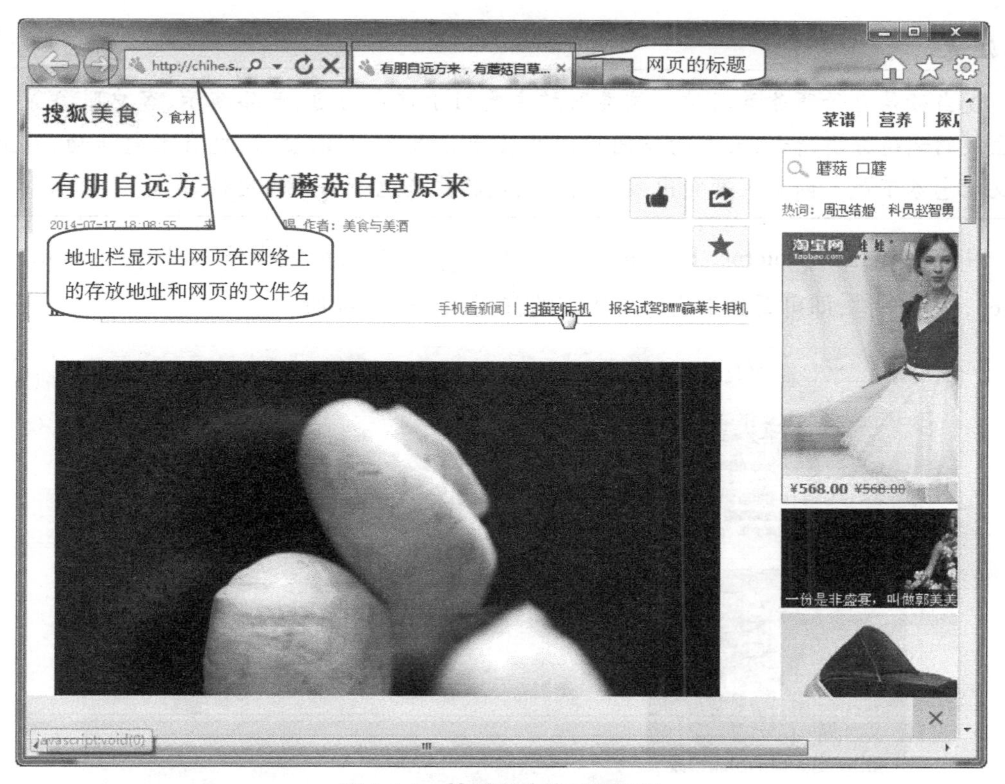

图 1-1-2　搜狐网站的二级网页

（3）双击桌面上 Internet Explorer（IE）图标“”，在其地址中输入：http://www.mcdonalds.com.cn，按回车键，即可看到麦当劳的首页，如图 1-1-3 所示。

图 1-1-3　麦当劳主页

注意

麦当劳是电子商务类网站。该类网站主要用于信息沟通、产品演示、客户服务等。网页左侧的频道分类清晰，大量的空间用图片展示美味，给人以食欲；更有主题活动、网上订餐及优惠券下载。网页主题突出，符合其宣传、推广及电子商务的定位。

(4)双击桌面上 Internet Explorer(IE)图标"e"，在其地址中输入：http://www.cqcp.org.cn，按回车键，即可看到重庆市少年宫的首页，如图 1-1-4 所示。

图 1-1-4　重庆市少年宫主页

注意

重庆市少年宫首页 http://www.cqcp.org.cn/网页整体制作上相对比较简单，但突出了少年儿童网站的活泼性和娱乐性，符合该网站定位。

知识窗

基本概念

1. 网站

网站是相关网页通过超链接有机组合而成的站点。

2. URL

访问某一网站，需要知道其地址，网站的地址即网址，如 http://www.sohu.com（搜狐网）。URL（Uniform Resource Locator 的缩写），称为统一资源定位器，是对可以从互联网上得到的资源位置和访问方法的一种简洁的表示，是互联网上标准资源的地址，俗称为网页地址。互联网上的每个文件都有一个唯一的 URL。

3. 网页

网页是网站中的任一页面，大家通过浏览器看到的画面就是网页。网页包括文字、图像、声音、视频、动画、表格等元素。网页是构成网站的基本元素。

4. 首页

输入网址后所看到的第一个网页称为首页。有些网站打开后首页只是精美的 Flash 动画或图片，再进入后，才看到网页上的导航栏和其他具体信息，这样的页面称为主页。多数网站的首页和主页合二为一。

任务 2　初识 Dreamweaver CS6

任务目的

Dreamweaver CS6 是业界领先的网页开发工具，通过它能够使用户高效地设计、开发、维护网站，制作精美的网页。下面我们来初步了解一下它的工作界面和基本操作。

重点提示

- 面板的打开、折叠、展开、拖动及关闭。
- 文档的新建及保存。

跟我做

(1)启动 Dreamweaver CS6 后,显示的是开始界面,如图 1-2-1 所示。

(2)在图 1-2-1 所示开始界面单击“新建”→“HLML”,创建一个 HTML 文档,进入 Dreamweaver CS6 主界面,如图 1-2-2 所示。

注意

> Dreamweaver CS6 提供了多种界面形式,即“工作区布局”模式。第 1 次启动 Dreamweaver CS6 时,默认“设计器”工作区布局,如图 1-2-2 所示。选择“窗口”菜单→“工作区布局”命令,可改变 Dreamweaver CS6 的界面。Dreamweaver CS6 提供了以下“工作区布局”:应用程序开发人员、应用程序开发人员(高级)、经典、编码器、编码人员(高级)、设计器等。初学者一般采用“设计器”或“经典”工作区布局模式。

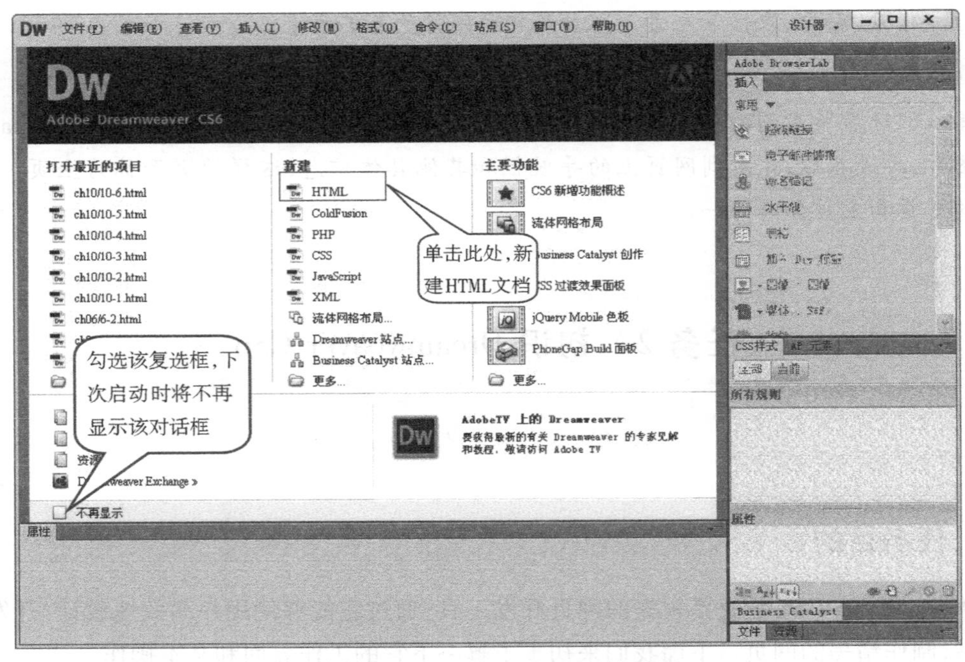

图 1-2-1　Dreamweaver CS6 开始界面

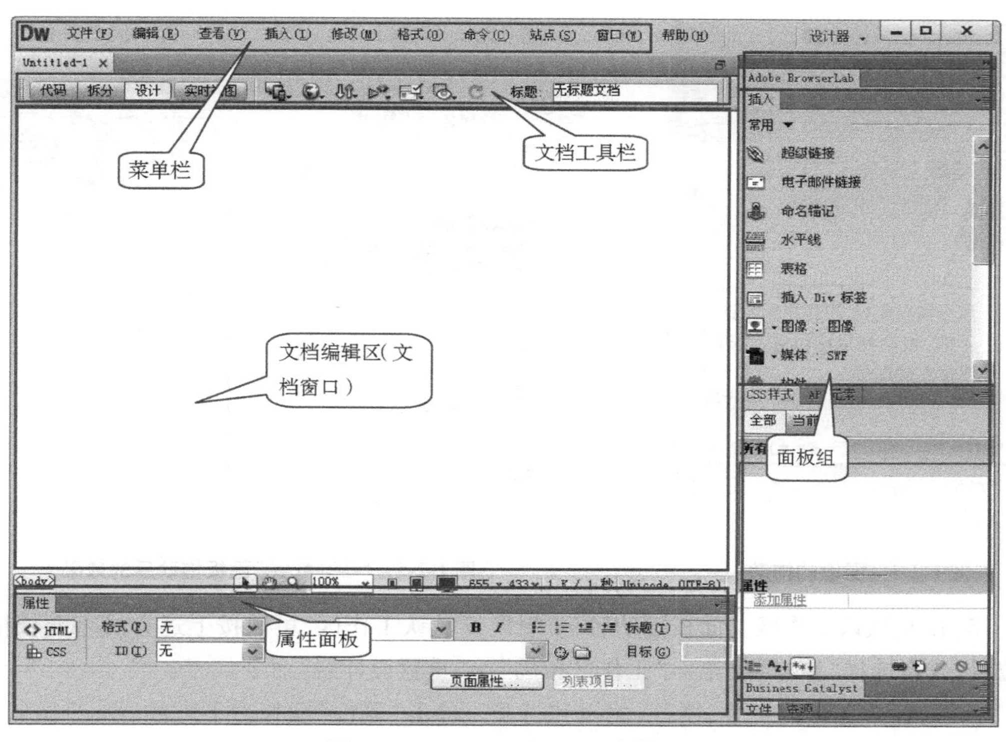

图 1-2-2　Dreamweaver CS6 主界面

(3)面板的打开和折叠,操作如图 1-2-3 所示。

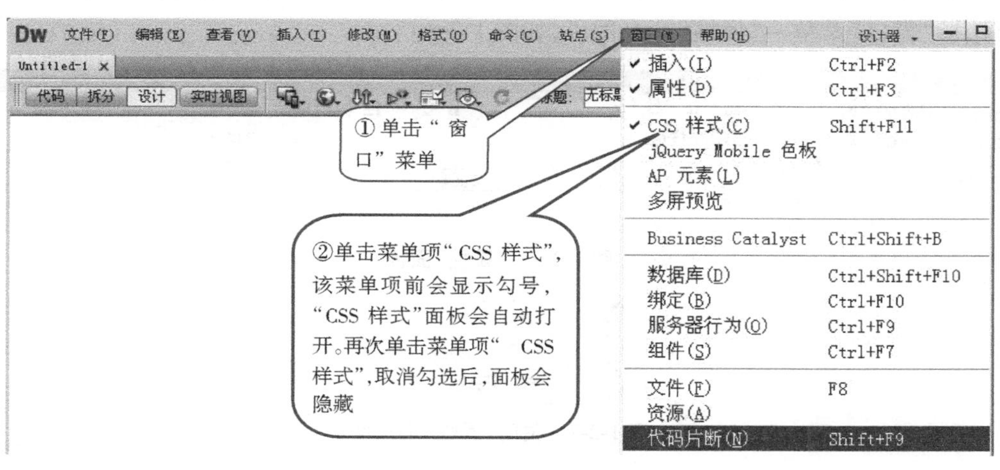

图 1-2-3　面板的打开/折叠

注意

几乎所有的面板和工具栏都可以在"窗口"菜单中打开或者折叠。只有文档工具栏例外,应该选择"查看"菜单→"工具栏"→"文档"命令来打开或关闭它。

(4)面板的拖动。以"CSS 样式"面板为例,操作如图 1-2-4、图 1-2-5 所示。

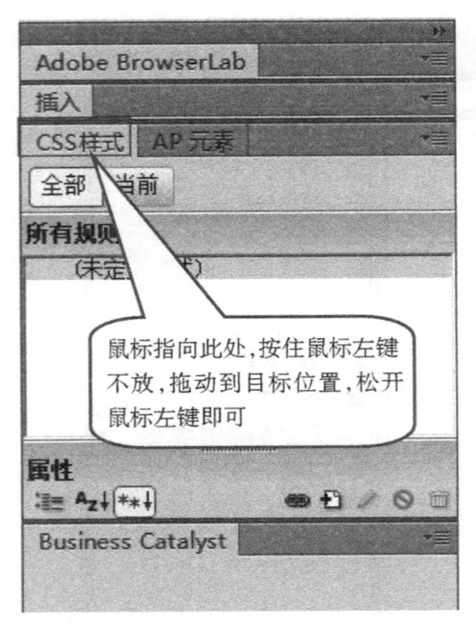

图 1-2-4　面板的拖动

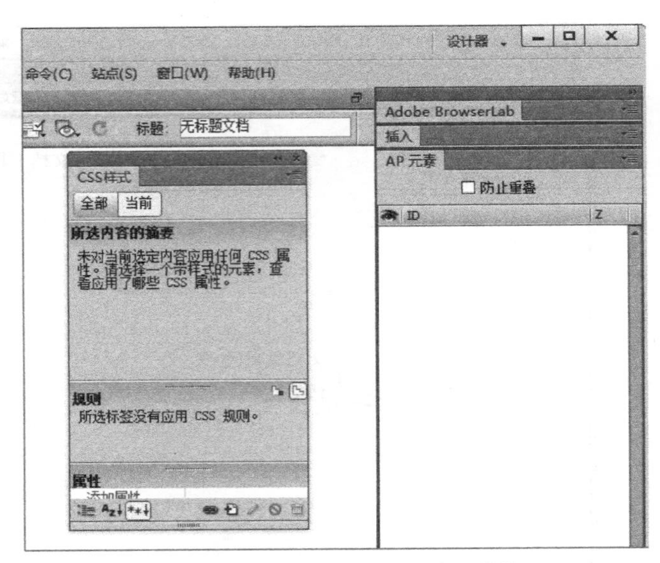

图 1-2-5　"CSS 样式"面板拖动后的效果

（5）恢复默认工作区。面板拖动后，要想恢复默认工作区，可以按上述方法将面板拖回原位置，或者选择"窗口"菜单→"工作区布局"→"重置设计器"命令。

（6）"属性"面板的折叠、展开、关闭和打开。单击"属性"面板右下方的"△"按钮（图 1-2-6）即可折叠、展开"属性"面板。单击"属性"面板右上方的"≡"按钮（图 1-2-6），弹出快捷菜单如图 1-2-7 所示，选择"关闭"命令，即可关闭"属性"面板。重新打开"属性"面板只需要选择"窗口"菜单→"属性"命令即可，如图 1-2-8 所示。

图 1-2-6　"属性"面板

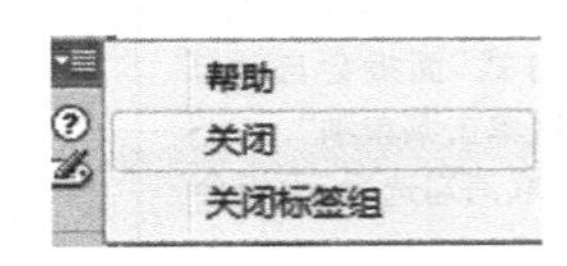

图 1-2-7　关闭"属性"面板图

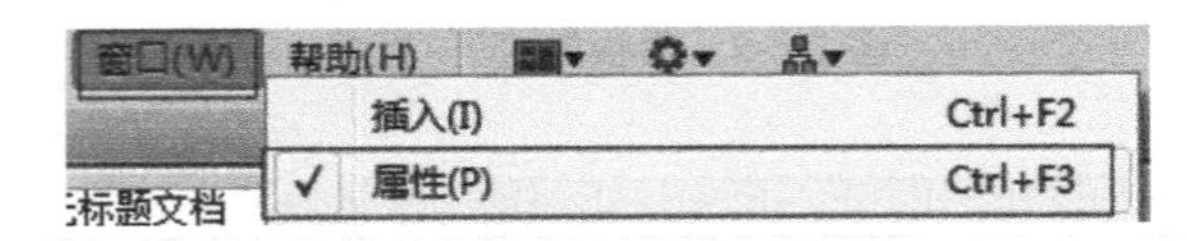

图 1-2-8　打开"属性"面板

（7）选择"文件"菜单→"保存"命令，保存刚刚新建的空白文档。在弹出的"另存为"对话框中设置保存的位置和文档名称，操作如图 1-2-9 所示。

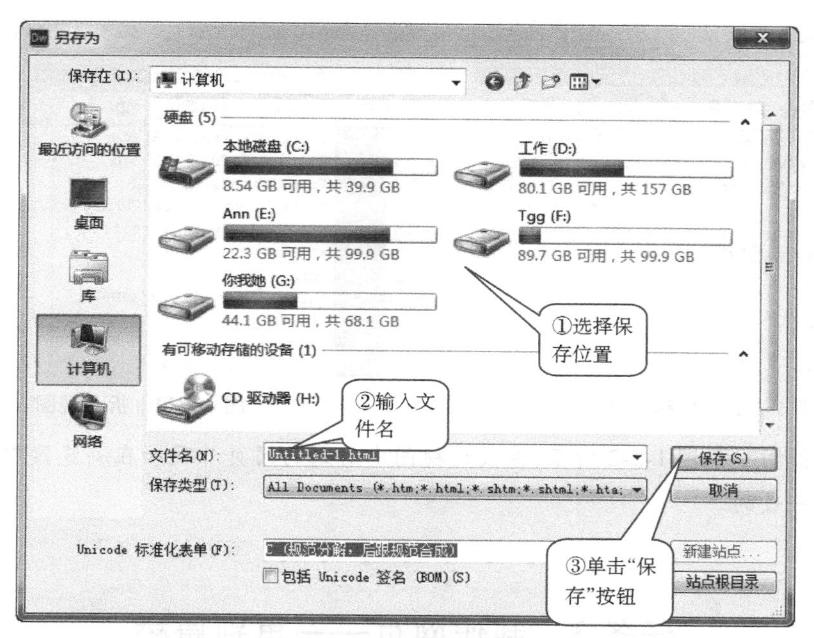

图 1-2-9　保存文档

知识窗

基本概念

1. HTML 语言

HTML 语言(Hyper Text Markup Language)即超文本标记语言,它是制作网页的一种标准语言,是网页设计和开发领域中的一个重要组成部分。超文本标记语言的结构包括“头(Head)”部分和“主体(Body)”部分,其中“头”部分提供关于网页的信息,“主体”部分提供网页的具体内容。用 HTML 语言编写的超文本文件称为 HTML 文件。

2. 视图方式

Dreamweaver CS6 提供 3 种基本的视图方式:代码视图、拆分视图、设计视图。可以在“查看”菜单中单击选择相应的菜单项,或者直接在 Dreamweaver CS6 主界面的文档工具栏中单击进行视图切换,如图 1-2-10 所示。我们常用的是设计视图。

代码　拆分　设计　实时视图　标题: 无标题文档

图 1-2-10　在文档工具栏中切换视图

- 代码视图　如图 1-2-11 所示,显示网页的 HTML 代码。如果想查看或编辑源代码,可以进入该视图。
- 拆分视图　如图 1-2-12 所示,同时显示设计与代码两种视图。

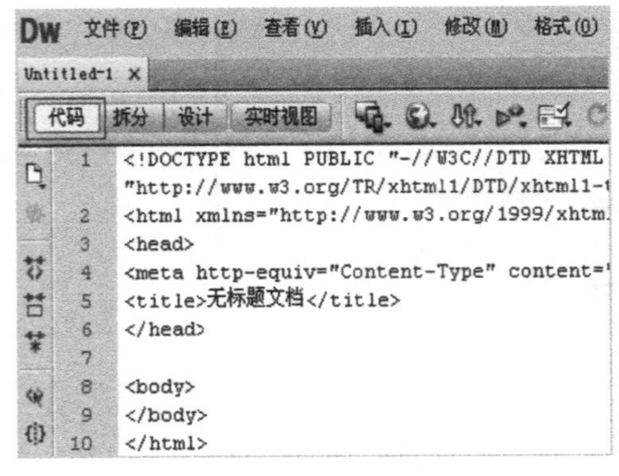

图 1-2-11　代码视图

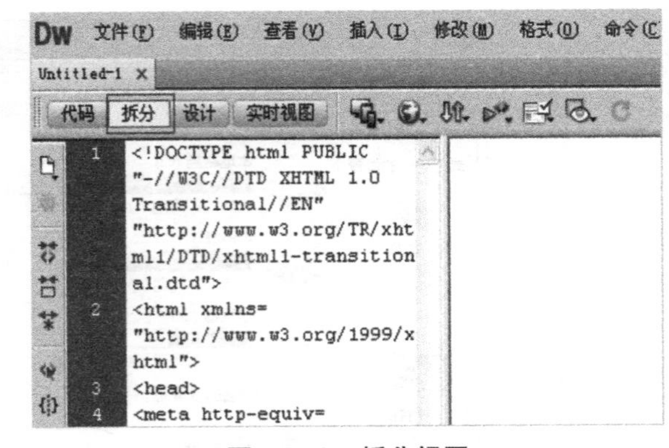

图 1-2-12　拆分视图

- 设计视图　如图 1-2-2 所示，在设计视图中看到的网页外观和在浏览器中看到的基本上是一致的。

任务 3　制作网页——再别康桥

任务目的

本任务练习制作一张只有文本与背景图像的简单网页，从而使读者对网页设计产生浓厚的兴趣。

任务展示

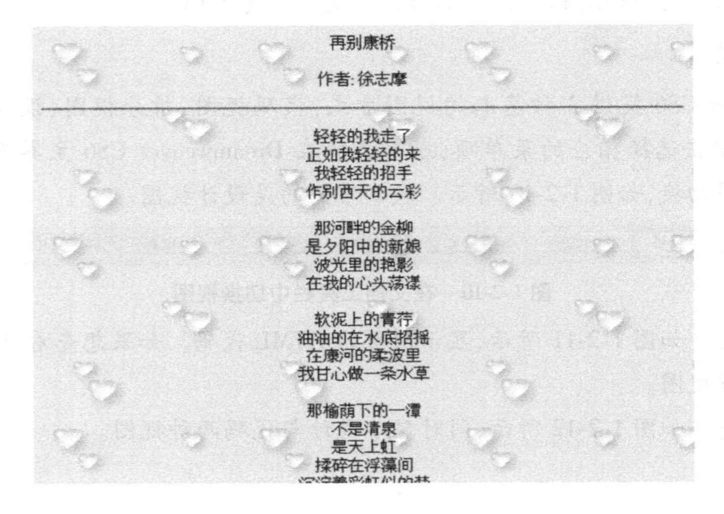

重点提示

- 文字居中对齐：选择“格式”菜单→“对齐”→“居中对齐”命令。
- 插入水平线：选择“插入”菜单→“HTML”→“水平线”命令。
- 设置页面属性：选择“修改”菜单→“页面属性”命令。

跟我做

（1）新建一个静态网页文档。启动 Dreamweaver CS6，在开始界面中创建一个 HTML 文档，操作如图 1-3-1 所示。

图 1-3-1　新建 HTML 文档

（2）输入文字。每输入完一段文字，按一下回车键，光标便自动定位到下一段。

技巧提示

若一段文字有多行，每输入完一行文字，则按下 Shift+Enter 组合键，光标将自动定位到同一段落的下一行。例如，输入完“轻轻的我走了”，就要按下 Shift+Enter 组合键。

注意

在 Dreamweaver 软件中，按下回车键即 Enter，意味着当前段落的结束，下一段落的开始。光标将会停留在下一段落的开始位置，两个段落之间将会留出一条空白。而按下 Shift+Enter 组合键，代表着同一段落中新的一行的开始。这种情况下中间不会出现空白。

(3)选中文字,设置文字居中对齐,操作如图 1-3-2 所示。网页效果如图 1-3-3 所示。

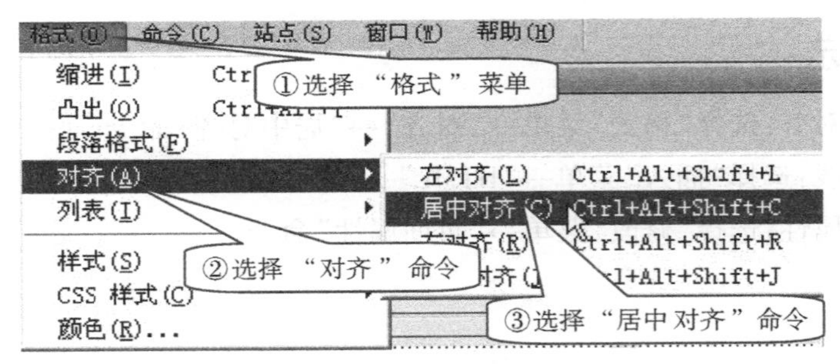

图 1-3-2 标题文字居中对齐

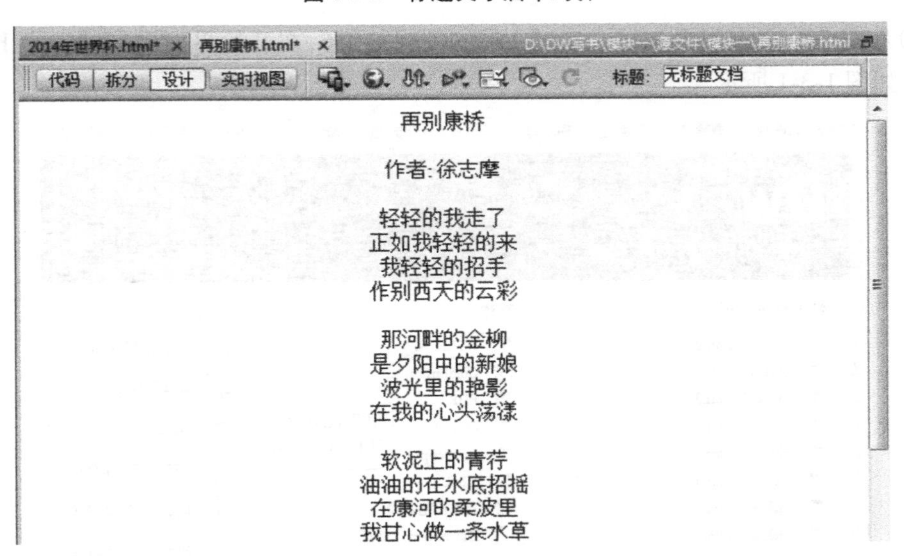

图 1-3-3 文字居中效果图

(4)将光标定位在第 2 行"作者:徐志摩"后,选择"插入"菜单→"HTML"→"水平线"命令,插入水平线到指定位置上。效果如图 1-3-4 所示。

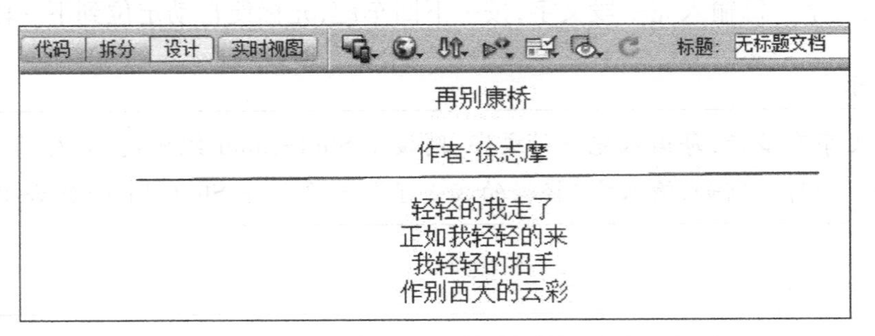

图 1-3-4 插入水平线

(5)设置网页标题。选择"修改"菜单→"页面属性"命令,打开"页面属性"对话框,对话框中的操作如图 1-3-5 所示。

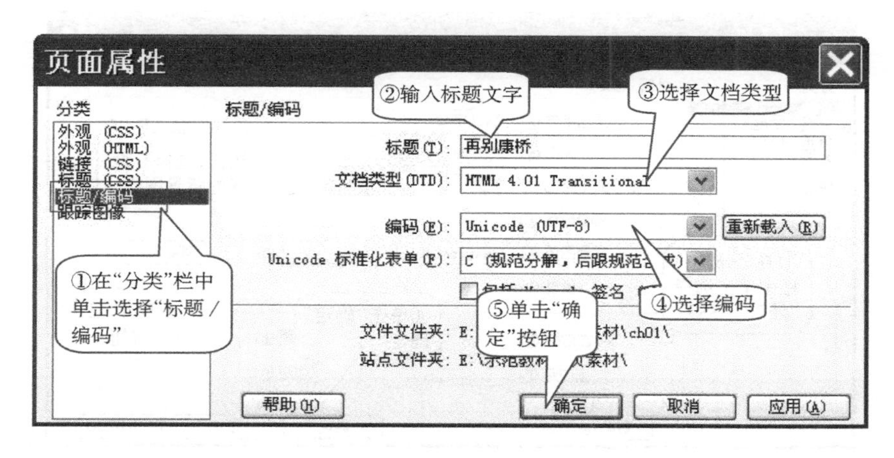

图 1-3-5　设置标题

(6)保存网页。选择“文件”菜单→“保存”命令,弹出“另存为”对话框,对话框中的操作如图 1-3-6 所示。

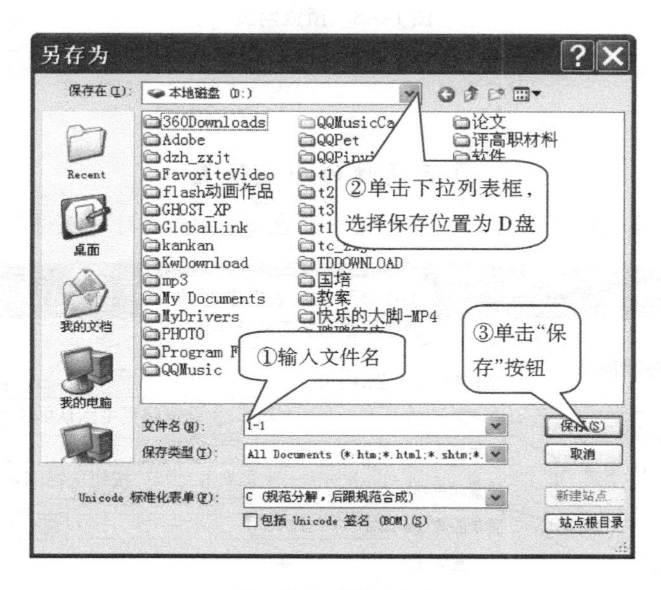

图 1-3-6　保存网页

(7)准备背景图像。将本书配套素材中的“ch01”→“images”→“1-1. gif”复制到 D 盘根目录下。

(8)设置网页背景图像。选择“修改”菜单→“页面属性”命令,打开“页面属性”对话框,对话框中的操作如图 1-3-7 所示。

(9)预览网页。单击文档工具栏中的“在浏览器中预览/调试”按钮(图 1-3-8),或者按键盘上的“F12”键进行预览。

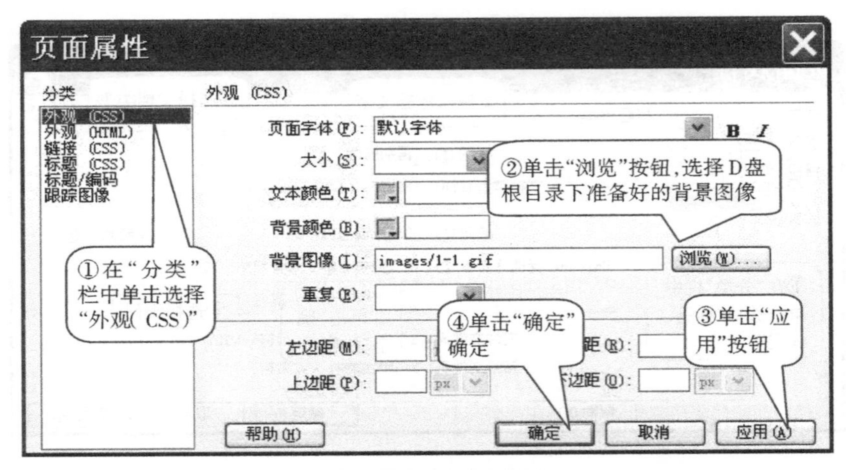

图 1-3-7　设置背景图像

图 1-3-8　预览网页

知识窗

页面属性的外观设置

页面属性可以控制网页的背景颜色和文本颜色等，主要是对外观进行总体上的控制。

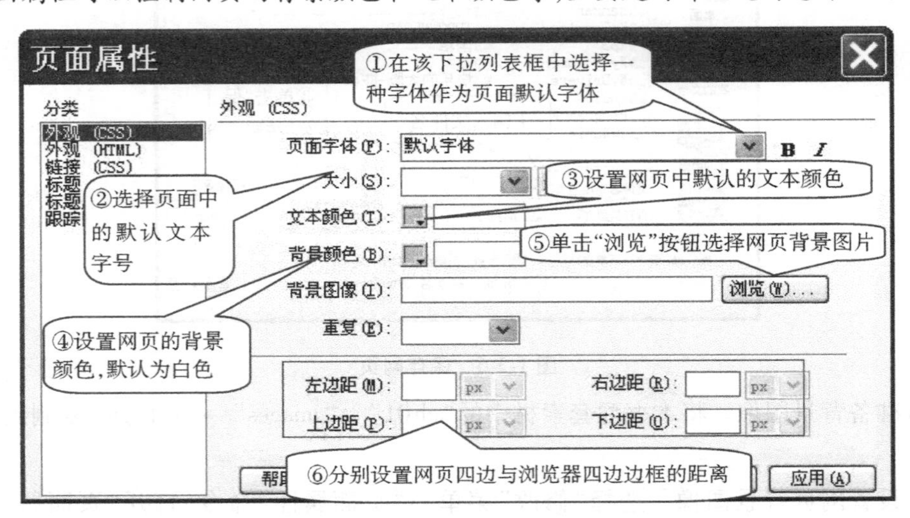

图 1-3-9　“外观(CSS)选项”

在“页面属性”对话框(图 1-3-9)中，“外观(CSS)”选项用于设置页面的文本字体、文本大小、文本颜色、背景颜色和背景图像等属性，并将设置的页面相关属性自动生成 CSS 样式表，写在网页头部。它与“外观(HTML)”选项的设置基本相同，唯一的区别是在“外观(HTML)”选项中设置的页面属性不会自动生成 CSS 样式。

给我一个家

【模块综述】

网站主要是由网页构成的。站点,即是放置网站上所有文件与目录的地方,是网页文件的"家"。站点分为本地站点和远程站点。本地站点是位于本地计算机上的文件夹,远程站点则是位于运行网站服务器的计算机上的文件夹。合理地设置与管理站点,可以使网站结构更清晰,维护起来更方便。

学习完本模块后,你将能够:

- 创建本地站点
- 编辑站点
- 复制站点
- 删除站点

任务1　创建本地站点

任务目的

要制作一个能被公众浏览的网站，首先需要在本地磁盘上制作这个网站（放置在本地磁盘上的网站称为本地站点），然后把这个网站上传到因特网的 Web 服务器上。本任务将介绍在 Dreamweaver CS6 中创建本地站点的方法。

任务展示

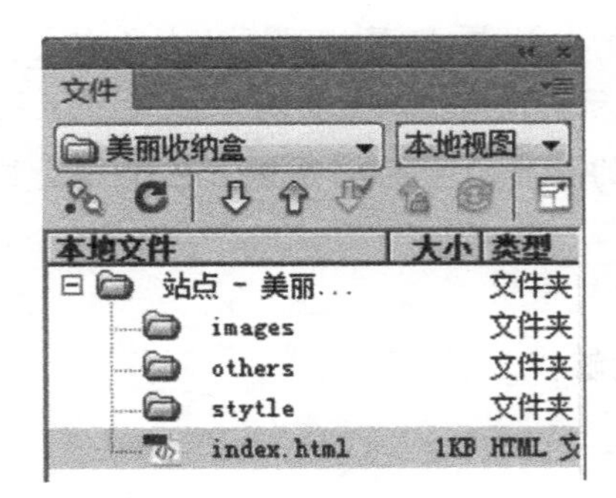

跟我做

(1) 使用下面的方法之一打开站点设置对象。

- 在菜单栏中选择“站点”菜单→“新建站点”命令。
- 单击“文件”面板右部蓝色的“管理站点”按钮（图 2-1-1），在“管理站点”对话框中单击“新建站点”按钮。

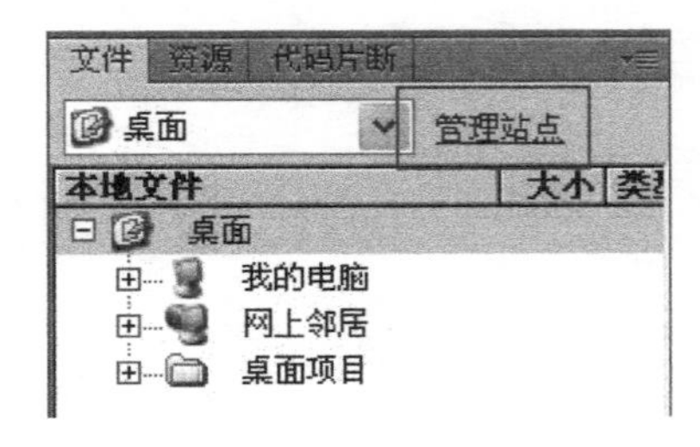

图 2-1-1　“文件”面板

- 在菜单栏中选择“站点”菜单→“管理站点”命令，在“管理站点”对话框中单击“新建站点”按钮。

注意

“文件”面板快捷键为“F8”。也可以选择“窗口”菜单→“文件”命令打开或关闭“文件”面板。

(2)打开的“站点设置对象”对话框，如图 2-1-2 所示。对话框中的操作如图 2-1-2 所示。

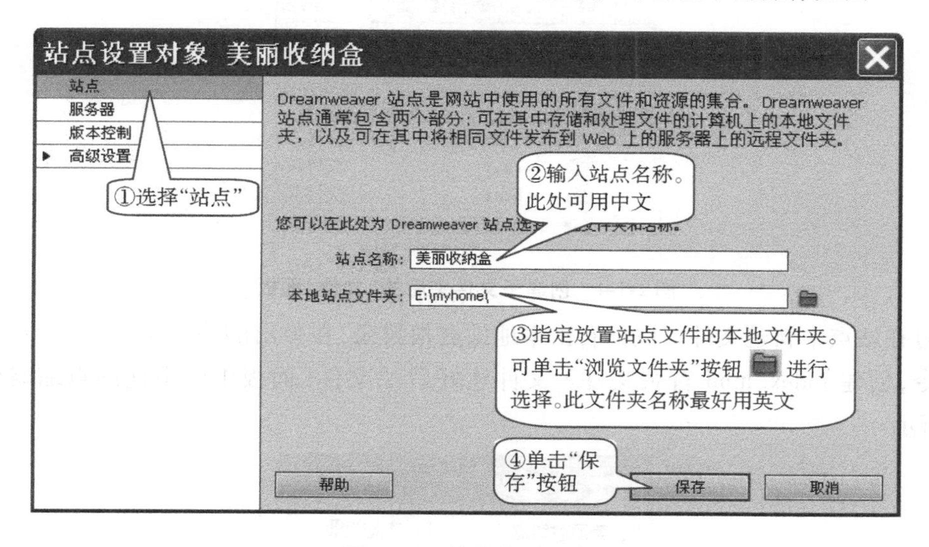

图 2-1-2　站点定义向导

注意

- 如图 2-1-2 所示中的 E:\myhome\称为网站的本地站点根目录(简称本地站点)。在创建站点之前可以先在本地磁盘 E 上创建 myhome 这个文件夹。
- 给文件、文件夹命名时，包括网页中用到的图片、Flash 等文件，必须使用英文字母或数字命名。

(3)完成上述步骤后，“文件”面板如图 2-1-3 所示。

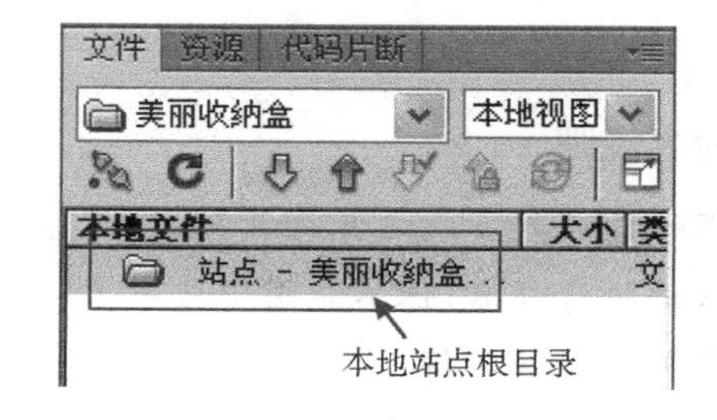

图 2-1-3　创建本地站点后的“文件”面板

(4)在站点中新建子文件夹。鼠标右击本地站点根目录,在弹出的快捷菜单上选择"新建文件夹"命令。一般需要创建以下 3 个子文件夹:

- images:用于存放网页制作中所需要的图片。
- others:用于存放网页制作中所需要的动画、声音文件等。
- style:用于存放 CSS 文件。

(5)子文件夹建好后,"文件"面板中的本地站点缩略图如图 2-1-4 所示。

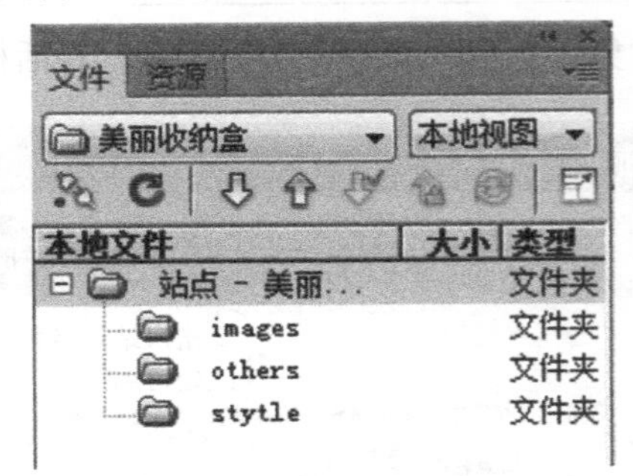

图 2-1-4　创建子文件夹后的"文件"面板

(6)在站点中新建文件。鼠标右击本地站点根目录,在弹出的快捷菜单上选择"新建文件"命令,创建 index. html 首页文件。文件建好后,"文件"面板中的本地站点缩略图如图 2-1-5 所示。

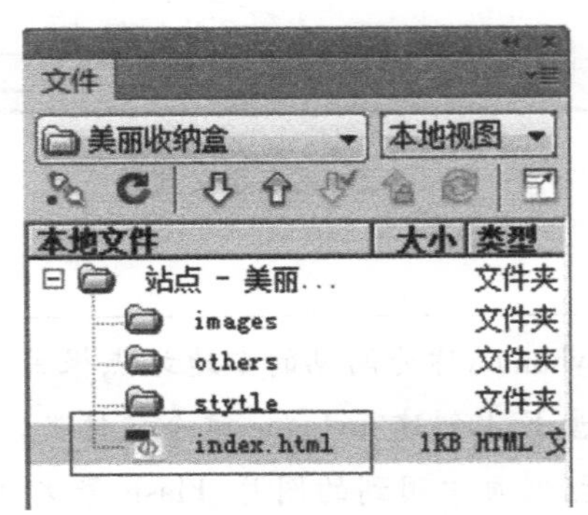

图 2-1-5　创建 html 文件后的"文件"面板

知识窗

一、网页文档与文件夹命名规则

- 用英文或数字命名,但不能以数字或运算符开头。
- 若不懂英文,建议用汉语拼音命名,但不能用中文命名。
- 不能使用空格、标点符号或特殊字符。
- 命名尽量使用小写。因为 Internet 服务器使用 Unix 操作系统时,区分大小写。
- 在大型网站中,分支页面的文件应放在单独的文件夹中,每个分支中涉及的文件也应

放在单独的文件夹中。

- 静态页面的首页一般命名为 index. html 或 index. htm。

二、“文件”面板中的基本操作

1. 重命名文件或文件夹

在“文件”面板中选择需要重命名的文件或文件夹，按键盘上的“F2”键，文件名即变为可编辑状态，在其中输入文件名，再按 Enter 键即可。

2. 移动或复制文件夹

在“文件”面板中选择需要移动或复制的文件夹，单击鼠标右键，在弹出的快捷菜单中选择“编辑”→“剪切”或“编辑”→“复制”命令，即可将文件或文件夹移动或复制到相应的位置。

3. 删除文件或文件夹

在“文件”面板中选择需要删除的文件或文件夹，单击鼠标右键，在弹出的快捷菜单中选择“编辑”→“删除”命令或按 Delete 键，这时会弹出一个提示对话框如图 2-1-6 所示。此时单击“是”，即可将文件或文件夹从本地站点中删除。

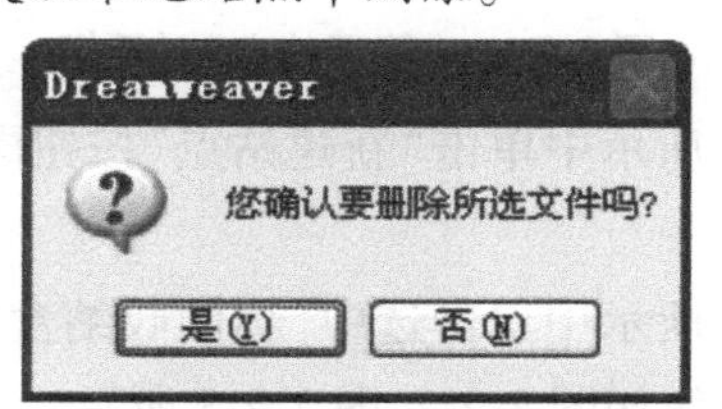

图 2-1-6　删除文件提示框

任务 2　管理站点

任务目的

在任务 1 中创建了本地站点以后，如果有需求，可以对站点进行编辑、复制等操作。本任务就是练习站点管理的方法，如编辑站点、复制站点和删除站点等。

跟我做

（1）选择“站点”菜单→“管理站点”命令，打开对话框，如图 2-2-1 所示。此时可看到所有的创建好的本地站点。

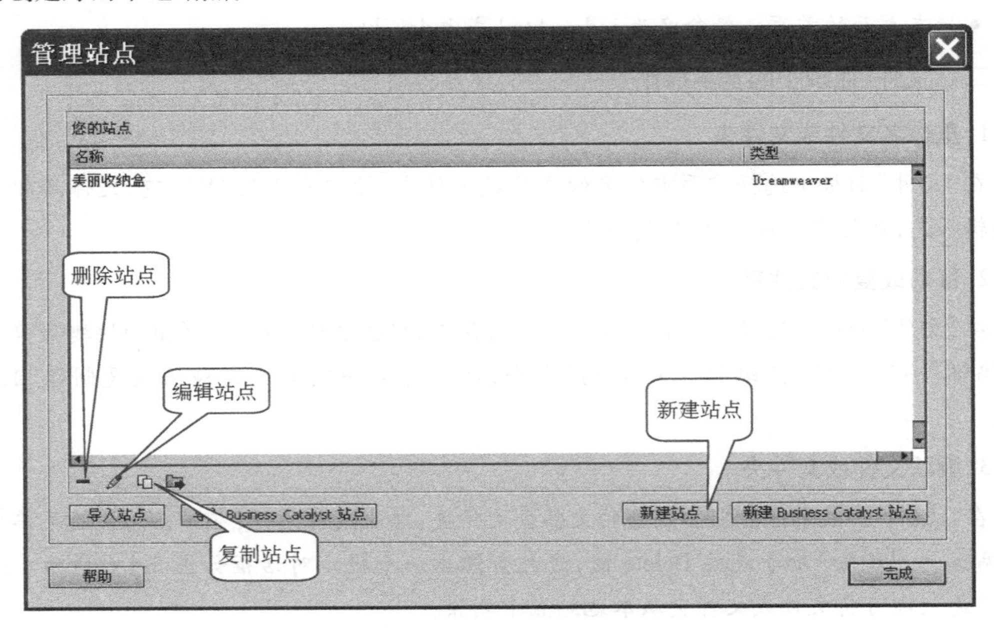

图 2-2-1 “管理站点”对话框

（2）新建站点。如图 2-2-1 所示中单击“新建站点”按钮即可弹出站点设置对话框，新建站点。

（3）编辑站点。如图 2-2-1 所示中单击选中“美丽收纳盒”站点，然后单击“编辑站点”按钮，弹出“站点设置”对话框，操作如图 2-2-2、图 2-2-3 所示。

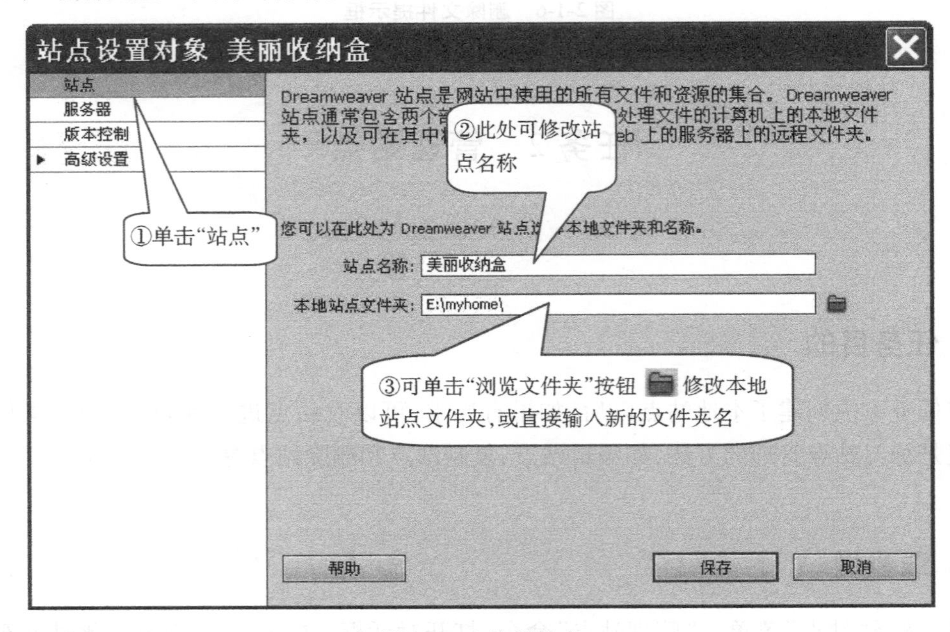

图 2-2-2 编辑站点

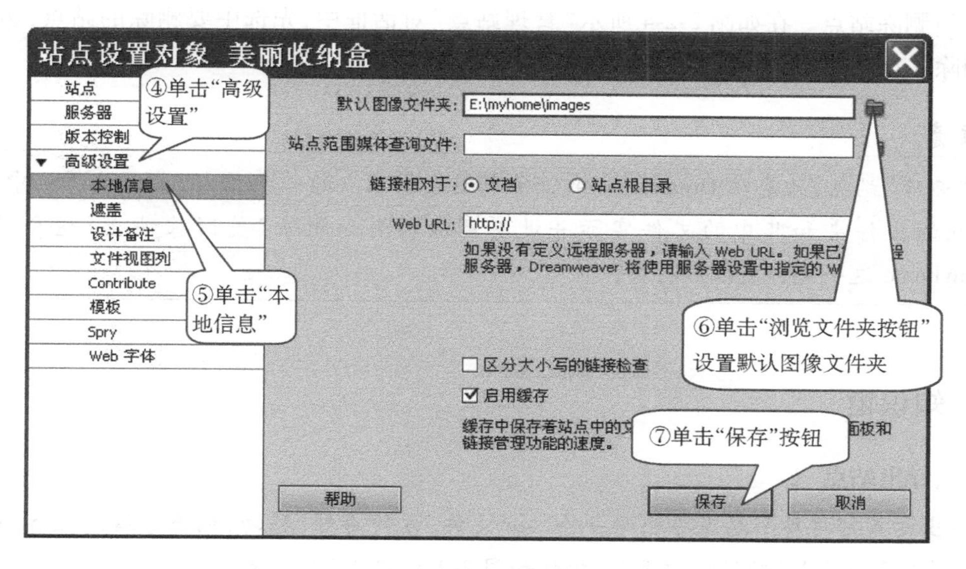

图 2-2-3　设置“默认图像文件夹”

注意

- 如果对所创建的站点不满意，可以随时进行编辑操作。例如修改站点的名称、更改站点的本地根文件夹等。
- “默认图像文件夹”用于指定站点中用来存放图像的文件夹。以后网页中要用到的图像文件都应该放到该文件夹，以便统一管理。

（4）复制站点，操作如图 2-2-4 所示。

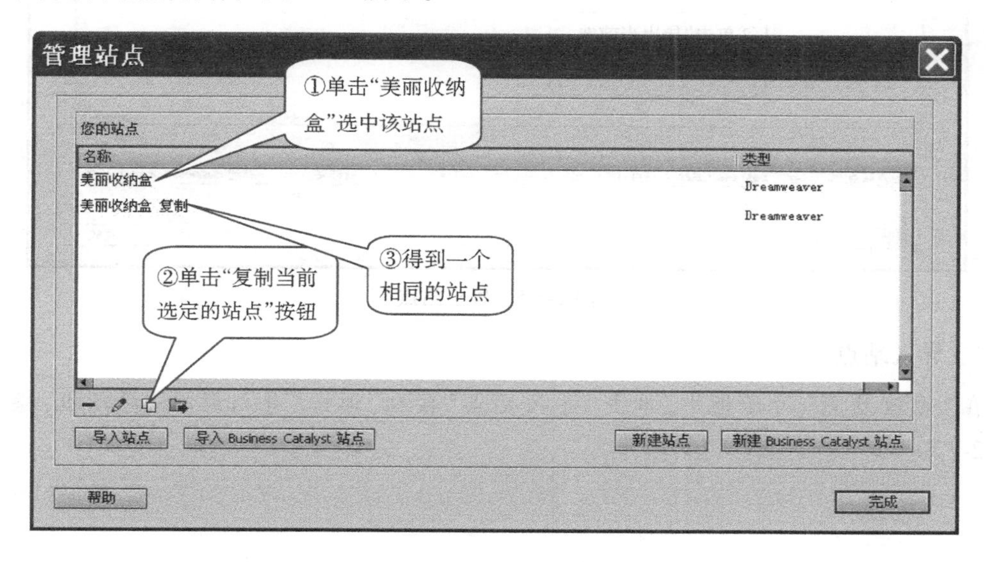

图 2-2-4　复制站点

(5)删除站点。在如图 2-2-4 所示“管理站点”对话框中，先选中要删除的站点，然后单击“删除站点”按钮“▬”，即可删除站点。

注意

“删除”站点，只是在 Dreamweaver CS6 中删除本站点的一些信息，本地计算机中该站点对应的文件夹和其中的文件实际并没有删除。例如删除“美丽收纳盒”这个站点，E:\myhome 这个文件夹依然存在。

知识窗

一、导出站点

导出站点可将整个站点导出为一个.ste 文件，方便存储、移动，相当于给站点备份。导出站点在“管理站点”对话框中进行，操作如图 2-2-5、图 2-2-6 所示。

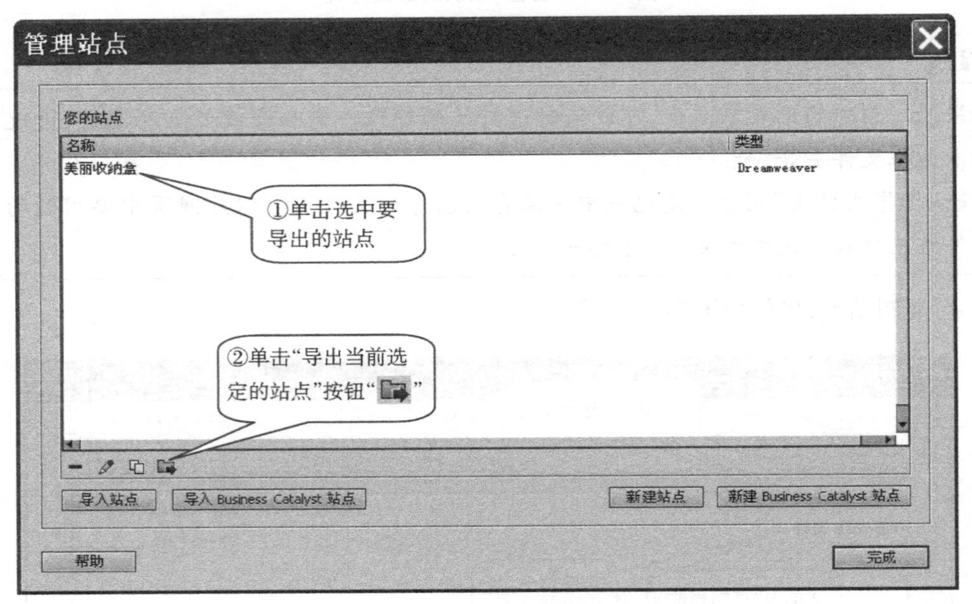

图 2-2-5　导出站点

二、导入站点

在“管理站点”对话框中，单击“导入站点”按钮，弹出“导入站点”对话框，操作如图 2-2-7 所示。

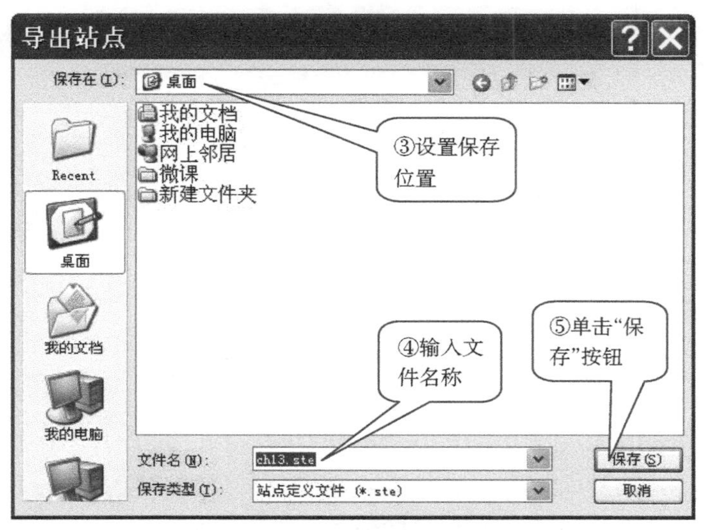

图 2-2-6　“导出站点”对话框

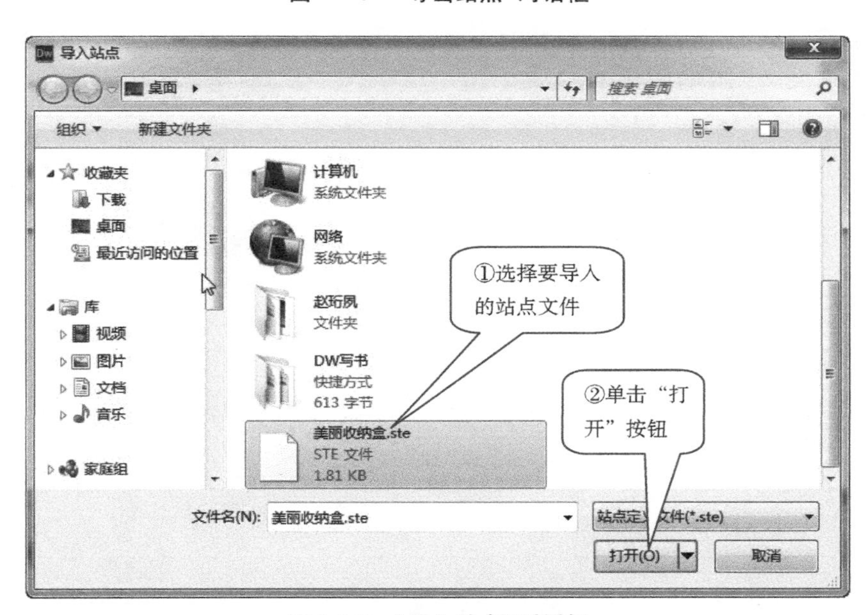

图 2-2-7　“导入站点”对话框

使用表格布局网页

【模块综述】

表格是网页设计中一个非常有用的工具,它不仅可以将相关数据有序地排列在一起(显示表格式数据),还可以精确地定位文本、图像等网页元素在页面中的位置。表格由行、列、单元格3部分组成,在Dreamweaver中可以通过操作行、列、单元格来布局网页,即使浏览者改变计算机分辨率也不会影响网页的浏览效果。

学习完本模块后,你将能够:

- 创建表格及设置表格属性
- 编辑表格
- 导入和导出表格数据
- 使用表格布局网页

任务1　制作网页——鲜花网

任务目的

本任务练习使用表格布局简单的网页，且能在属性面板中设置表格及单元格的属性。首次学习创建 CSS 样式来控制表格和文本的样式。

任务展示

重点提示

- 插入表格的方法：选择“插入”菜单→“表格”命令。
- 设置表格属性。
- 设置单元格属性。

跟我做

(1)启动 Dreamweaver CS6，新建一个静态网页文档，操作如图 3-1-1 所示。然后单击文档工具栏的“设计视图”按钮，确认进入设计视图，如图 3-1-2 所示。

图 3-1-1　在“设计”视图中完成

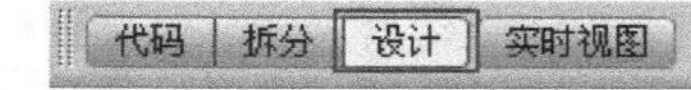

图 3-1-2　进入“设计”视图

(2)单击属性面板中“页面属性”按钮,打开“页面属性”对话框。操作如图 3-1-3、图 3-1-4 所示。

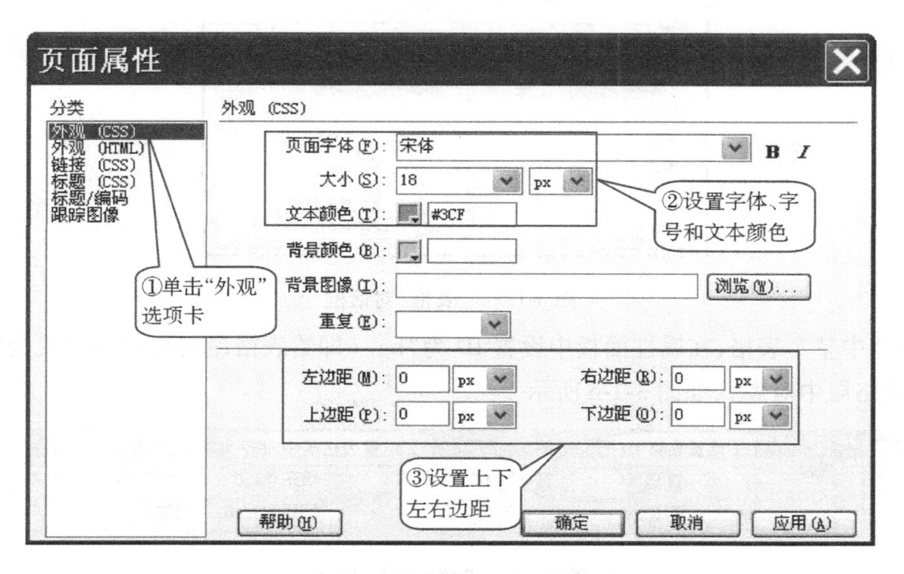

图 3-1-3　页面属性—外观选项卡

(3)选择“插入”菜单→“表格”命令,插入表格:4 行 3 列,宽 800 像素,边框粗细为 2,单元格边距为 0,单元格间距为 20。“表格”对话框如图 3-1-5 所示。

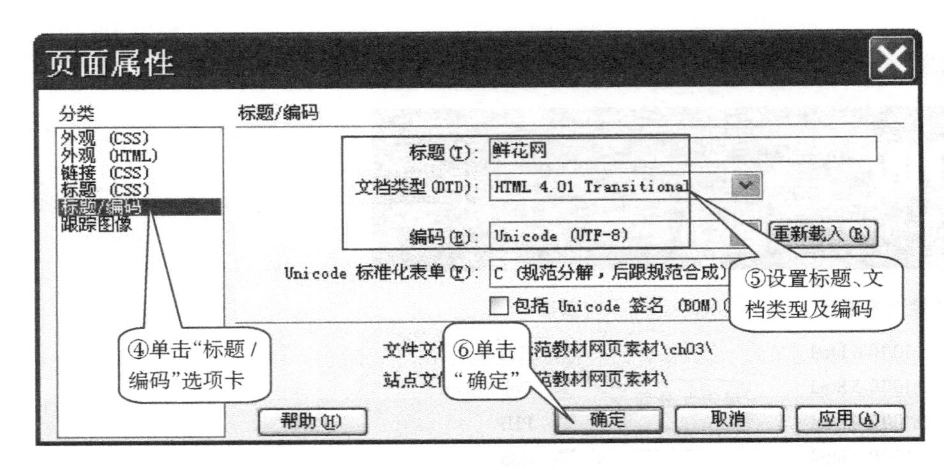

图 3-1-4　页面属性—标题/编码选项卡

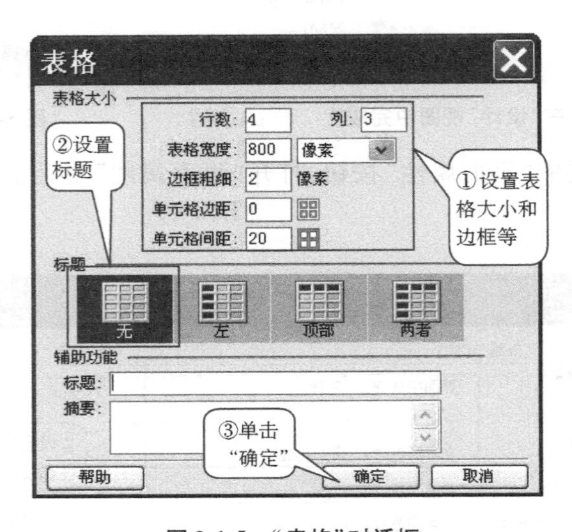

图 3-1-5　“表格”对话框

（4）选中整个表格，在属性面板中设置 ID 为“bg”（即给表格命名），对齐方式为“居中对齐”（即表格居中对齐），如图 3-1-6 所示。

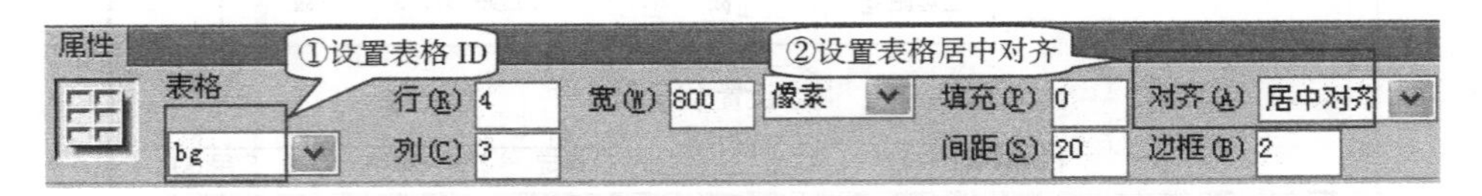

图 3-1-6　设置“表格”属性

注意

一、选择整个表格的方法

（1）鼠标放在表格的左上方，当箭头变成“”形状时，单击即可选中整个表格。

(2)在表格的任一单元格内单击,选择“修改”菜单→“表格”→“选择表格”命令。

(3)在表格中单击鼠标右键,在弹出的快捷菜单中选择“表格”→“选择表格”命令。

二、选择单元格

(1)选择单个单元格:将鼠标置于要选择的单元格内,在属性面板上方的“标签选择器”“<body> <table#bg> <tr> <td>”中单击最右边的<td>标签。

(2)选择多个不连续的单元格:按住Ctrl键,单击需要选择的单元格。

(3)选择多个连续的单元格:框选即可。

(4)选择单行:将鼠标移到需要选择的行的左边,当鼠标变成“ ➜ ”形状时,单击鼠标左键即可选中整行。

(5)选择单列:将鼠标移到需要选择的列的上方,当鼠标变成“ ⬇ ”形状时,单击鼠标左键即可选中整列。

(5)选择“窗口”菜单→“CSS样式”命令,打开CSS样式面板。

(6)创建CSS样式,应用于表格“bg”上,操作如图3-1-7、图3-1-8所示。

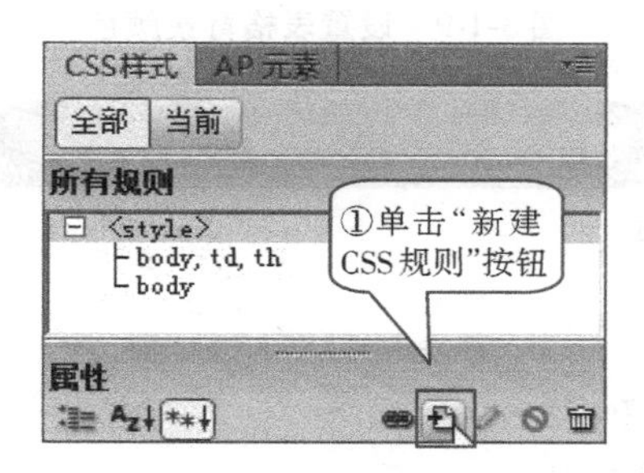

图3-1-7　新建CSS样式

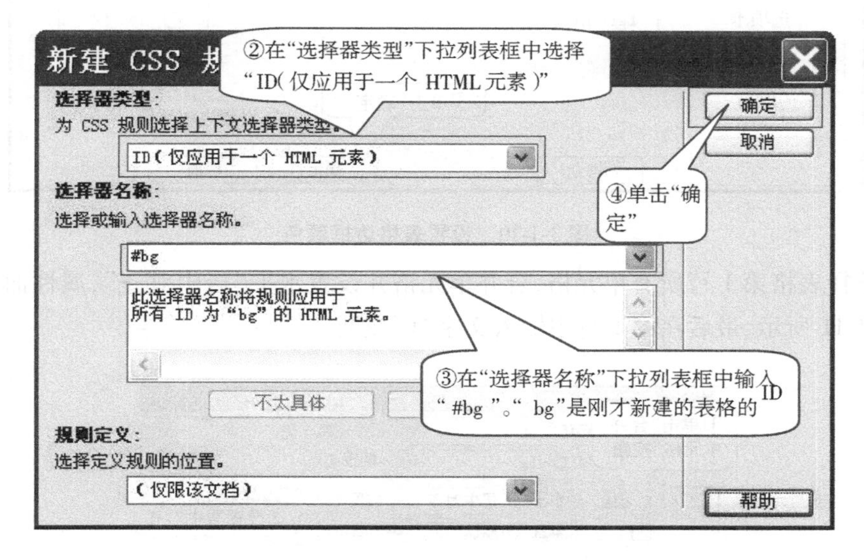

图3-1-8　新建表格CSS样式

（7）继续弹出“#bg 的 CSS 规则定义”对话框，在“背景”选项卡中设置背景颜色为“#ffcccc”，在“边框”选项卡中设置边框颜色为“#00ccff”，如图 3-1-9、图 3-1-10 所示。

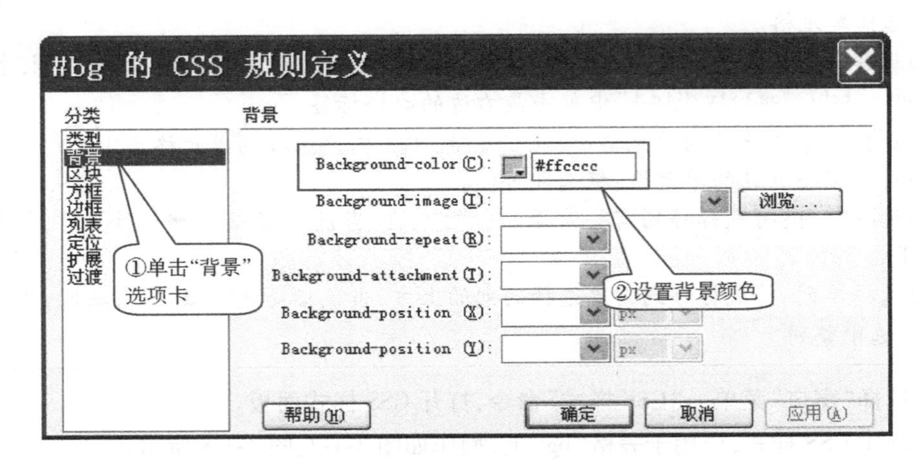

图 3-1-9 设置表格背景颜色

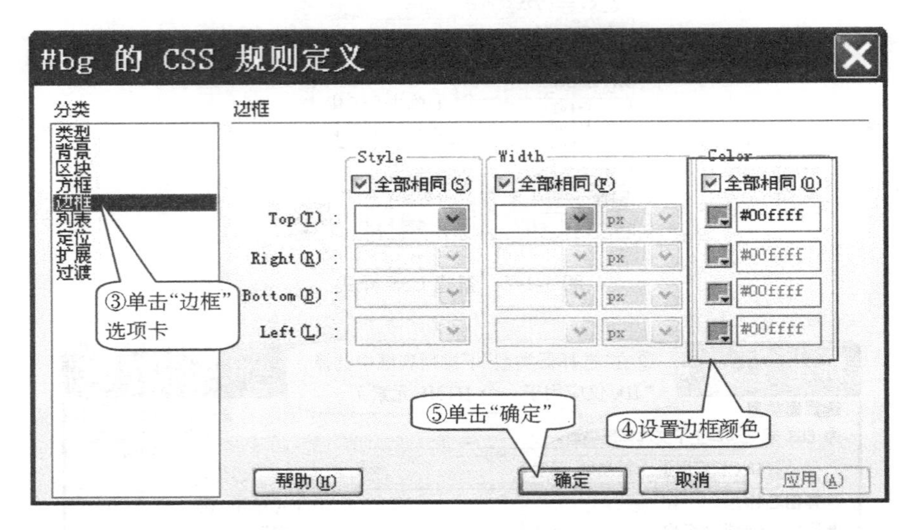

图 3-1-10 设置表格边框颜色

（8）选择表格第 1 行所有单元格，合并单元格并设置水平“居中对齐”，属性面板中的操作如图 3-1-11 所示，最后在第 1 行中输入文字“鲜花网”。

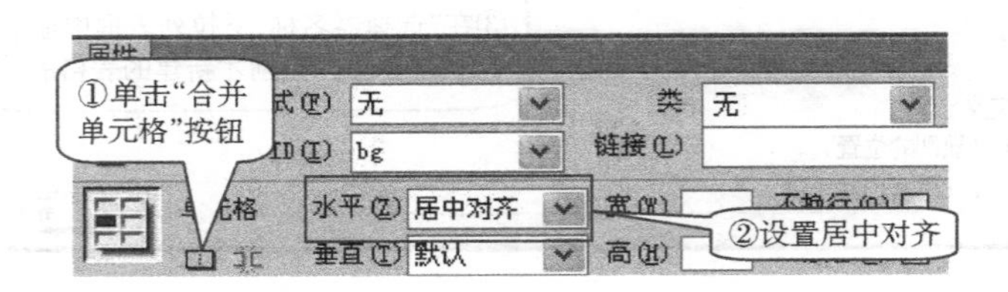

图 3-1-11 合并单元格

(9)为文字创建 CSS 样式.font01。单击 CSS 样式面板中按键“”,弹出“新建 CSS 规则”对话框,操作如图 3-1-12、图 3-1-13 所示。

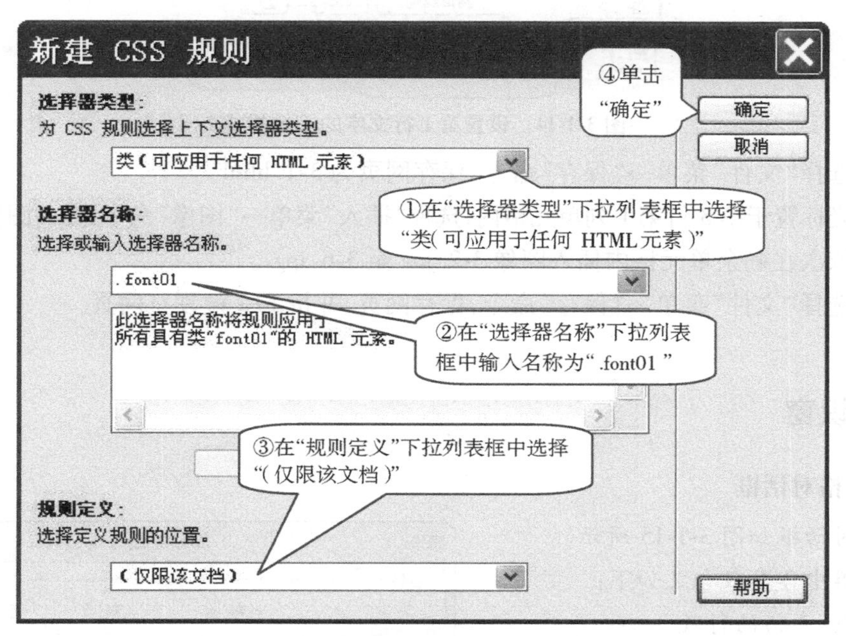

图 3-1-12　新建文字的 CSS 样式

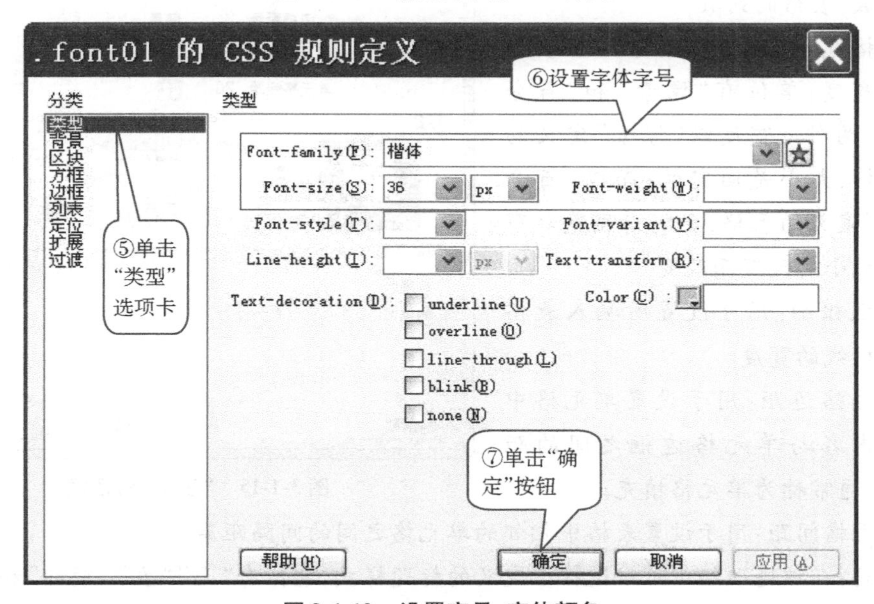

图 3-1-13　设置字号、字体颜色

(10)选中第 1 行文字,在属性面板中应用 CSS 样式.font01,如图 3-1-14 所示。

(11)合并表格第 2 行所有单元格,在其中输入文字“这里有许多的鲜花,请您欣赏!”

(12)拖动鼠标选中第 3 行、第 4 行所有的单元格,在属性面板中设置水平“居中对齐”。

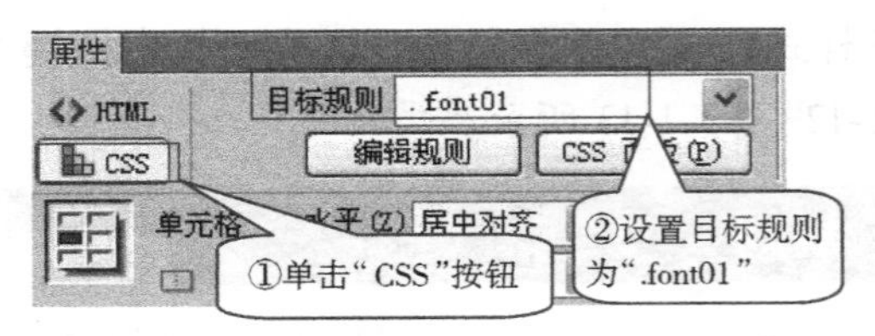

图 3-1-14 设置第 1 行文字的 CSS 样式

(13)选择"文件"菜单→"保存"命令,保存网页为 3-1. html。

(14)光标置于第 3 行第 1 列单元格内,选择"插入"菜单→"图像"命令,插入图像 3-1. jpg。

(15)依次在剩余单元格内插入图像 3-2. jpg 至 3-6. jpg。

(16)选择"文件"菜单→"保存"命令,保存网页,并按 F12 键预览网页。

知识窗

一、表格对话框

表格对话框如图 3-1-15 所示。

对话框中各参数含义如下:

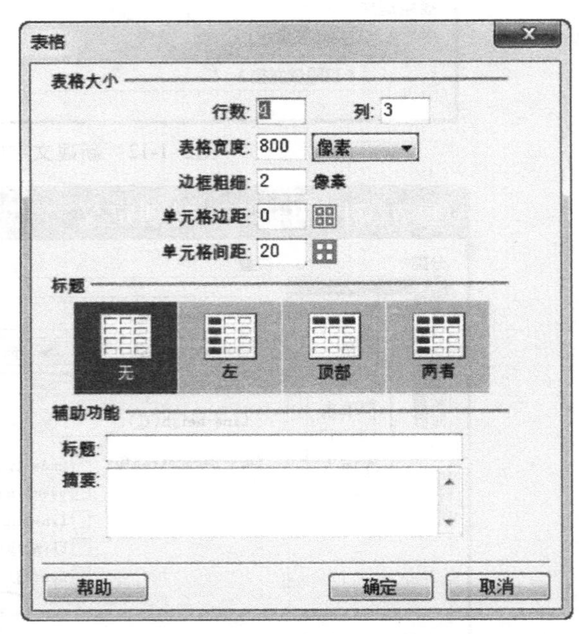

图 3-1-15 "表格"对话框

- 行数:表格的行数。
- 列数:表格的列数。
- 表格宽度:该选项用于设置表格的宽度,单位有"像素"和"百分比"两种。宽度以"像素"定义的表格,大小是固定的;而以"百分比"定义的表格,会随着浏览器窗口大小的改变而改变。
- 边框粗细:用于设置所插入表格边框线的宽度。
- 单元格边距:用于设置单元格中的内容与单元格边框之间的距离,通常称为单元格填充。
- 单元格间距:用于设置表格中相邻的单元格之间的间隔距离。
- 标题:在该选项组中可以选择已定义的标题样式,包括有"无""左""顶部"和"两者"。
- 辅助功能:在该选项组定义与表格存储相关的参数,包括在"标题"文本框中定义表格标题,在"摘要"文本框中对表格进行注释。

二、表格属性面板

表格的属性面板如图 3-1-16 所示。

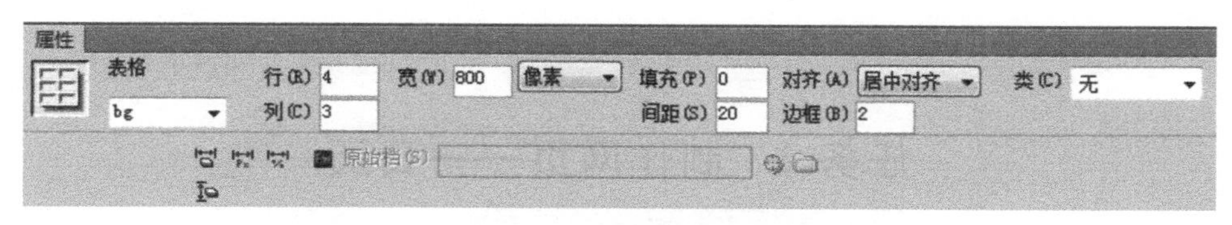

图 3-1-16　**表格的属性面板**

面板中各参数含义如下：

- 表格 ID：给表格命名。
- 行和列：显示了当前所选中表格的行数和列数。在文本框中输入数值，可以修改所选中的表格的行或列。
- 宽：显示当前所选中表格的宽度。在文本框中输入数值，可修改选中的表格的宽度。
- 填充：用于确定单元格内容与单元格边框之间的距离。
- 间距：用于确定单元格与单元格之间的距离。
- 对齐：用于设置表格的对齐方式，有 4 个选项：默认、左对齐、居中对齐、右对齐。
- 边框：用于设置表格边框的粗细。
- 类：在该选项的下拉列表中可以选择应用于该表格的 CSS 样式。
- 操作按钮：有 4 个按钮："清除列宽""将表格宽度转换成像素""将表格宽度转换成百分比""清除行高"。

三、单元格属性面板

单元格的属性面板如图 3-1-17 所示。

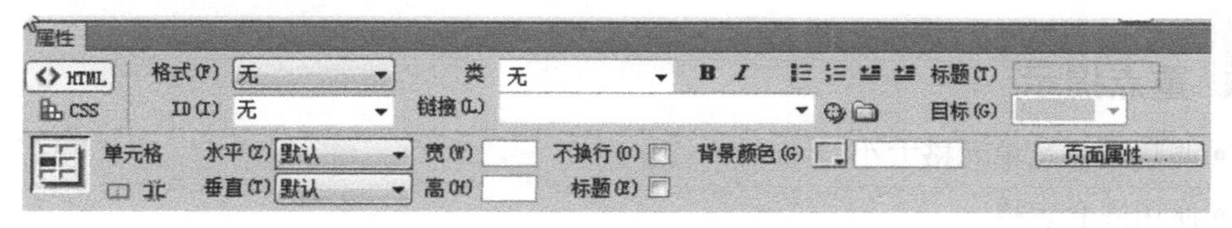

图 3-1-17　**单元格的属性面板**

面板中各参数含义如下：

- 拆分单元格""、合并单元格""：对单元格进行拆分或合并操作。
- 水平：设置单元格内元素的水平对齐方式，有 3 个选项：左对齐、居中对齐、右对齐。
- 垂直：设置单元格内元素的垂直对齐方式，有 4 个选项：顶端对齐、底部对齐、基线对齐和居中对齐。
- 宽和高：用于设置单元格的宽度和高度。
- 不换行：选中该复选框，可以防止单元格中较长的文本自动换行。
- 标题：选中该复选框可以为表格设置标题。
- 背景颜色：用于设置单元格的背景颜色。

任务 2　制作网页——日历

任务目的

本任务练习表格的编辑，包含以下操作：调整表格/单元格大小，创建嵌套表格，合并/拆分单元格等。

任务展示

6	心想事成	2014 农历甲午年

星期日	星期一	星期二	星期三	星期四	星期五	星期六
1	2	3	4	5	6	7
8	9	10	11	12	13	14
15	16	17	18	19	20	21
22	23	24	25	26	27	28
29	30					

重点提示

- 调整表格及单元格大小。
- 使用嵌套表格。

跟我做

（1）新建静态网页 3-2. html。

（2）选择“插入”菜单→“表格”命令，插入一个表格：2 行 3 列，宽 630 像素，无边框，单元格边距、单元格间距为 0，标题为“无”。选中表格，在属性面板中设置表格“居中对齐”。

（3）选中表格第 1 行，在属性面板中设置单元格水平“居中对齐”。

（4）光标置于第 1 行第 1 列单元格中，输入文字“6”；光标置于第 1 行第 2 列单元格中，输入文字“心想事成”。

（5）光标置于第 1 行第 3 列单元格中，单击属性面板中拆分单元格按钮“![拆分]”，把它拆分为两行，分别输入文字“2014”和“农历甲午年”。

（6）光标置于第 1 行第 1 列单元格中，在属性面板中设置宽为 210，如图 3-2-1 所示。

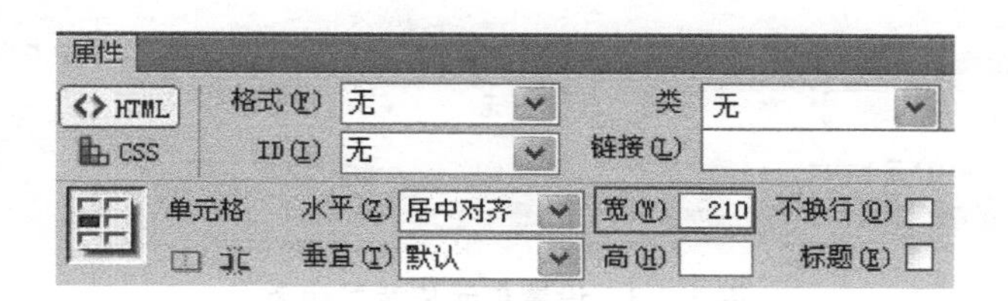

图 3-2-1　在属性面板设置单元格宽度

(7)选中表格第 2 行的所有单元格,单击属性面板中合并单元格按钮“ ”。

(8)插入嵌套表格。光标置于合并后的单元格内,选择“插入”菜单→“表格”命令,插入一个表格:6 行 7 列,边框粗细为 1,宽度为 100%,单元格边距、单元格间距为 0,标题为“无”。

知识窗

一、调整表格大小

- 选中表格,在属性面板里可设置表格宽度,精确调整表格水平方向的大小。
- 若需要在水平方向调整表格的大小,选中表格,将光标置于表格的最右端,当光标变成“ ”形状时,拖动即可调整表格水平方向的大小,如图 3-2-2 所示。

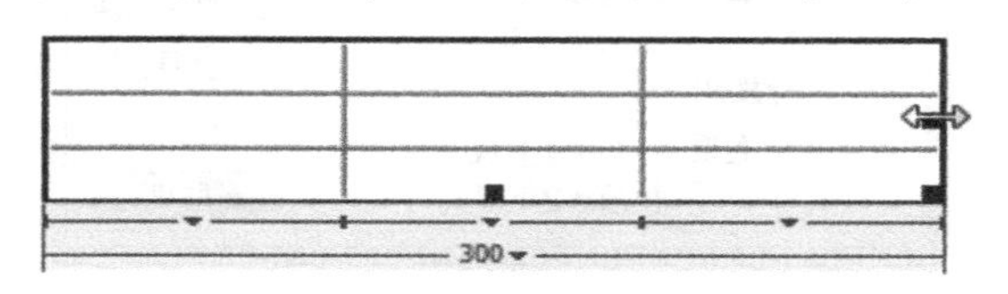

图 3-2-2　水平方向调整表格大小

- 若需要在垂直方向调整表格的大小,选中表格,将光标置于表格的最下端,当光标变成“ ”形状时,拖动即可调整表格垂直方向的大小。
- 若需要从水平和垂直两个方向调整表格的大小,选中表格,将光标置于表格的右下角,当光标变成“ ”形状时,拖动即可调整表格大小。

二、调整单元格大小

- 光标置于需要调整的单元格内,在属性面板中可设置“宽”和“高”。
- 直接拖动行或列的边框。当光标变成“ ”或“ ”形状时,直接拖动可调整单元格的水平或垂直大小。如果需要调整某列的列宽并保持其他列的大小不变,可以按住 Shift 键再拖动列的边框。

(9)拖动鼠标选中小表格所有单元格,在属性面板中设置单元格对齐方式:水平“居中对齐”,垂直“居中”。

(10)参照任务展示图,在小表格内输入文字。参照任务展示图,选中小表格的第 1 列和最后 1 列,设置背景颜色为#FFCCCC,如图 3-2-3 所示。

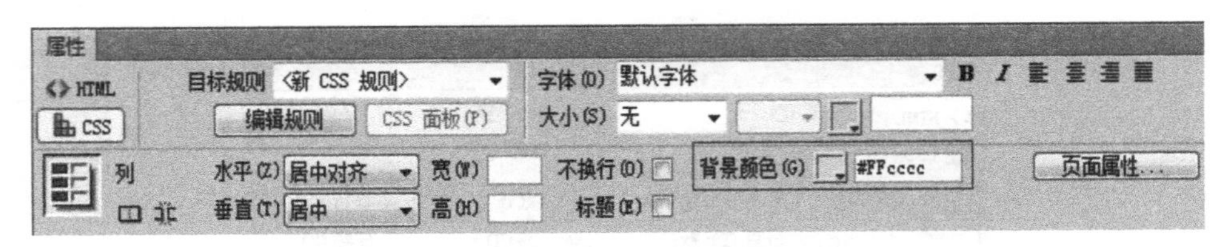

图 3-2-3　设置单元格背景颜色

(11)保存网页并按 F12 预览。

知识窗

一、插入行或列

- 选择“修改”菜单→“表格”→“插入行”,即可在目标单元格的上方增加 1 行。
- 选择“修改”菜单→“表格”→“插入列”,即可在目标单元格的左方增加 1 列。
- 如果需要插入多行或多列,则选择“修改”菜单→“表格”→“插入行或列”,弹出“插入行或列”对话框,再根据需要进行设置,如图 3-2-4 所示。

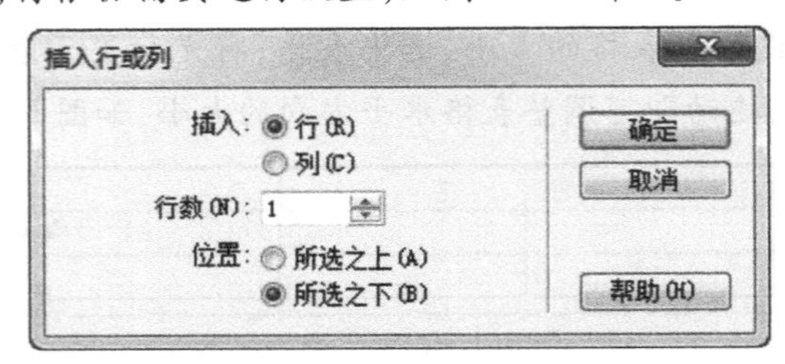

图 3-2-4　插入多行或多列

- 鼠标放在目标单元格内,单击鼠标右键,在弹出的快捷菜单中选择“表格”→“插入行”,或者“表格”→“插入列”,或者“表格”→“插入行或列”。

二、删除行或列

如果想删除行或列,只需选中要删除行或列的单元格,执行下列操作之一即可:

- 选择“修改”菜单→“表格”→“删除行”命令。
- 选择“修改”菜单→“表格”→“删除列”命令。
- 单击鼠标右键,在弹出的快捷菜单中选择“表格”→“删除行”命令,或者“表格”→“删除列”命令即可。

三、复制/粘贴单元格

选择需要复制或剪切的单元格,按 Ctrl+C 键或者 Ctrl+X 键,光标放在需要粘贴的单元格内,按 Ctrl+V 键即可。

四、嵌套表格

光标放在需要嵌套表格的单元格内,选择“插入”菜单→“表格”,根据需要设置即可。

拓展练习

1. 制作网页——导入和导出表格数据。任务展示图及参考步骤见本书配套素材“ch03”→“拓展练习”→“导入和导出表格数据.doc”。

2. 制作网页——美丽收纳盒。任务展示图及参考步骤见本书配套素材“ch03”→“拓展练习”→“美丽收纳盒.doc”。

文本与 CSS 样式

【模块综述】

文本就是网页中的文字和特殊字符。文本是网页制作的核心内容，是最常见、运用最广泛的网页元素之一，网页要传递的信息主要通过文本来表述。在 Adobe Dreamweaver CS6 中，可以导入已有的 Word 和 Excel 文档，可以插入日期和一些特殊符号，还可以通过 CSS 样式对文本的格式进行设置（即美化）。

学习完本模块后，你将能够：

- 设置页面属性
- 熟练应用表格布局网页
- 使用 CSS 样式美化文本：设置文本字体、大小和颜色
- 插入水平线、日期及一些特殊字符
- 创建项目列表和编号列表
- 导入 Word 文档

任务1　制作网页——时尚前沿

任务目的

本任务练习使用表格布局网页。要求通过 CSS 样式对文本及段落的格式进行设置，通过插入水平线来分割标题和正文，并针对段落制作项目列表和编号列表。

任务展示

重点提示

- 用表格布局网页。
- 用 CSS 样式控制文本格式的设置。
- 编号列表和项目列表的创建。
- 插入水平线。

跟我做

（1）新建空白网页文档 4-1. html。

（2）选择“修改”菜单→“页面属性”命令，设置页面属性：网页标题为“时尚前沿”，如图 4-1-1 所示。

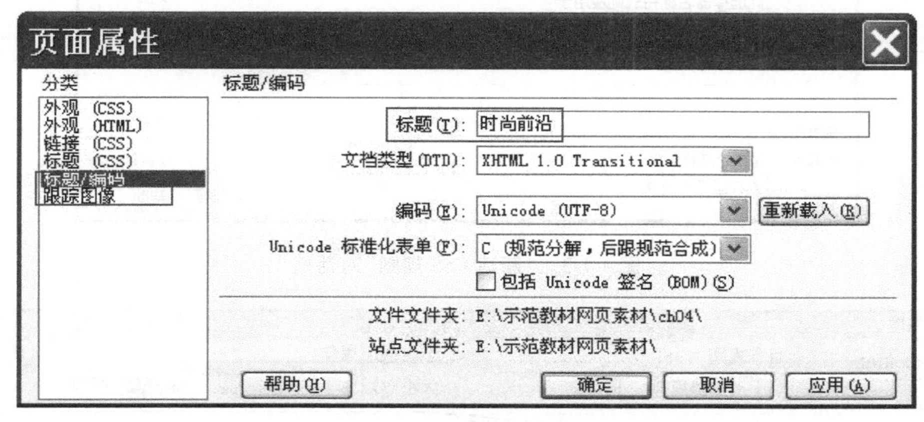

图 4-1-1　“页面属性”对话框

（3）插入一个表格：4 行 8 列，宽度为 780 像素，无边框，单元格间距、单元格边距都为 0。选中表格，在属性面板中设置表格“居中对齐”。

（4）合并第 1 行中的第 1，2，3 三个单元格。光标置于合并后的单元格内，输入文本“FASHION 时尚前沿”。

（5）创建 CSS 样式“. wb1”设置文本格式。选中文本“FASHION”，操作如图 4-1-2、图 4-1-3、图 4-1-4 所示。

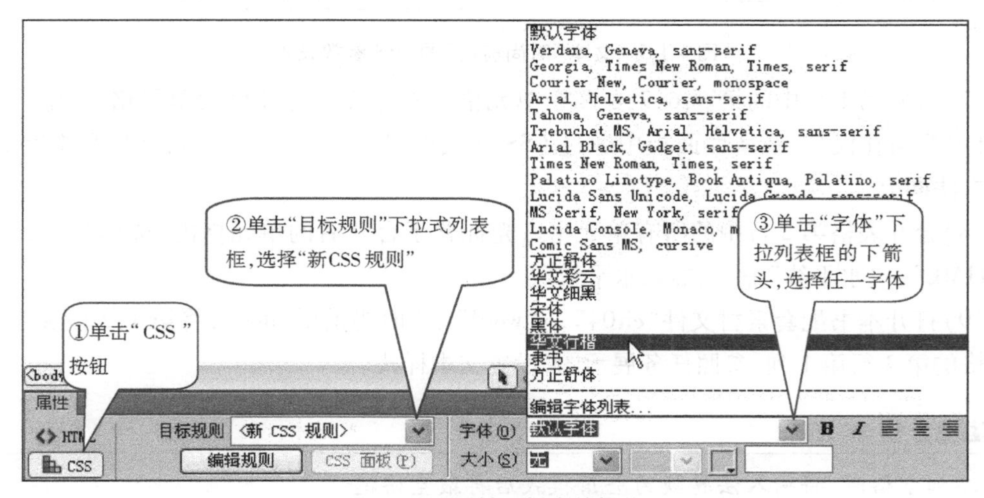

图 4-1-2　属性面板中的操作

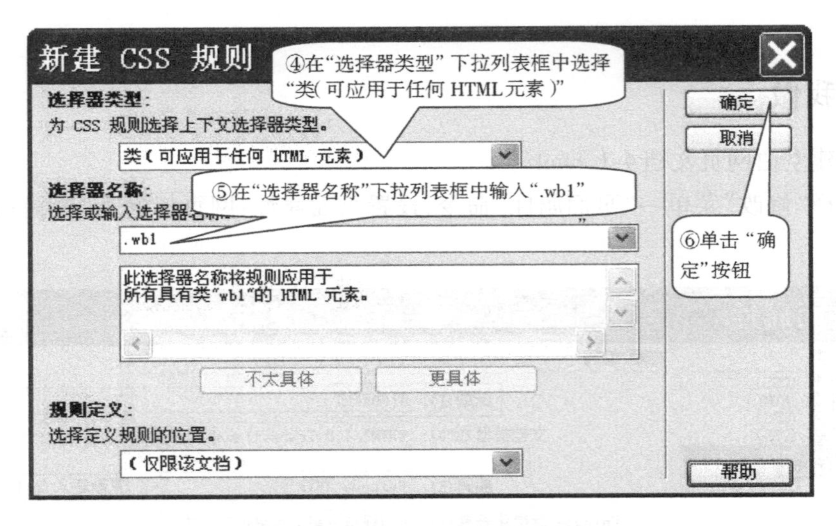

图 4-1-3 "新建 CSS 规则"对话框

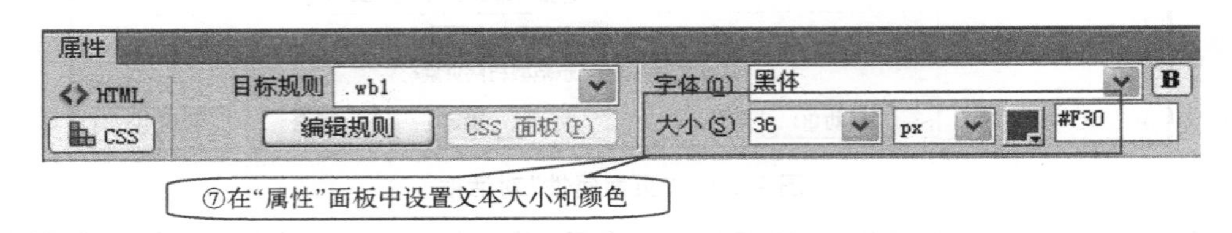

图 4-1-4 文本"FASHION"的 CSS 参数设置

(6)选中文本"时尚前沿",创建 CSS 样式".wb2"设置文本格式,方法同文本"FASHION",设置后的属性面板如图 4-1-5 所示。

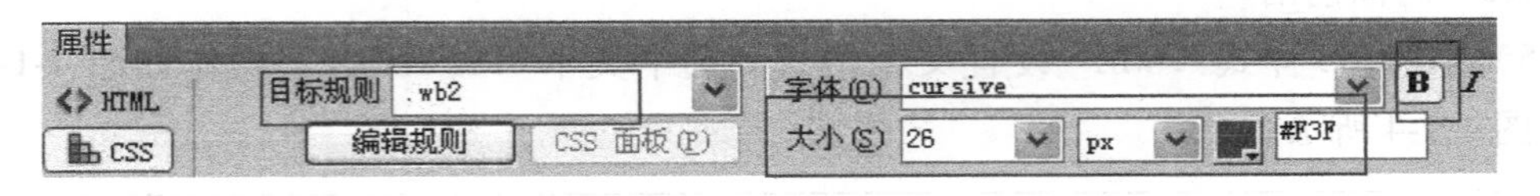

图 4-1-5 文本"时尚前沿"的 CSS 参数设置

(7)合并第 1 行中的第 5,6,7,8 四个单元格。光标置于合并后的单元格内,输入文本"服饰搭配与礼仪"。在属性面板中通过 CSS 样式设置自己喜好的字体、字号和文字颜色。设置方法同上。

(8)合并表格第 2 行中的所有单元格。光标置于合并后的单元格内,选择"插入"菜单→"HTML"→"水平线"命令,插入水平线。

(9)打开本书配套素材文件"ch04"→"word"→"时尚前沿. doc",将第 1,2 段文字复制到表格的第 3 行第 1 列,参照任务展示图,设置文本样式。

注意

添加空格时,将输入法转换为全角模式后再敲空格键。

(10)在表格第 4 行第 1 列插入图片 4-1. jpg。

(11)参照任务展示图,拖动第 1 列的右边框,使第 1 列与图片宽度相同。拖动第 2 列的右边框,使第 2 列宽度很窄。

(12)合并水平线以下第 3 列的所有单元格,在合并后的单元格中插入图片 4-2. jpg。

(13)参照任务展示图,拖动第 3 列的右边框,使第 3 列与图片宽度相同。拖动第 4 列的右边框,使第 4 列宽度很窄。

(14)合并第 3 行中的第 5,6,7,8 四个单元格,从本书配套素材文件“ch04→word→时尚前沿. doc”中复制相关文本(参见任务展示图,有 6 个段落)。

(15)选中“文明大方”6 个段落的文本,创建编号列表,操作如图 4-1-6 所示。

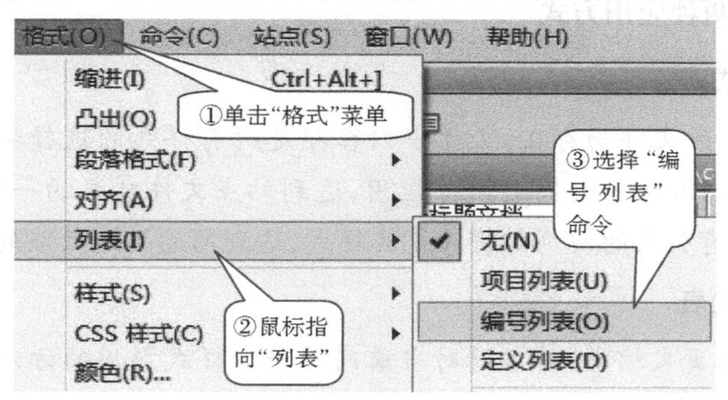

图 4-1-6　“编号列表”的设置

(16)选中第 2 个列表项,将它创建为嵌套的项目列表,操作如图 4-1-7 所示。同样方法,参照任务展示图,设置第 4、第 6 个列表项。

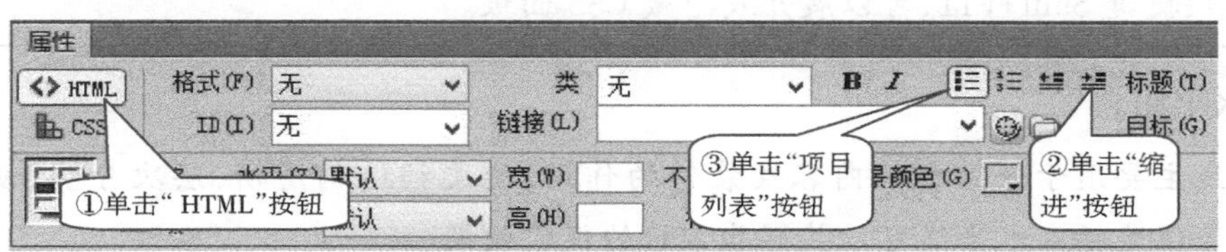

图 4-1-7　“项目列表”的设置

(17)在第 4 行第 5,7 列中分别插入图片 4-3. jpg,4-4. jpg。

(18)适当调整图片大小及表格各行、列的宽度和高度。

技巧提示

> 图片大小的调整可以选中图片后,拖动边沿上的黑色控点来调整。

(19)保存网页文档并预览。

知识窗

一、什么是 CSS 样式

CSS 是“Cascading Styles Sheets”的缩写,中文名称是层叠样式表单。用于控制网页样

式,并允许将样式与网页内容分离的一种标记性语言。CSS 可将网页的内容与表现形式分开,使网页的外观设计从网页内容中独立出来单独管理。

二、CSS 样式的功能

CSS 可以控制文本属性,包括特定字体和文字大小;粗体、斜体、下划线;文本颜色等。通过 CSS 事先定义好文本样式,当改变 CSS 样式时,所有应用该样式的文本将自动更新。此外,使用 CSS 能更精确地定义字体的大小,还可以确保字体在多个浏览器中的一致性。要改变网页的外观时,也只需更改 CSS 样式即可。

三、CSS 样式的两种应用方式

1. 外部 CSS 样式表

以扩展名为.css 的文件而存在,文件中内容即是所有样式的选择和声明。该文件可作为共享文件,让多个网页文档共同引用并应用,达到站点文件样式的一致性。同时,如果修改该样式表文件,所有引用的网页都将改变其样式,达到网站迅速改版的目的。

2. 内部 CSS 样式表

只存在于当前网页文档中,并只针对当前网页进行样式应用的方法。一般存在于文档 head 部分的 style 标签内。

技巧提示

使用快捷键 Shift+F11,可以展开或隐藏 CSS 面板。

四、水平线

水平线主要用于分隔文档内容及装饰的作用,使文档结构清晰、层次分明、便于浏览。在文档中合理地插入水平线可以获得非常好的视觉效果。

五、插入空格

在文档中插入空格可执行下列操作之一:

- 选择"插入"菜单 →"HTML"→"特殊符号"→"不换行空格"命令。
- 直接按 Ctrl+Shift+Space 组合键。
- 在"插入"面板的"文本"标签中单击" "按钮,在弹出的下拉菜单中再单击" "不换行空格命令。
- 把中文输入法切换到全角模式,敲空格键。

任务 2　制作网页——唐诗宋词元曲

任务目的

该网页主要练习使用多级编号列表来展示网页效果，通过插入水平线来分割标题和正文，最后再使用图片加以衬托和美化。

任务展示

重点提示

- 设置页面属性。
- 多级编号列表的设置。

跟我做

（1）新建空白网页 4-2. html。选择“修改”菜单→“页面属性”命令，打开“页面属性”对话框。对话框中的操作如图 4-2-1、图 4-2-2 所示。

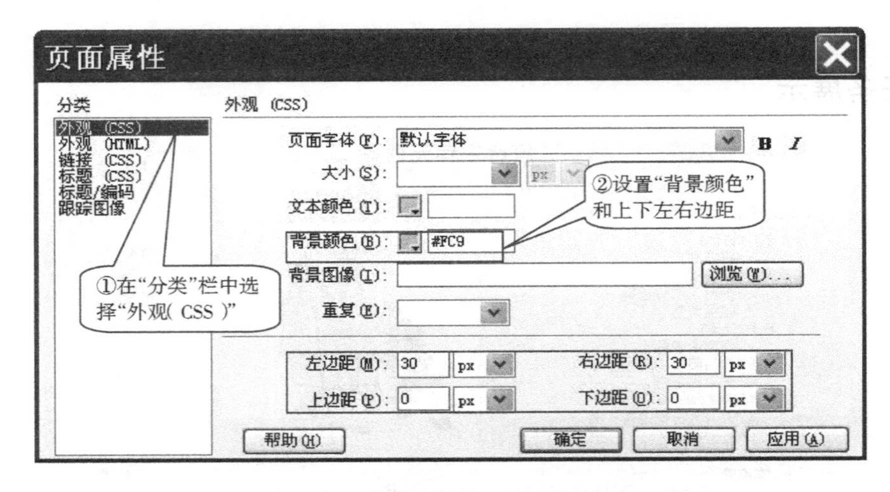

图 4-2-1 “页面属性—外观”对话框

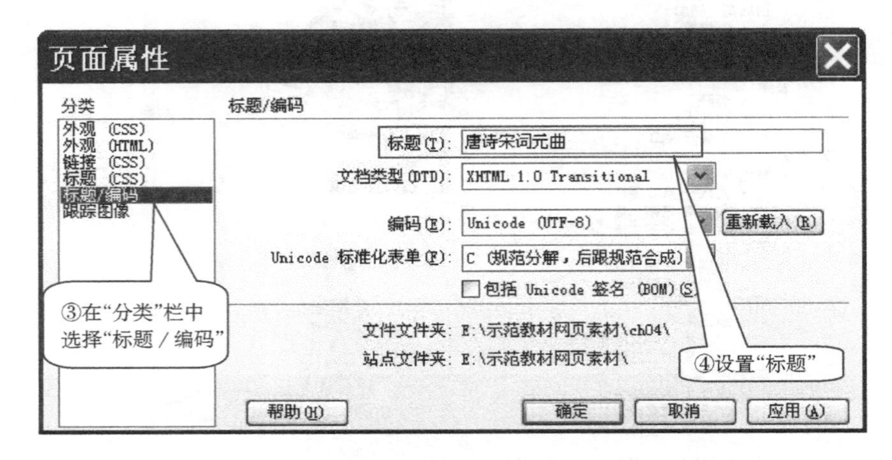

图 4-2-2 “页面属性—标题”对话框

(2)光标置于网页顶部,输入文字“唐诗宋词元曲”。

(3)光标置于“唐诗宋词元曲”后,选择“插入”菜单 →“HTML”→“水平线”命令,保持水平线选中状态,在属性面板中设置水平线宽为“80%”,对齐“居中对齐”,如图 4-2-3 所示。

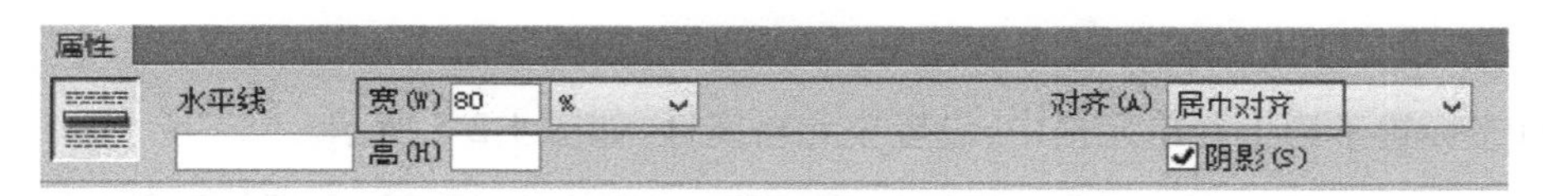

图 4-2-3　“水平线”属性面板

(4)选中文字“唐诗宋词元曲”,选择“格式”菜单→“对齐”→“居中对齐”命令。保持文字选中状态,创建 CSS 样式控制文字格式,操作如图 4-2-4、图 4-2-5 和图 4-2-6 所示。

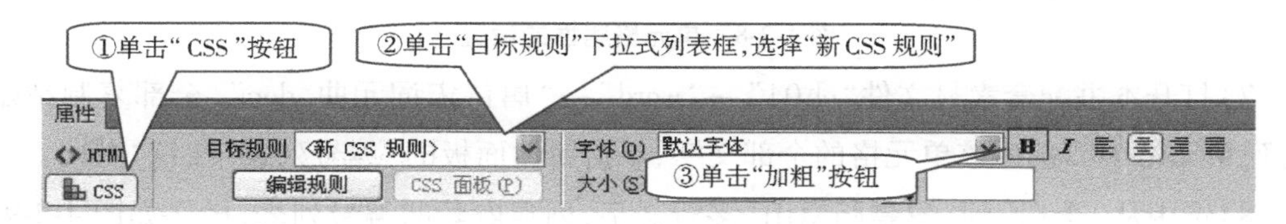

图 4-2-4　属性面板中的操作

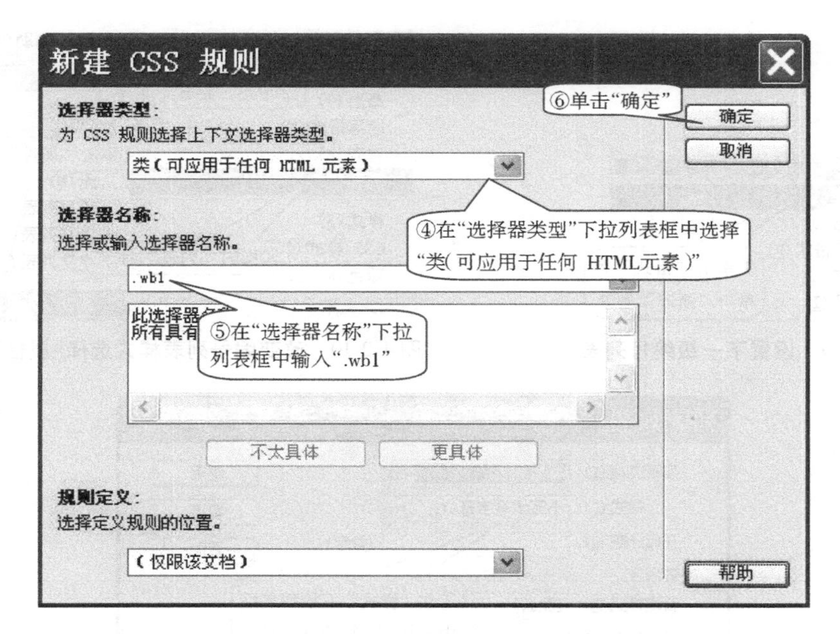

图 4-2-5　“新建 CSS 规则”对话框

图 4-2-6　文本“唐诗宋词元曲”的 CSS 参数设置

(5)在水平线下面插入1行2列的表格,表格属性设置如图4-2-7所示。

图4-2-7　表格属性的设置

(6)光标置于第1列单元格中,设置单元格属性,如图4-2-8所示。

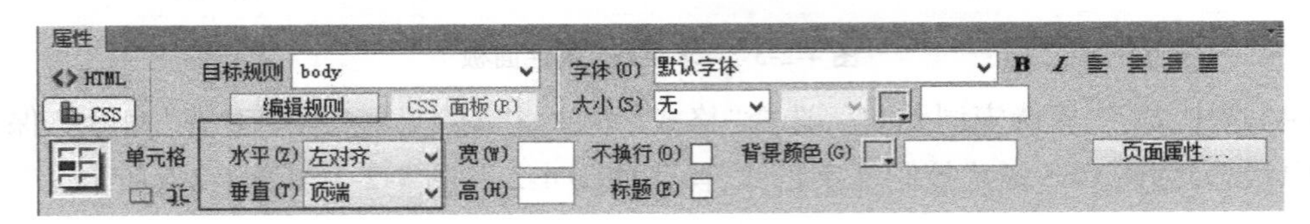

图4-2-8　单元格属性的设置

(7)打开本书配套素材文件"ch04"→"word"→"唐诗宋词元曲.doc",全部复制粘贴到第1列单元格中。选中该单元格的全部文字,单击属性面板的"编号列表"按钮" "。

(8)选中从"李白"到"岁暮归南山"多行文字,创建嵌套的编号列表,操作如图4-2-9、图4-2-10和图4-2-11所示。

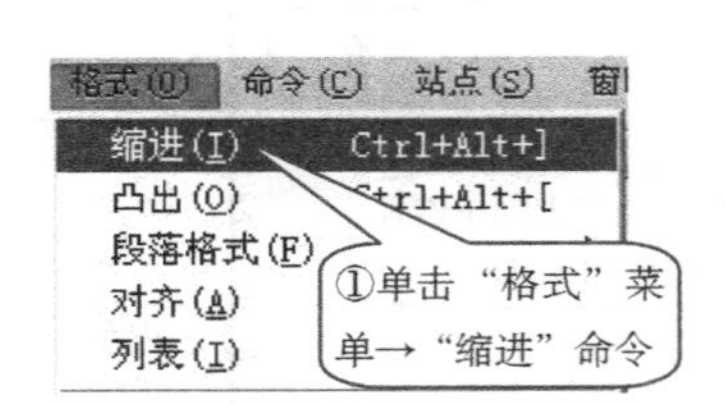

图4-2-9　设置下一级编号列表

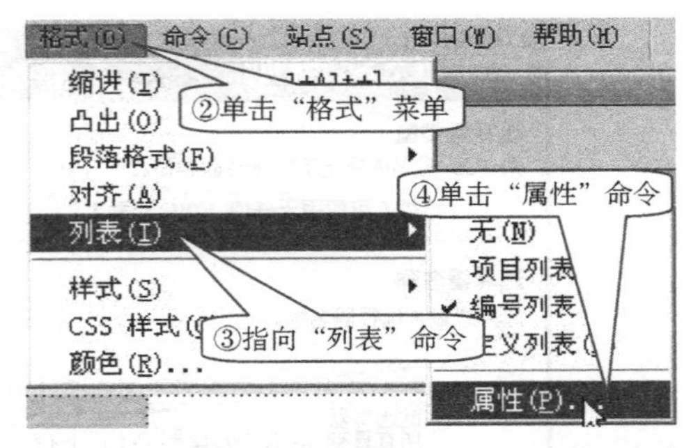

图4-2-10　改变编号列表样式选择"属性"命令

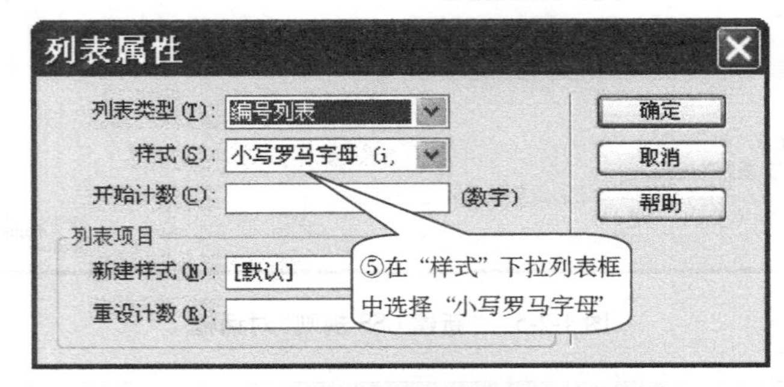

图4-2-11　在"列表属性"对话框中选择样式

(9)选中"柳永(柳三变)"到"如梦令·昨夜雨疏风骤"多行文字,重复第8步操作。

(10)选中"关汉卿代表作……"到最后一行文字,重复第8步操作。

(11)选中"将进酒"到"赠孟浩然"多行文字,重复第8步操作,只是将样式选为"小写字母(a,b,c)"。

(12)选中“江南逢李龟年”到“天末怀李白”多行文字,重复第 11 步操作。

(13)用同样的方法,设置其他相应文字的编号列表样式,设置的最终效果见任务展示图。

(14)在第 2 列中插入图片 4-5. jpg,4-6. jpg,4-7. jpg,设置图片宽 400 像素,高 274 像素。

(15)保存文件并预览。

知识窗

一、分段

在 Adobe Dreamweaver CS6 中输入文本时不会自动换行,如果需要换行则按 Shift+Enter 键进行手动换行,如果要分段,则需按 Enter 键。换行时两行文本间的间距非常小,而分段时,两个段落间的间距比较大。

二、列表

1. 概念

列表是指将具有相似特性或某种顺序的文本进行有规则的排列。列表常应用在条款或列举等类型的文本中,用列表的方式进行罗列可使内容更直观。

2. 类型

从总体上分,有两种类型的列表:一种是无序的项目列表;另一种是有序的编号列表。

3. 应用

在项目列表中,各个列表项之间没有顺序级别之分,它通常使用一个项目符号作为每条列表项的前缀。

编号列表同项目列表的区别在于:它使用编号,而不是用项目符号来编排项目。对于有序编号,可以指定其编号类型和起始编号。无论是编号列表还是项目列表都可以多级嵌套。

任务 3　制作网页——我的心灵小阁

任务目的

本任务练习使用一个表格布局整个网页。能够利用 Dreamweaer 自身提供的“插入→日期”功能插入日期,实现两张图片的上下无缝连接。

任务展示

重点提示

- 使用表格布局页面。
- 插入日期。
- 两张图片的无缝连接。
- 用 CSS 样式控制文本格式的设置。

跟我做

（1）新建空白网页文档 4-3. html。

（2）选择“修改”菜单→“页面属性”命令，设置网页的页面属性。“页面属性”对话框操作如图 4-3-1、图 4-3-2 所示。

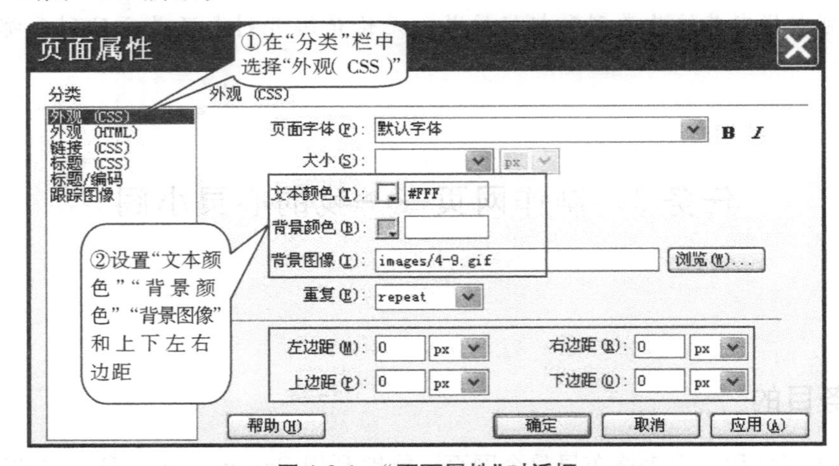

图 4-3-1 “页面属性”对话框

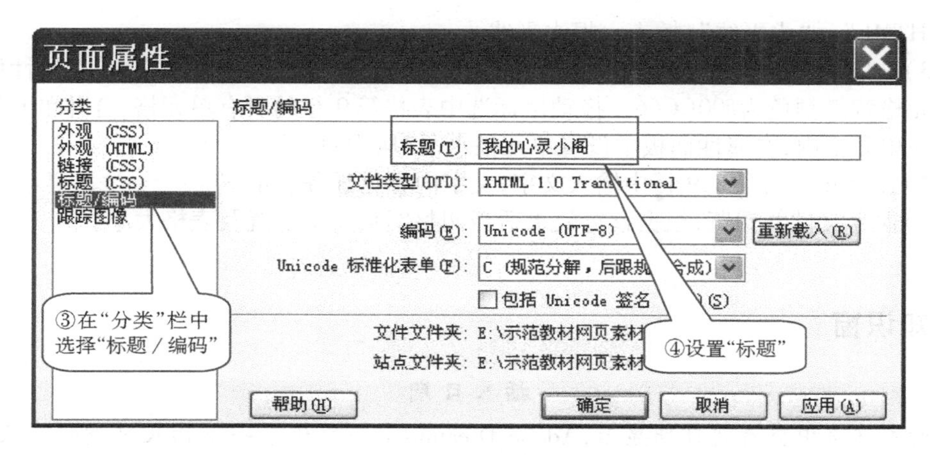

图 4-3-2　“页面属性”对话框

(3)插入一个表格:9 行 3 列,无边框,表格宽度是 800 像素,单元格间距为 0。选中表格,在属性面板中设置表格“居中对齐”。

(4)拖动鼠标选中表格第 1 列 1 至 6 行的单元格,在属性面板中单击左下角的“合并所选单元格”按钮“ ”,在合并后的单元格里插入图片 4-10. gif,光标置于图片后,按 Shift+回车后再插入图片 4-11. gif。

(5)拖动表格第 1 列的右边框,调节第 1 列宽度与图片一致。

(6)拖动鼠标选中第 1 行的第 2、第 3 个单元格,合并单元格。光标置于该单元格内,在属性面板中设置单元格水平“居中对齐”,然后输入文本“我的心灵小阁”。

(7)选中文本“我的心灵小阁”,在属性面板中创建 CSS 样式来控制文本的颜色、字体和字号,创建好后的属性面板如图 4-3-3 所示。

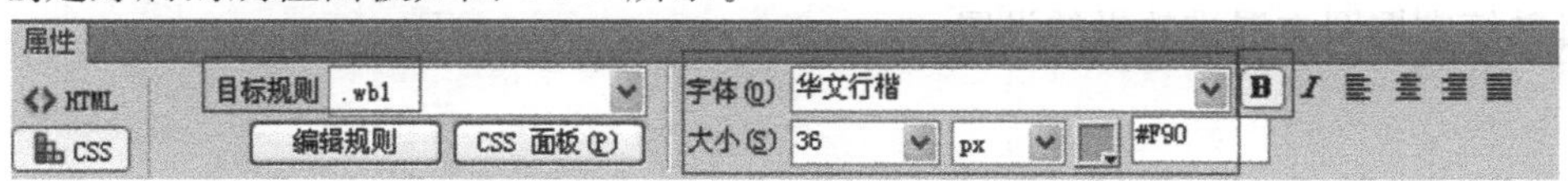

图 4-3-3　文本“我的心灵小阁”的 CSS 参数设置

(8)在第 2 行第 3 列的单元格中输入“WELCOME”。选中文本,和第 7 步相同的方法,在属性面板创建 CSS 样式来控制文本的颜色、字体和字号(可根据喜好任意设置)。

(9)在第 3 行第 3 列单元格内插入日期。单击“插入”菜单→“日期”命令,打开“插入日期”对话框,对话框设置如图 4-3-4 所示。

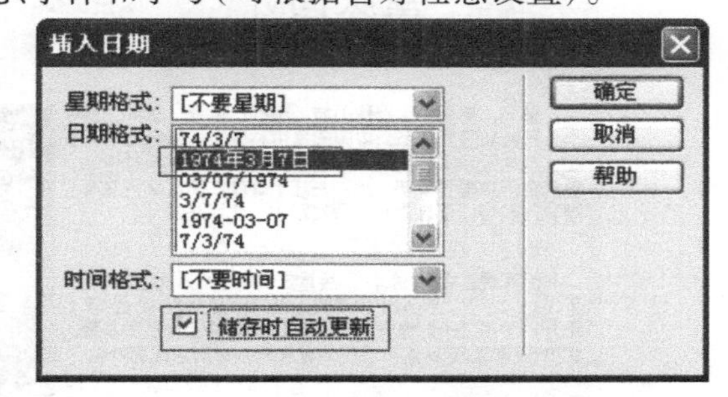

图 4-3-4　“插入日期”对话框

(10)合并第 3 列的第 4 到第 6 单元格,插入图片 4-12. jpg。

(11)在第 2 列的 2 至 6 行分别输入文字“我的音乐”“我的星情”“交友中心”“最新游记”“美味飘香”,并创建 CSS 样式设置自己喜好的字体和颜色。通过拖动上或下边框线,调节这几行的高度,使高度均匀。

(12)选中表格第 7 行的所有单元格,合并单元格。光标置于该单元格内,选择“插

入”→“HTML”→“水平线”，插入一根水平线。

(13)选中表格第 8 行的所有单元格，合并单元格。光标置于该单元格内，在属性面板中设置单元格背景颜色为#00CC66。拖动鼠标选中表格第 9 行的所有单元格，合并单元格。光标置于该单元格内，在属性面板中设置单元格水平“居中对齐”。

(14)在合并后的第 8，9 行中输入文字，文字内容见任务展示图。

(15)保存文件并预览，根据预览效果适当调整网页文字位置及表格大小。

知识窗

插入日期

有时在网页中会看到日期显示，Adobe Dreamweaver 提供了一个插入日期的对象，利用这个日期对象，可在文档中插入当前时间，同时它还提供了日期更新选项，当保存文件时，日期也随着更新。

任务 4　制作网页——重庆简介

任务目的

本任务练习将已有的 Word 文档导入网页中，然后在 Dreamweaver 中对网页进行美化，使读者熟练掌握图文混排效果的设置。

任务展示

重庆简介
重庆，简称渝，别称山城、渝都、桥都、雾都，是中华人民共和国直辖市，中国国家中心城市，超大城市，长江上游地区经济、金融、航运、文化、教育、科技中心。重庆位于中国西南部，地处长江、嘉陵江两江环抱东邻湖北、湖南，南靠贵州，西接四川，北连陕西。
因嘉陵江古称“渝水”，故重庆简称“渝”。北宋崇宁元年（1102年），改渝州为恭州。南宋淳熙16年（1189年）正月，孝宗之子赵惇先封恭王，二月即帝位为光宗皇帝，称为“双重喜庆”，遂升恭州为重庆府，重庆由此而得名。
抗日战争时期，国民政府定重庆为战时首都和陪都，新中国成立初期为西南大区驻地和中央直辖市，1997年6月18日成立直辖市后，重庆老工业基地改造振兴步伐加快，形成了电子信息、汽车、装备制造、综合化工、材料、能源和消费品制造等千亿级产业集群，农业农村和金融、商贸物流、服务外包等现代服务业快速发展。
重庆拥有国家级新区——两江新区、渝新欧国际铁路、两路—寸滩保税港区、西永综合保税区。

重点提示

- Word 文档的导入。
- 图片和文字混排效果。

跟我做

(1)新建空白网页文档 4-4. html。

(2)导入 Word 文档“重庆简介”。选择“文件”菜单→“导入”→“Word 文档”命令,打开“导入 Word 文档”对话框,操作如图 4-4-1 所示。

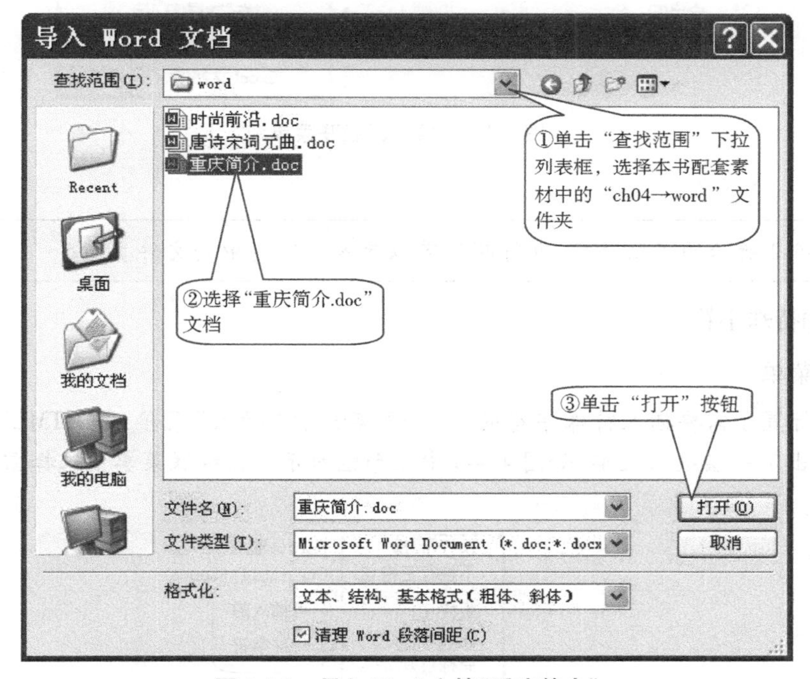

图 4-4-1　导入 Word 文档“重庆简介”

(3)选择“修改”菜单→“页面属性”命令,设置网页的页面属性:网页标题是“导入 Word 生成的文件”,网页中背景的颜色为#99CCFF,左、右边距为 20 像素。

(4)选中标题文本“重庆简介”,创建 CSS 样式设置文本格式:字号 36 像素。

(5)光标置于标题“重庆简介”之前,插入图片 4-13. gif。右击图片,在弹出的菜单中选择“对齐”→“绝对中间”命令,从而得到图片和文本混排的效果。

(6)光标置于正文第一段“重庆简介”之前,插入图片 4-8. jpg。选中图片,在属性面板中设置高、宽皆为 450 像素,“切换尺寸约束”按钮为锁定。右击图片,在弹出的菜单中选择“对齐”→“右对齐”命令,从而得到图片和文本混排的效果。

(7)在每段文字后面加上回车键,在每一段开始位置插入两个空格。

(8)保存网页文档并预览。

知识窗

一、在网页中导入文档

在网页中除了直接键入文本和复制粘贴文本以外,Dreamweaver 还可以将表格式数据、Word 文档、Excel 文档导入到当前文档,省去了复制粘贴的麻烦。

操作的方法是:选择"文件"菜单→"导入"命令,弹出下一层级联菜单,如图 4-4-2 中矩形框所示。在级联菜单中选择要导入的文件类型,然后打开要导入的文件即可。

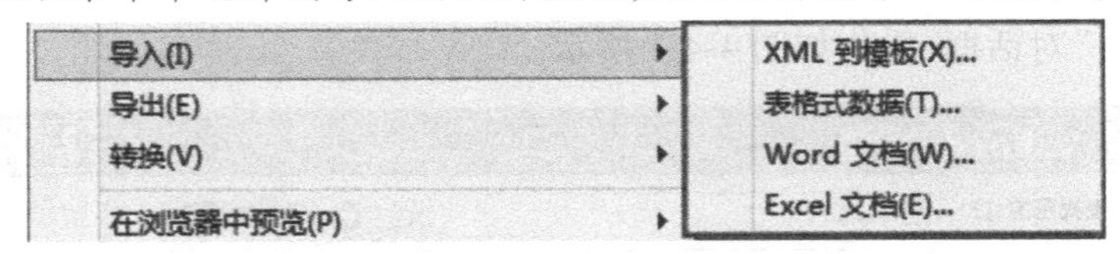

图 4-4-2 "导入"级联菜单

注意

如图 4-4-2 所示的级联菜单,也标明了可以导入到网页中的文件类型。

二、添加特殊字符

1. 使用菜单

先将光标置于需要插入特殊字符的位置,然后选择"插入"菜单→"HTML"→"特殊字符"命令,弹出下一层级联菜单,如图 4-4-3 中矩形框所示。在级联菜单中选择需要插入的特殊字符即可。

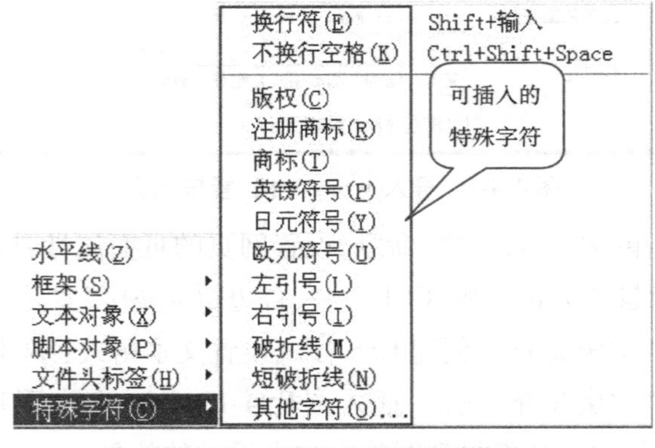

图 4-4-3 "特殊字符"级联菜单

2. 通过插入面板

将光标置于需要插入特殊字符的位置,先在"插入"面板中选择"文本"标签,再单击最

后的字符按钮"BR▾"的下箭头,如图 4-4-4 所示,然后单击所需的特殊字符即可。

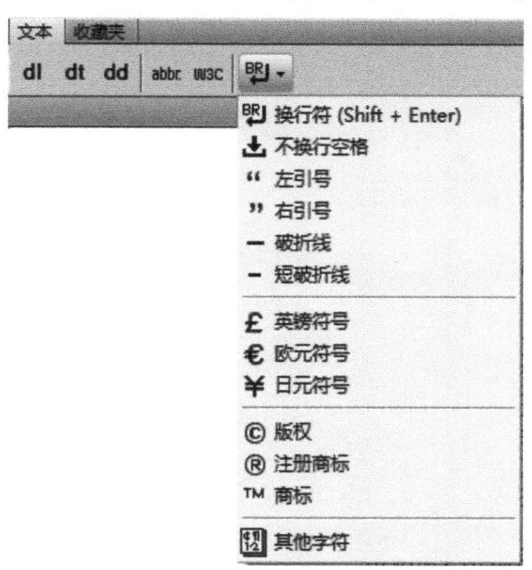

图 4-4-4　通过插入面板插入特殊字符

拓展练习

1. 制作网页"恋恋乡情"。任务展示图及参考步骤见本书配套素材"ch04"→"拓展练习"→"恋恋乡情. doc"。

2. 制作网页"激情世界杯"。任务展示图及参考步骤见本书配套素材"ch04"→"拓展练习"→"激情世界杯. doc"。

使用图像美化网页

【模块综述】

图像能装饰网页，表达个人的情趣和风格，在网页中通常起到画龙点睛的作用，它是网页中文本元素以外必不可少的元素之一。图像通常用来添加图形界面（例如导航按钮）、具有视觉感染力的内容（例如 Logo）或交互式设计元素（例如鼠标经过图像或图像地图）。

学习完本模块后，你将能够：

- 熟练插入图像及设置图像属性
- 熟练应用图像占位符
- 熟练插入鼠标经过图像
- 熟练创建图像热区（图像热点地图）

任务1　制作网页——萌宠百态

任务目的

本任务重点练习插入图像占位符和鼠标经过图像。此外,使读者能熟练应用嵌套表格布局页面及设置表格的背景颜色。

任务展示

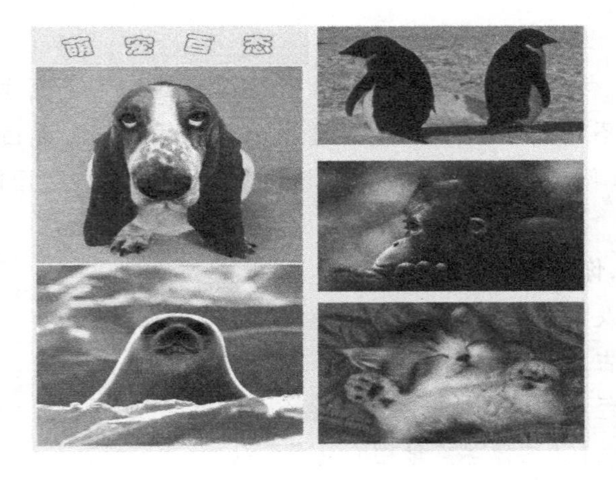

重点提示

- 应用嵌套表格布局页面。
- 设置表格的背景颜色。
- 插入鼠标经过图像。

跟我做

(1)新建静态网页 5-1. html,插入表格 tab1,表格的属性设置如图 5-1-1 所示。

图 5-1-1　表格 tab1 属性设置

注意

由于页面采用表格嵌套布局，需要插入多个表格，为了便于区分及描述，本任务中插入的表格都要命名。

（2）新建 CSS 样式，为表格 tab1 设置背景色。选择“格式”菜单→“CSS 样式”→“新建（N）...”命令，弹出“新建 CSS 规则”对话框，操作如图 5-1-2、图 5-1-3 所示。

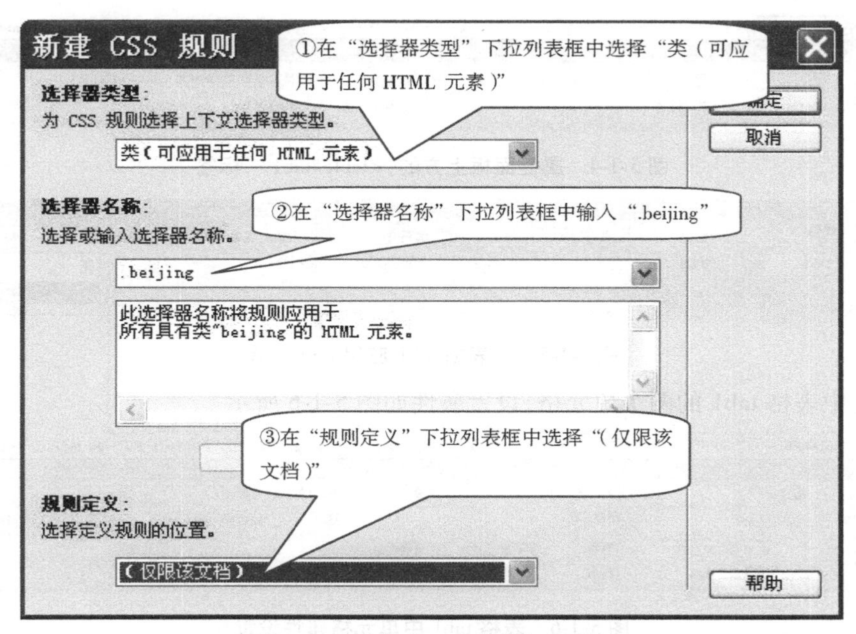

图 5-1-2　“新建 CSS 规则”对话框

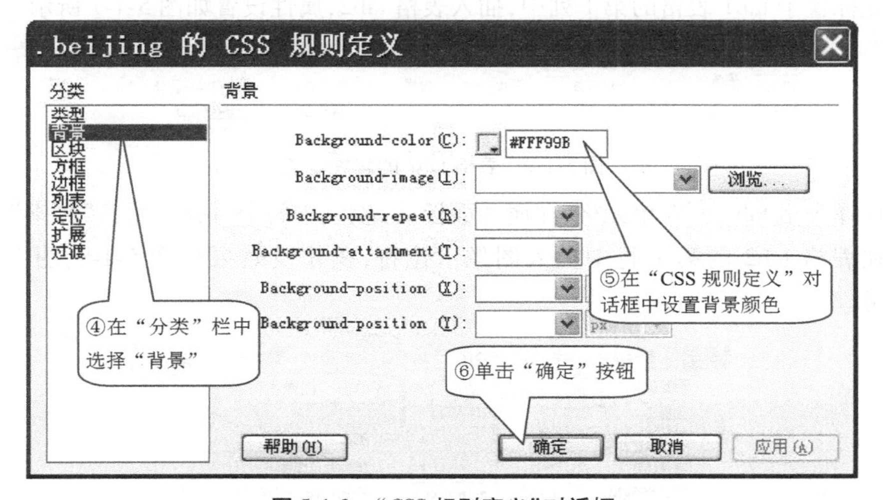

图 5-1-3　“CSS 规则定义”对话框

注意

如图 5-1-2 所示中的“. beijing”是 CSS 样式的名称。

(3)为表格 tab1 应用 CSS 样式. beijing。光标置于表格任意位置，在属性面板上方的标签选择器中单击选择“<table#tab1>”标签，如图 5-1-4 所示；然后在属性面板的“类”下拉列表框中选择“beijing”，如图 5-1-5 所示。

图 5-1-4　属性面板上方的“<table#tab1>”标签

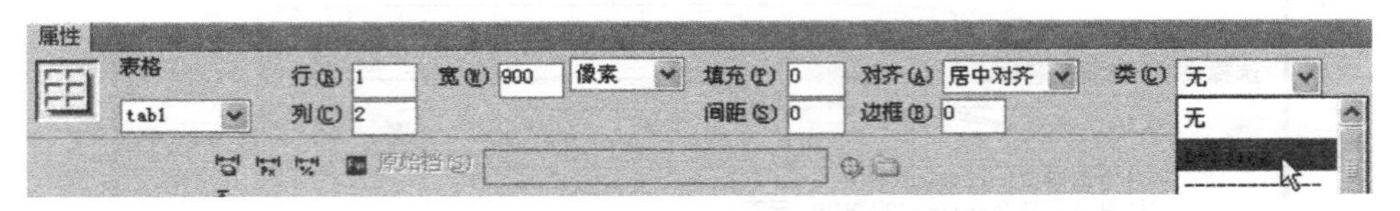

图 5-1-5　为表格 tab1 应用 CSS 样式

(4)选中表格 tab1 的两个单元格，设置属性如图 5-1-6 所示。

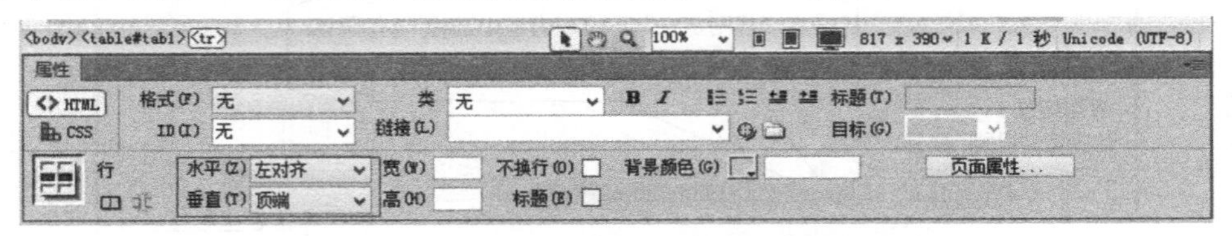

图 5-1-6　表格 tab1 中单元格属性设置

(5)光标置于 tab1 表格的第 1 列中，插入表格 tab2，属性设置如图 5-1-7 所示。

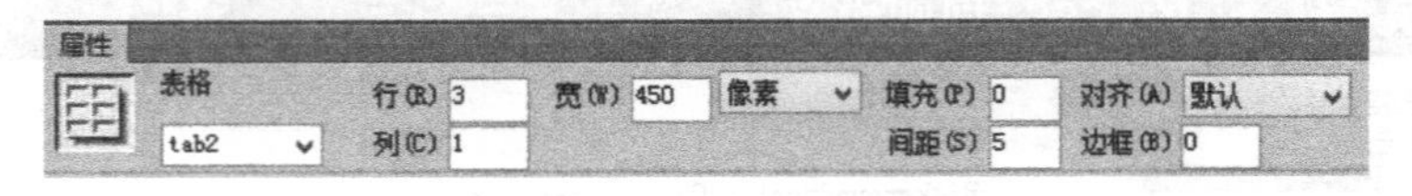

图 5-1-7　表格 tab2 的属性设置

(6)选择表格 tab2 所有单元格，在属性面板设置水平“居中对齐”，垂直“顶端”。

(7)在表格 tab2 的第 1 行中插入图像占位符，操作及效果如图 5-1-8、图 5-1-9 和图 5-1-10 所示。

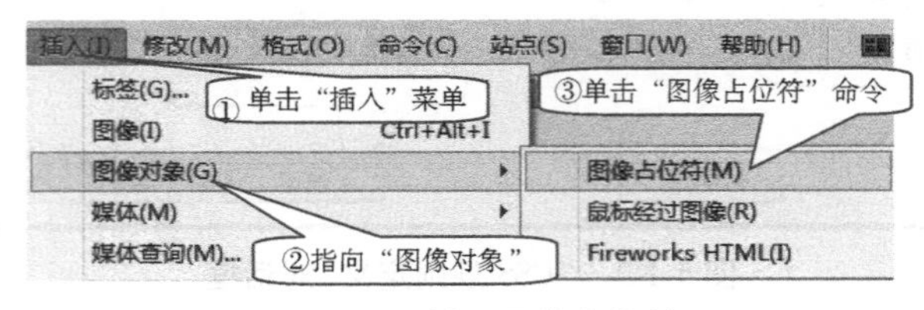

图 5-1-8　插入图像占位符

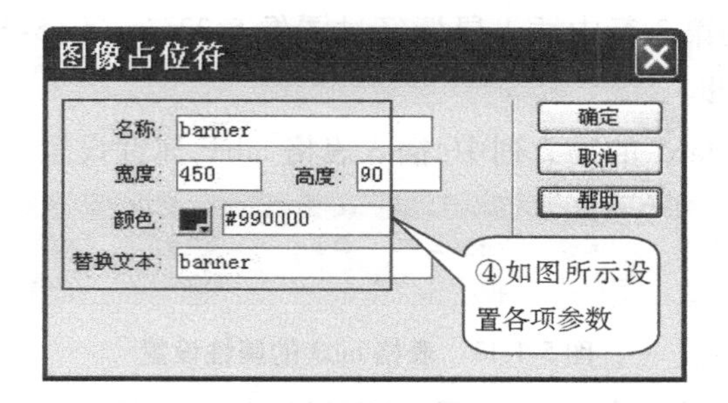

图 5-1-9　“图像占位符”对话框

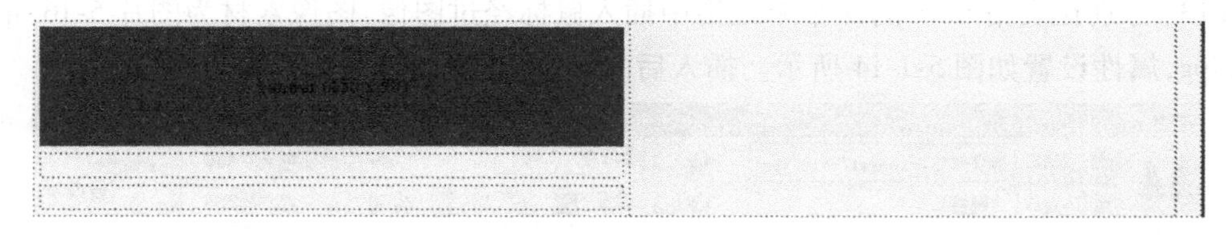

图 5-1-10　插入图像占位符后的网页

此处插入图像占位符的目的是为读者留有创作空间。读者可以自己使用 PS 软件或其他图像处理软件创作一个网页标题图片。

(8)在表格 tab2 的第 2 行中插入鼠标经过图像。操作如图 5-1-11、图 5-1-12 所示。

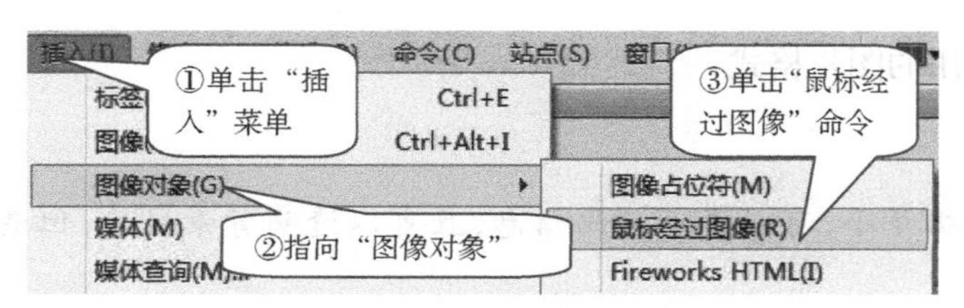

图 5-1-11　插入鼠标经过图像命令

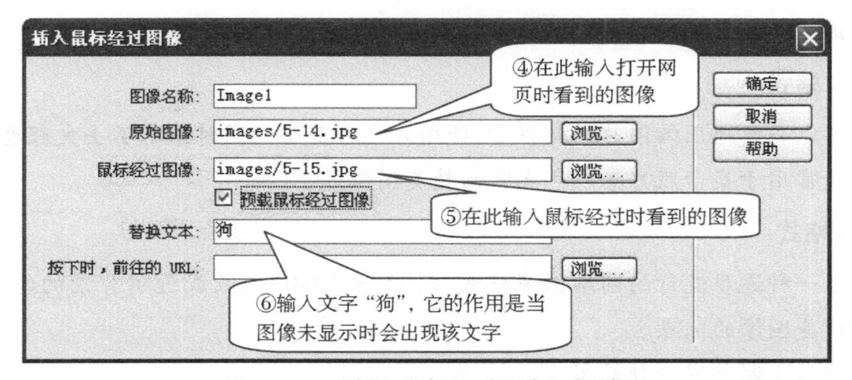

图 5-1-12　“插入鼠标经过图像”对话框

(9)选中鼠标经过图像，在属性面板设置宽 430 像素，高 509 像素。

（10）在表格 tab2 的第 3 行中插入鼠标经过图像 5-22. jpg 和 5-23. jpg。插入的方法、步骤及属性设置同第 8,9 步。

（11）光标置于表格 tab1 的第 2 列中，插入表格 tab3，属性设置如图 5-1-13 所示。

图 5-1-13　表格 tab3 的属性设置

（12）选择表格 tab3 所有单元格，在属性面板设置水平“居中对齐”，垂直“顶端”。

（13）分别在表格 tab3 的 3 个单元格中插入鼠标经过图像，图像素材为图片 5-16. jpg 至 5-21. jpg，属性设置如图 5-1-14 所示。插入后的效果参见任务展示图。

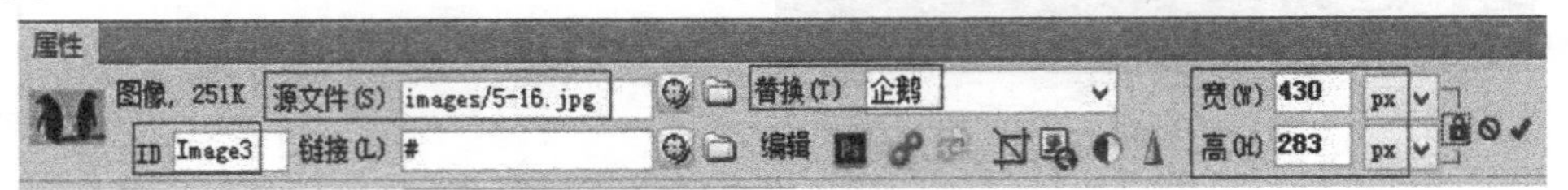

图 5-1-14　属性面板

（14）设计网页标题。这是给读者一个创作的空间，自己用 PS 软件设计一个 450 像素×90 像素的“萌宠百态”标题文字，插入到图像占位符的位置，以完成网页的最后制作。

知识窗

一、网页中常用的图片格式

1. GIF 格式

特点：图片数据量小，可以带有动画信息，且可以透明背景显示，但最高只支持 256 种颜色。

用途：大量用于网站的图标 Logo、广告条 Banner 及网页背景图像，但由于受到颜色的限制，不适合用于照片级的网页图像。

2. JPEG 格式

特点：可以高效地压缩图片的数据量，使图片文件变小的同时基本不丢失颜色画质。

用途：通常用于显示照片等颜色丰富的精美图像。

3. PNG 格式

特点：是一种逐步流行的网络图像格式，既融合了 GIF 能做成透明背景的特点，又具有 JPEG 处理精美图像的优点。

用途：常用于制作网页效果图。

二、图片的属性面板

图片的属性面板如图 5-1-15 所示。

图 5-1-15　图片的属性面板

面板中各参数含义如下：

- “ID”文本框：在文本框中输入图像名，供编写脚本（如 JavaScript 或 VBScript）时引用。
- “源文件”文本框：指定图像的源文件名及相对路径。
- “链接”文本框：为图像指定超链接。
- “替换”下拉列表框：指定在图像位置上显示可选文字（即图像的 Alt 属性）。当浏览器无法显示图像时显示这些文字，同时当鼠标移动到图像上面时，也会显示这些文字。
- “宽”和“高”文本框：设置选定图像的宽度和高度，默认以像素为单位。
- “类”下拉列表框：设置图像的 CSS 类样式。
- “编辑”按钮：单击该按钮启动外部编辑器，打开选定的图像。Dreamweaver 的默认图像编辑器为 Photoshop。
- “地图”文本框和“热点工具”按钮：用来标注和创建图像地图。
- “目标”下拉列表框：指定链接页面应该载入的目标框架或窗口，如果图像上没有链接，则本选项无效。

三、图片的 Alt 属性

网页中的某些图像有特定意义，此时需要为图像添加说明性文字，就会用到图像的 Alt 属性，即设置图像的替换文本。当鼠标放置在图像上时，就会显示指定的说明性文字。

四、图像占位符

图像占位符是指将最终图像添加到 Web 页面之前使用的临时图形。它不是显示在浏览器中的图形图像。在你发布站点之前，应该用适用于 Web 的图形文件（例如 GIF 或 JPEG）替换所有添加的图像占位符。

在对 Web 页面进行布局时图像占位符很有用，因为通过使用图像占位符，你可以在真正创建图像之前确定图像在页面上的位置。

五、鼠标经过图像

鼠标经过图像是指当鼠标指针移动到图像上时会显示预先设置好的另一幅图像，当鼠标指针移开时，又会恢复为第一幅图像。它实际上是由两幅图像组成，即原始图像和替换图像。在制作鼠标经过图像时，应保证两幅图像大小一致。如图像大小不一致时，图像在页面中所呈现出的大小以原始图像大小为准，也可以在属性面板中设置大小。

在制作网页中的按钮、广告时，经常会用到鼠标经过图像这种效果。

任务2　制作网页——丝绸之路

任务目的

本任务练习制作图像热点地图(图像热区)。浏览者可根据不同的需要,选择地图上不同的"热区"链接,查看所要了解的内容。

任务展示

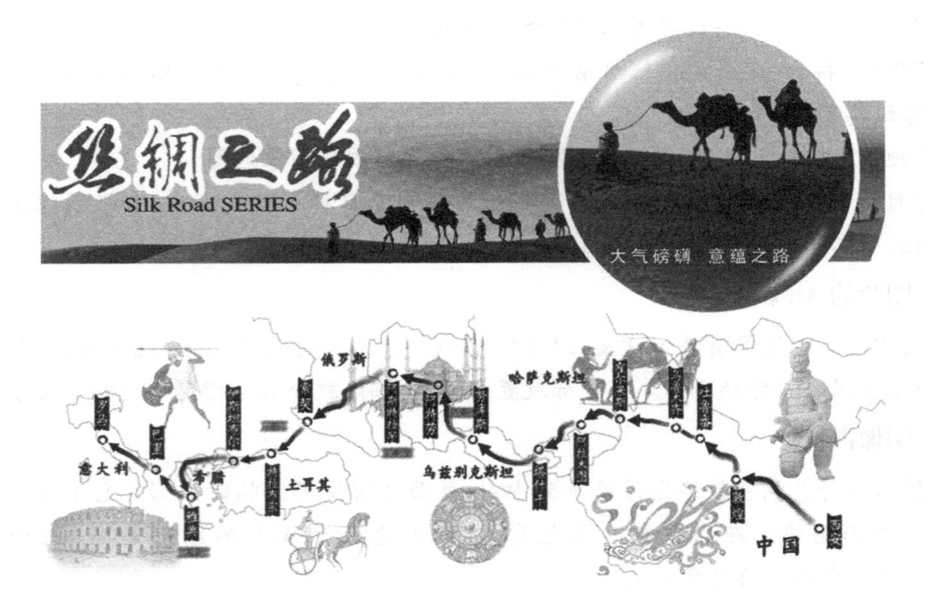

重点提示

- 本任务共有 6 个页面,任务展示图是主页面,还有 5 个子页面分别与主页面中的 5 个热区建立链接。
- 在图像上创建热区,并为热区建立链接。

跟我做

(1)新建静态网页 5-2. html。

(2)插入表格,表格的属性设置如图 5-2-1 所示。

图 5-2-1　表格属性设置

(3)选中表格中的两个单元格,设置属性,单元格属性设置如图 5-2-2 所示。

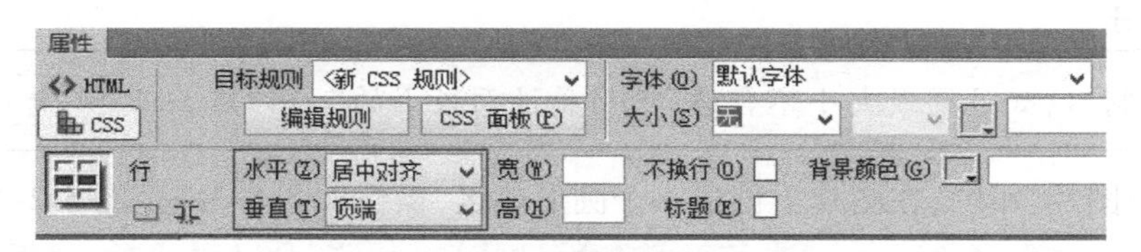

图 5-2-2　单元格属性设置

(4)在第 1 个单元格中插入图片 5-25. jpg。选中图片,在属性面板设置图片宽 900 像素,让“切换尺寸约束”按钮“🔒”处于锁定状态,给图片命名为“tu1”,属性面板如图 5-2-3 所示。用同样的方法,在第 2 个单元格中插入图片 5-26. jpg,并设置相同宽度,命名为 tu2。

图 5-2-3　图片 5-25. jpg 的属性面板

(5)选中图片“tu1”,在图片“tu1”的“丝绸之路”文字上创建一个矩形热区,并命名为“requ1”,操作如图 5-2-4 至图 5-2-6 所示。

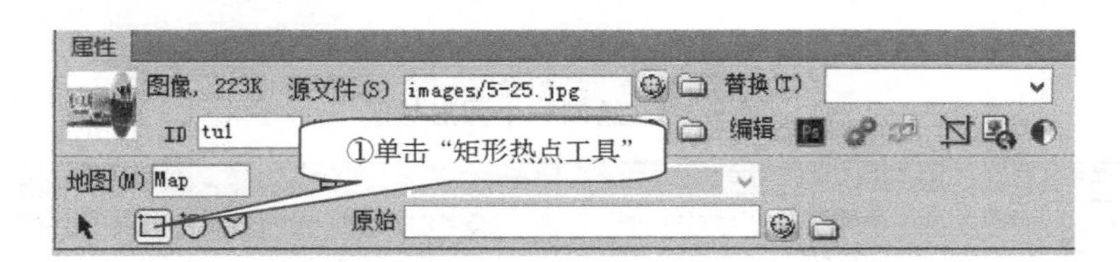

图 5-2-4　选择“矩形热点工具”

图 5-2-5　绘制热点区域

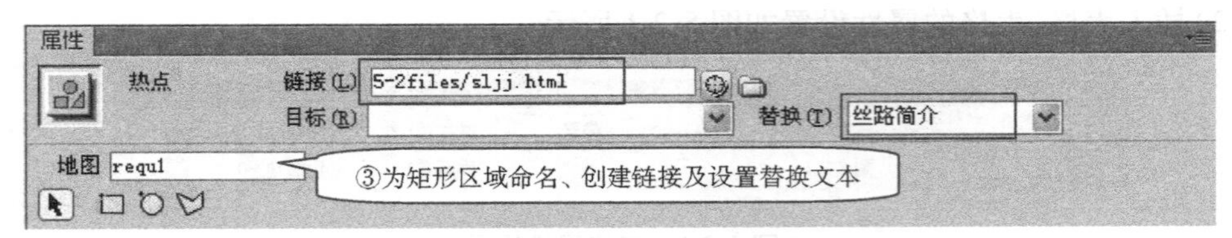

图 5-2-6　热点区域“requ1”的属性面板

技巧提示

热区绘制后，如位置或大小不合适，可用属性面板上的“指针热点工具”调整。

（6）选中图片“tu1”，在图片上创建一个圆形热区，操作如图 5-2-7 至图 5-2-9 所示。

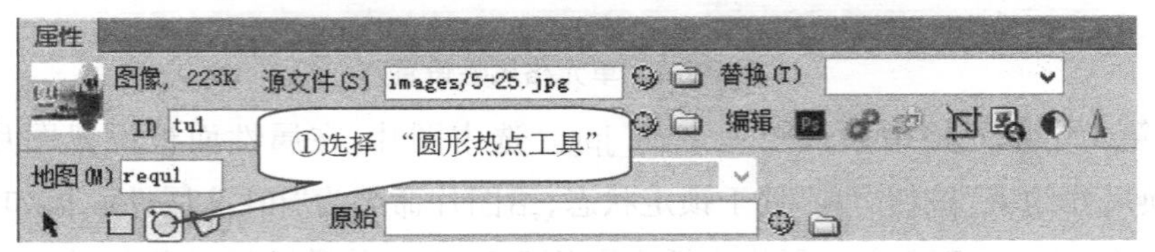

图 5-2-7　选择“圆形热点工具”

图 5-2-8　绘制一个圆形热区

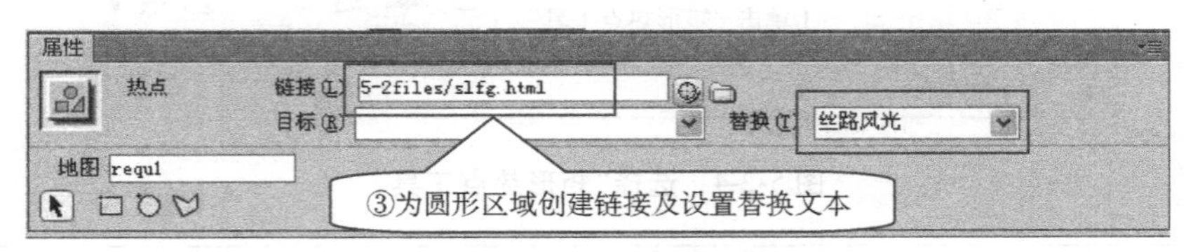

图 5-2-9　绘制圆形热区后的属性面板

（7）选中图片“tu2”，在图片的相关位置创建 3 个多边形热区，命名为“requ2”，操作如图 5-2-10 至图 5-2-14 所示。

图 5-2-10　选择“多边形热点工具”

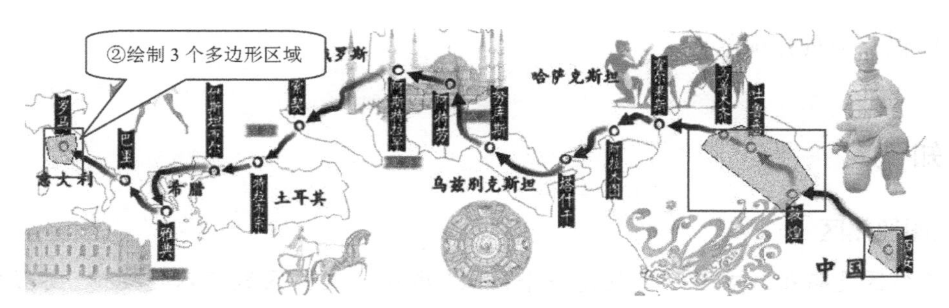

图 5-2-11　绘制 3 个多边形热区

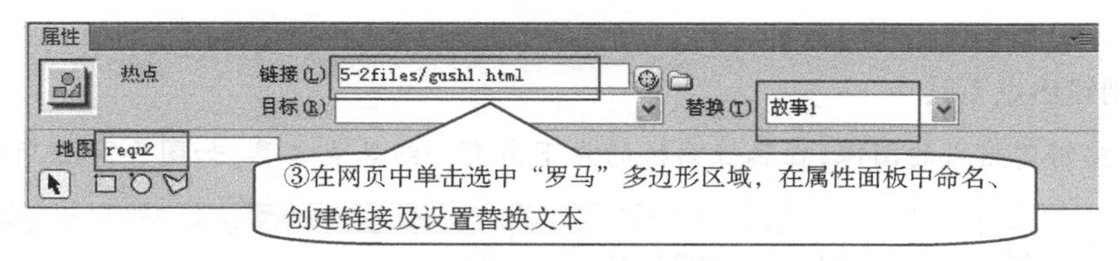

图 5-2-12　“罗马”热区属性面板

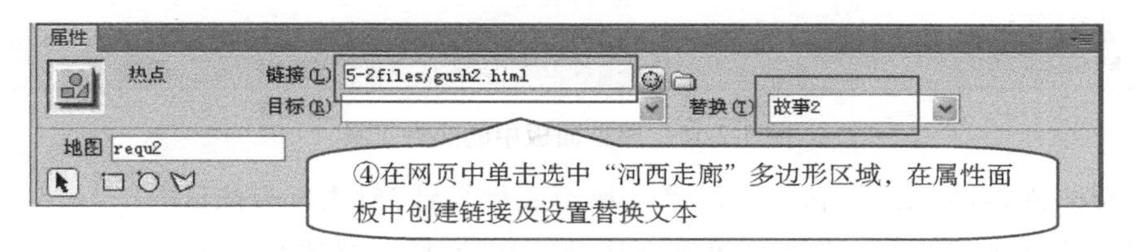

图 5-2-13　“河西走廊”热区属性面板

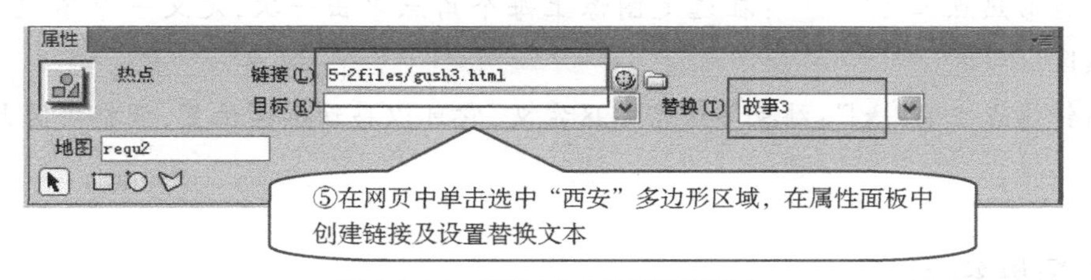

图 5-2-14　“西安”热区属性面板

(8)新建网页文件 sljj. html，内容为丝绸之路简介，文字素材是本书配套素材“ch05”→“word”文件夹中的“丝绸之路简介. doc”，网页样式由读者自行设计。

(9)新建网页文件 slfg. html，内容为丝绸风光图片，素材来自本书配套素材“ch05”→“images”文件夹中的图片 5-27. jpg 至 5-32. jpg，网页样式由读者自行设计。

(10)新建网页文件 gushi1. html，gushi2. html，gushi3. html，内容为丝绸之路故事，文字素材在本书配套素材“ch05”→“word”→“丝绸之路的故事. doc”中，其中故事一、二、三，分别为 gushi1. html，gushi2. html，gushi3. html 的素材，网页样式由读者自行设计。

注意

此任务有 sljj. html，slfg. html，gushi1. html，gushi2. html，gushi3. html 5 个子页面，为了规范，把 5 个子页面统一存放在子文件夹 5-2files 中。

(11)保存网页并预览。

知识窗

一、图像热区

图像热区是指在一幅图片上创建多个区域(热点),这些区域可以是矩形、圆形或多边形,通过这些区域建立链接,并能点击触发。当用户单击某个热点时,会发生某种链接或行为。

二、创建热点工具

选中要创建热点的图像,在属性面板的左下角有一组热点工具,如图 5-2-15 所示。

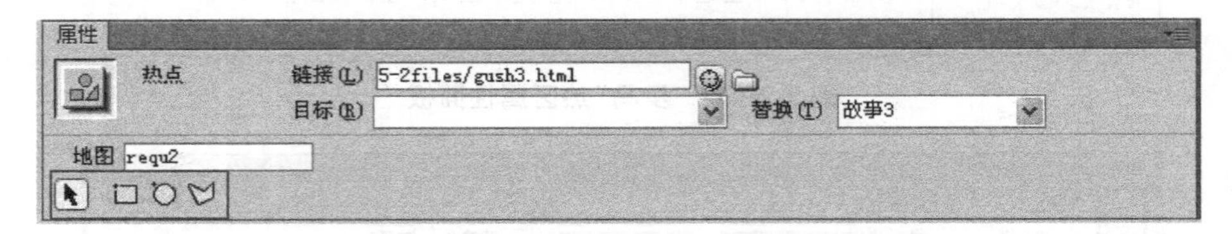

图 5-2-15 属性面板中的热点工具

- 矩形热点工具"□":在选定图像上拖动鼠标指针,创建矩形热区。
- 圆形热点工具"○":在选定图像上拖动鼠标指针,创建圆形热区。
- 多边形热点工具"▽":在选定图像上每个角点单击一次,定义一个不规则形状的热区。
- 指针热点工具"↖":结束多边形热区定义,它可以移动热区位置,调整热区大小。

拓展练习

1. 制作网页"小小素材屋"。任务展示图及参考步骤见本书配套素材"ch05"→"拓展练习"→"小小素材屋.doc"。

2. 制作网页"世界风光"。任务展示图及参考步骤见本书配套素材"ch05"→"拓展练习"→"世界风光.doc"。

链　接

【模块综述】

链接是互联网的灵魂。链接将互联网上毫无关联的网页通过文字、图片、Flash 等元素联系成一个整体。利用链接,浏览者能够从一个网页跳转到另一个网页,从一个网站跳转到另一个网站,浏览者只需单击鼠标就可以遨游世界,使地球变成名副其实的"村落"。

学习完本模块后,你将能够:

- 熟练掌握内部链接、外部链接和空链接的建立
- 熟练掌握锚记链接的建立
- 熟练掌握电子邮件链接的建立
- 熟练掌握下载链接的建立

任务1　制作网页——三十六计

任务目的

在页面文本内容较长时，可以利用锚记来快速定位。本任务就是练习为页面左边导航栏中的标题文字创建锚记链接，以跳转到本页面相应的锚记位置处，方便阅读。

任务展示

三十六计（中国古代三十六个兵法策略）

第一套 胜战计
第一计 瞒天过海
第二计围魏救赵
第三计 借刀杀人
第四计 以逸待劳
第五计 趁火打劫
第六计 声东击西
第二套 敌战计
第七计 无中生有
第八计 暗渡陈仓
第九计 隔岸观火
第十计 笑里藏刀
第十一计 李代桃僵
第十二计 顺手牵羊
第三套 攻战计
第十三计 打草惊蛇
第十四计 借尸还魂
第十五计 调虎离山
第十六计 欲擒故纵
第十七计 抛砖引玉
第十八计 擒贼擒王
第四套 混战计
第十九计 釜底抽薪
第二十计 浑水摸鱼
第二十一计 金蝉脱壳
第二十二计 关门捉贼
第二十三计 远交近攻
第二十四计 假道伐虢
第五套 并战计
第二十五计 偷梁换柱
第二十六计 指桑骂槐
第二十七计 假痴不癫
第二十八计 上屋抽梯
第二十九计 树上开花
第三十计 反客为主
第六套 败战计
第三十一计 美人计
第三十二计 空城计
第三十三计 反间计
第三十四计 苦肉计
第三十五计 连环计
第三十六计 走为上

第一套 胜战计
处于绝对优势地位之计谋。君御臣、大国御小国之术也。亢龙有悔。

第一计 瞒天过海
本指光天化日之下不让天知道就过了大海。形容极大的欺骗和谎言，什么样的欺骗手段都使得出来。
【按语】
阴谋作为，不能于背时秘处行之。夜半行窃，僻巷杀人，愚俗之行，非谋士之所为也。如：开皇九年，大举伐陈。先是弼请缘江防人，每交代之际，必集历阳，大列旗帜，营幕蔽野。陈人以为大兵至，悉发国中士马，既而知防人交代。其众复散，后以为常，不复设备，及若弼以大军济江，陈人弗之觉也。因袭南徐州，拔之。
【故事】
公元589年，隋朝将大举攻打陈国。这陈国乃是公元557年陈霸先称帝建国，定国号为陈，建都城于建康，也就是今天的南京。战前，隋朝将领贺若弼因奉命统领江防，经常组织沿江守备部队调防。每次调防都命令部队于历阳（也就是今天安徽省和县一带地方）集中。还特令三军集中时，必须大列旗帜，遍支警帐，张扬声势，以迷惑陈国。果真陈国难辨虚实，起初以为大军将至，尽发国中士卒兵马，准备迎敌面战。可是不久，又发现是隋军守备人马调防，并非出击，陈便撤回集结的迎战部队。如此五次三番，隋军调防频繁，蛛丝马迹一点不露，陈国竟然也司空见惯，戒备松懈。直到隋将贺若弼大军渡江而来，陈国居然未有觉察。隋军如同天兵压顶，令陈兵猝不及防，遂一举拔取陈国的南徐州（今天的江苏省镇江市一带）。（返回）

第二计 围魏救赵
本指围攻魏国的都城以解救赵国。现借指用包超敌人的后方来迫使它撤兵的战术。
【浅解】
所谓围魏救赵，是指当敌人实力强大时，要避免和强敌正面决战，应该采取迂回战术，迫使敌人分散兵力，然后抓住敌人的薄弱环节发动攻击，置敌于死地。
【故事】
公元前354年，赵国进攻卫国，迫使卫国屈服于它。卫国原来是入朝魏国的，现在改向亲附赵国，魏惠王不由十分恼火，于是决定派庞涓讨伐赵国。不到一年时间，庞涓便攻到了赵国的国都邯郸。邯郸危在旦夕。赵国国君赵成侯一面竭力固守，一面派人火速奔往齐国求救（此时，赵国与齐国结盟）。齐威王任命田忌为主将，以孙膑为军师，率军救赵。孙膑出计，要军中最不会打仗的齐城、高唐佯攻魏国的军事要地——襄陵，以麻痹魏军。而大军却绕道直插大梁。庞涓得到魏惠王的命令只得火速返国救援。魏军为疲惫之师，怎能打过齐国以逸待劳的精锐之师，因此大败。（返回）

第三计 借刀杀人
比喻自己不出面，假借别人的手去害人。
【释义】
敌人的情况已经明了，友方的态度尚未确定。利用友方的力量去消灭敌人，自己不需要付出什么力量。这是从《损》卦推演出的计策。
【浅解】
所谓借刀杀人，是指在对付敌人的时候，自己不动手，而利用第三者的力量去攻击敌人，用以保存自己的实力；再进一步，则巧妙地利用敌人的内部矛盾，使其自相残杀，以达到置敌于死地的目的。
【故事】
刘秀借刀杀李铁。（返回）

重点提示

- 制作导航栏。

- 在网页中插入锚记。
- 建立锚记链接。

跟我做

（1）新建静态网页文档 6-1. html。设置页面属性：网页标题为“三十六计”。

（2）插入表格 tab1，表格的属性设置如图 6-1-1 所示。

图 6-1-1　tab1 表格属性面板

（3）合并表格 tab1 第 1 行的两个单元格。光标置于合并后的单元格内，在属性面板中设置单元格水平“居中对齐”，单元格高度为 100。

（4）选择“窗口”菜单→“CSS 样式”命令，打开 CSS 样式面板，如图 6-1-2 所示。单击面板右下方的“新建 CSS 规则”按钮“![]”，新建一个 CSS 样式“. biaoti”，操作如图 6-1-3 至图 6-1-5 所示。

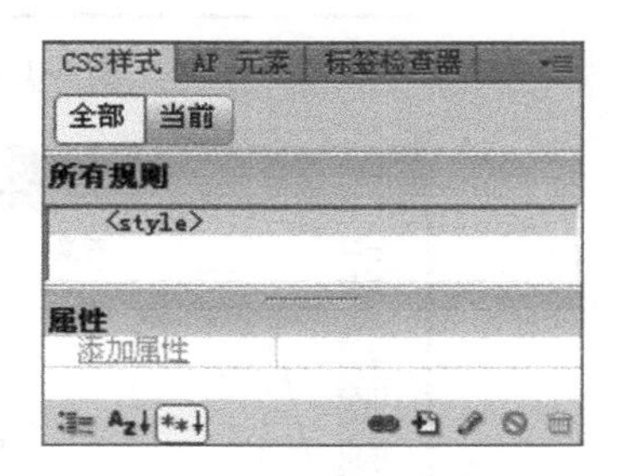

图 6-1-2　CSS 样式面板

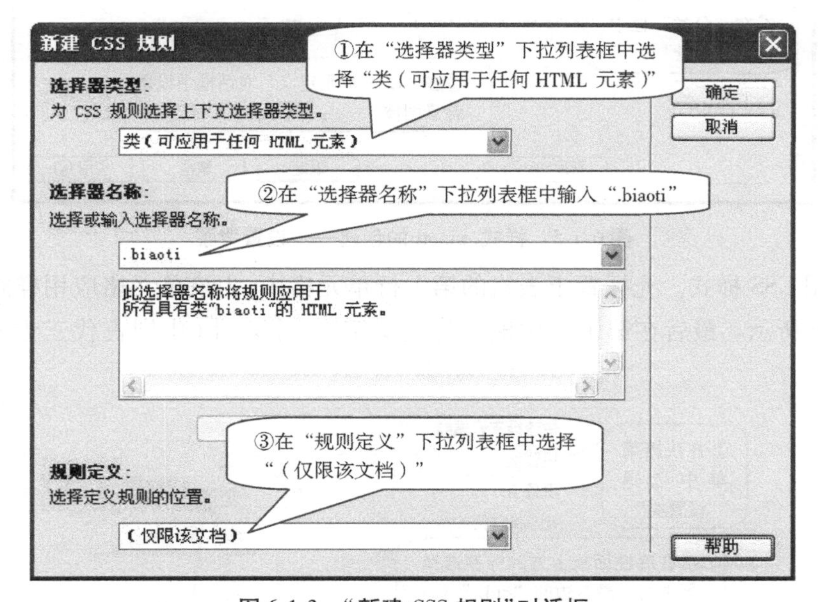

图 6-1-3　“新建 CSS 规则”对话框

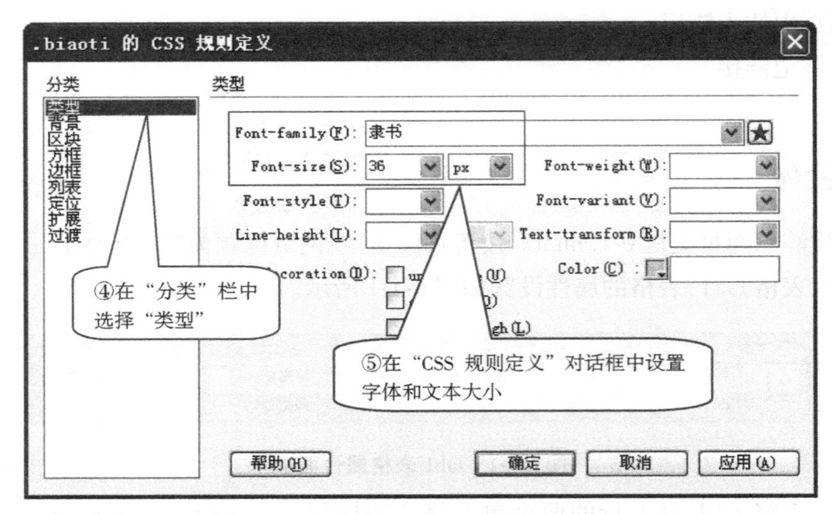

图 6-1-4　样式. biaoti 的创建——设置类型

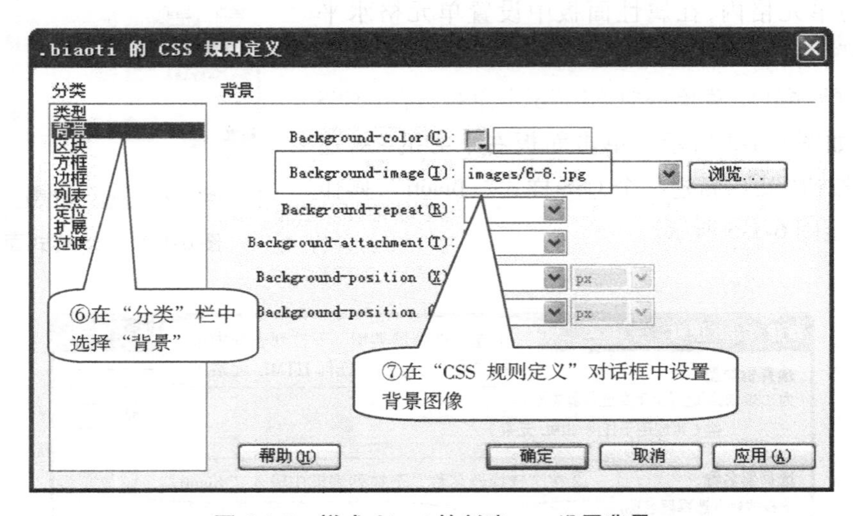

图 6-1-5　样式. biaoti 的创建——设置背景

(5)应用 CSS 样式。光标置于表格的第 1 行单元格中,为该单元格应用样式. biaoti,操作如图 6-1-6 所示。最后在第 1 行中输入标题文字“三十六计(中国古代三十六个兵法策略)”。

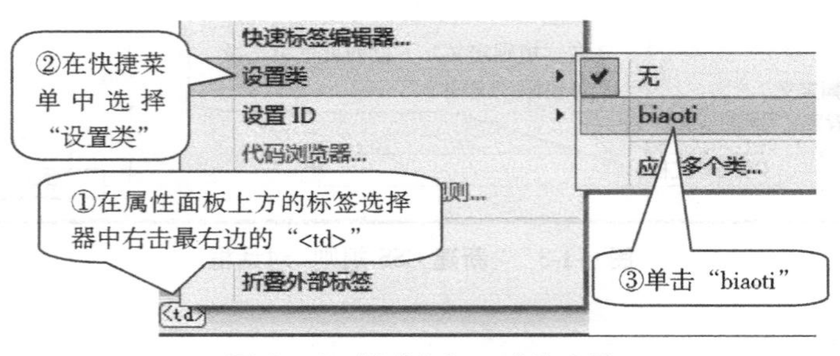

图 6-1-6　样式“. biaoti”的应用

注意

> “<td>”表示单元格，“<tr>”表示行。这里由于合并了第 1 行的单元格，因此 CSS 样式“. biaoti”应用在“<td>”或“<tr>”上效果一样。

（6）设置表格 tab1 第 2 行背景颜色为“#e8e0d5”。光标定位在第 2 行第 1 列单元格中，属性设置如图 6-1-7 所示。

图 6-1-7 表格 tab1 第 2 行第 1 列属性设置

（7）在第 1 列中插入表格 tab2，属性设置如图 6-1-8 所示。

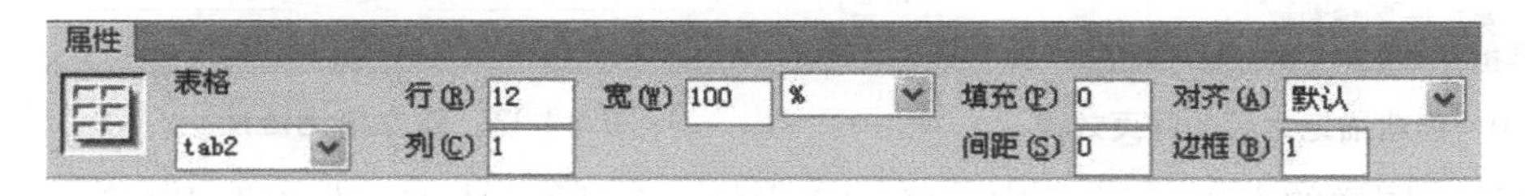

图 6-1-8 表格 tab2 属性面板

（8）设置表格 tab2 所有单元格垂直“居中”。第 1,3,5,7,9,11 行的单元格水平“居中对齐”，在这 6 个单元格中参照任务展示图输入“第一套……”“第二套……”等文字。第 2,4,6,8,10,12 行的单元格水平“左对齐”，参照任务展示图在第 2 行单元格中输入“第一计”至“第六计”，在第 4 行单元格中输入“第七计”至“第十二计”，在第 6 行单元格中输入“第十三计”至“第十八计”，以此类推。

（9）光标置于表格 tab1 的第 2 行第 2 列单元格中，选择“文件”菜单→“导入”→“Word 文档”命令，导入本书配套素材中的 Word 文档“ch06→others→三十六计. doc”。

（10）创建锚记。光标定位在表格 tab1 的第 1 行标题文字的前面，选择“插入”菜单 →“命名锚记”命令，在弹出的“命名锚记”对话框中输入“mao”，如图 6-1-9 所示。

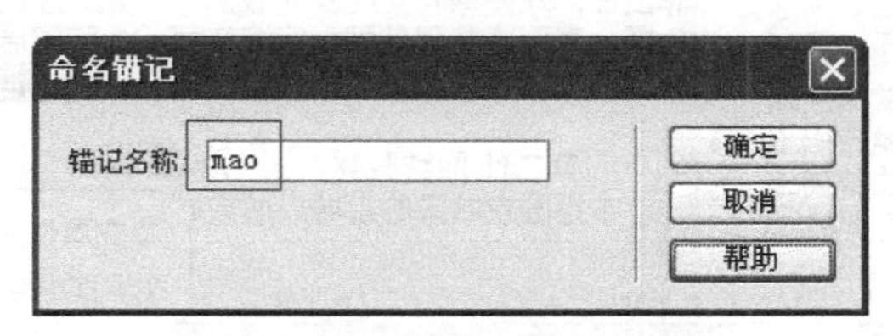

图 6-1-9 “命名锚记”对话框

（11）光标定位在表格 tab1 第 2 行第 2 列每一个计策的标题前面，创建锚记，锚记的命名依次为“mao1”“mao2”“mao3”…“mao 36”，命名锚记的方法同上。网页效果如图 6-1-10 所示。

(12)建立锚记链接。选中表格 tab2 中的文字"第一计 瞒天过海"(图 6-1-11),在属性面板"链接"文本框中输入"#mao1",如图 6-2-12 所示。

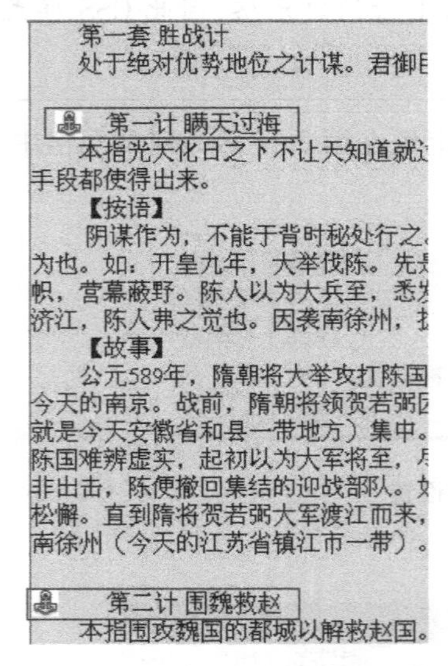

图 6-1-10 创建锚记之后的网页效果

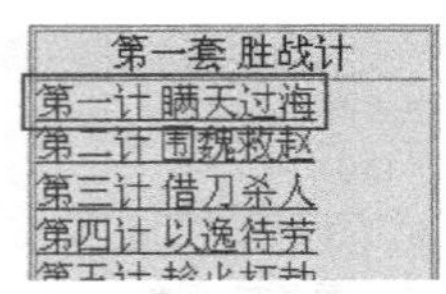

图 6-1-11 选中文字

图 6-1-12 建立锚记链接

(13)用同样的方法,依次选中表格 tab2 中每一个计策的标题,建立锚记链接。

(14)光标定位在表格 tab1 第 2 行第 2 列单元格第一计故事结束处,输入"(返回)"并选中,与锚记"mao"建立链接,如图 6-1-13 所示。

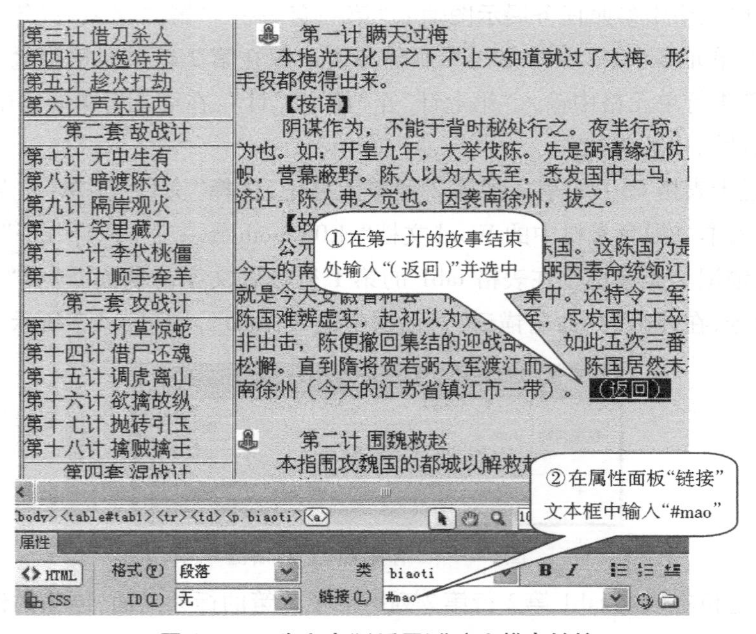
①在第一计的故事结束处输入"(返回)"并选中
②在属性面板"链接"文本框中输入"#mao"

图 6-1-13 为文字"(返回)"建立锚点链接

(15)选中建立链接后的文字"(返回)",复制文字,粘贴到每一计的故事结束处。

已建立链接的文字，复制粘贴到别处后原来的链接关系仍然存在。

(16)为表格 tab1 第 2 行第 2 列中的故事配上图片。光标定位在“第一套 胜战计”右侧，插入图片 6-9. jpg。右击图片，在快捷菜单中选择“右对齐”。

(17)用相同的方法，在“第十六计 欲擒故纵”“第二十三计 远交近攻”“第三十一计 美人计”“第三十二计 空城计”的右侧依次插入图片 6-10. jpg，6-11. jpg，6-12. jpg，6-13. jpg，并设置图片右对齐。

(18)保存文件，预览并检查链接是否正确。

知识窗

一、链接的作用

链接是从源端点到目标端点的一种跳转。源端点是被链接的对象，位于开始位置，目标端点是链接到的对象，位于目标位置。目标可以是任何网络资源，它可以是一个页面、一张图像、一段视频等，甚至可以是同一个页面中的某个位置。

二、链接的分类

根据链接方式的不同，超链接可分为绝对路径连接和相对路径连接。根据链接对象的不同，超链接又可分为：超文本链接(包括外部链接、内部链接和空链接)、锚记链接、图像链接、电子邮件链接、热区链接、文件下载链接等。

- 外部链接：目标网页位于其他站点，利用外部链接可以跳转到其他网站。
- 内部链接：目标网页位于站点内，利用内部链接可以跳转到本站点的其他页面。
- E-mail 链接(电子邮件连接)：链接的对象为电子邮箱地址，单击这种链接可以启动电子邮件程序，开始撰写新信件并发送到指定地址。
- 锚记链接：是指链接到同一页面中的不同位置，利用锚记链接可以跳转到文档中的某一指定位置。
- 空链接：没有链接目标的链接，利用空链接可以激活文档中的链接文本或对象。
- 文件下载链接：文件下载链接与超文本链接的使用方法完全一样。当被链接的文件不被浏览器支持时，便被浏览器直接下载，并保存到本地计算机中。浏览器无法识别的文件类型有很多，最常见的有以. zip，. rar，. exe 为后缀名的文件。

三、创建链接的方法

在文档窗口中选中要创建链接的对象，使用以下方法之一可以为其创建链接：

- 在属性面板的“链接”框内输入(绝对或相对)URL(统一资源定位符 Uniform Resource Locator，是对可以从互联网上得到的资源的位置和访问方法的一种简洁的表示，是互

联网上标准资源的地址)。

- 在属性面板中单击“链接”框旁边的“浏览文件”按钮“ ”,在打开的对话框中选择对应的文件。
- 在属性面板中单击“链接”框旁边的“指向文件”按钮“ ”,拖动鼠标建立链接。
- 单击右键,在弹出的快捷菜单中选择“创建链接”命令。
- 选择“修改”菜单→“创建链接”命令,或直接按下 Ctrl+L 快捷键。
- 选择“插入”菜单→“超级链接”命令。

四、“目标”说明

为文本或图像创建链接后,属性面板中“目标”下拉列表框被激活,如图 6-1-14 所示。它的作用是选择被链接内容的打开位置。有以下几种选择:

- _self:被链接内容在当前网页所在的窗口或框架中打开(默认方式)。
- _blank:被链接内容在一个新的窗口中打开。
- _new:被链接内容在同一个刚创建的窗口中打开。
- _parent:如果是嵌套的框架,被链接内容则在父框架中打开。
- _top:被链接内容会在完整的浏览器窗口中打开。

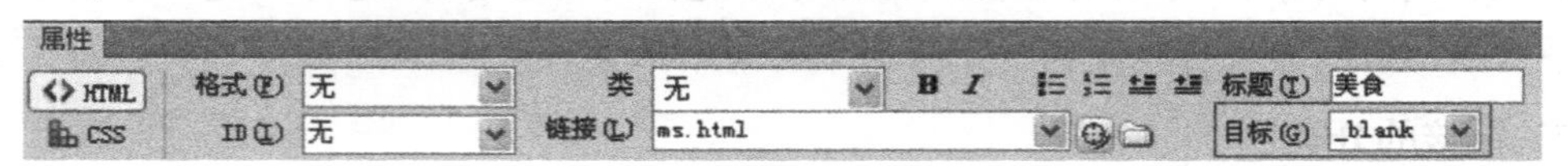

图 6-1-14 属性面板

五、锚记链接的作用

当读者浏览一个文本内容较多的网页时,查找信息会浪费大量时间。此时可以在网页中创建锚记链接,放在页面顶部作为书签。锚记实质上就是在文件中命名的位置。锚记链接的作用是在文档中定位。单击锚记链接,就会跳转到页面中指定的位置,这样会方便读者浏览。

六、锚记链接的创建

首先,创建命名锚记,就是在网页中设置位置标记,并给该位置一个名称。

其次,在属性面板的链接栏中直接输入“#锚记名”。

注意

- 如果链接的目标锚记在当前网页即输入“#锚点名”。
- 如果链接的目标锚记在其他网页,即要输入目标网页的地址和名称,然后再输入“#锚记名”。

任务2 制作网页——下载网

任务目的

该网页首先练习使用多个表格布局，在导航中还应用了嵌套表格，其次练习建立空链接、内部链接、外部链接、电子邮件链接、下载链接等多种类型的链接。

任务展示

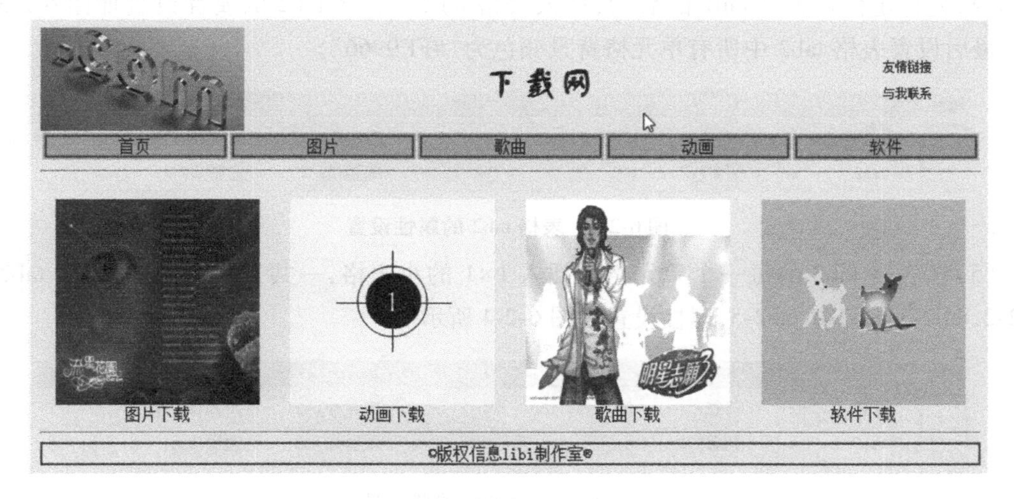

重点提示

- 空链接、内部链接和外部链接的建立。
- 电子邮件链接和下载链接的创建。

跟我做

(1)新建静态网页文档6-2. html。设置页面属性：背景颜色"#ccffff"，下划线样式"始终无下划线"，标题是"下载网"。

(2)插入表格tab1，表格的属性设置如图6-2-1所示。

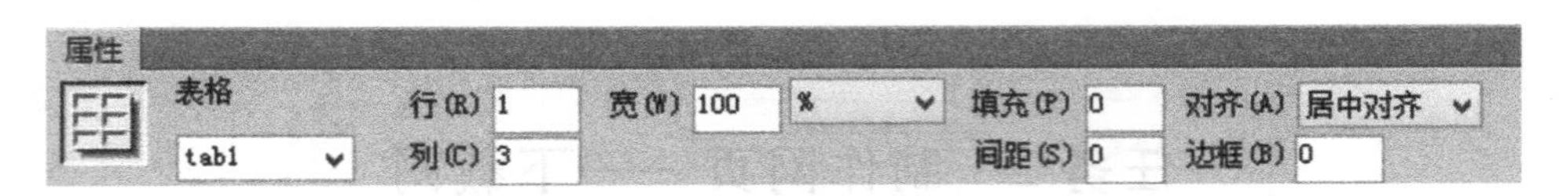

图 6-2-1　表格 tab1 的属性设置

(3)在属性面板中设置 3 个单元格的宽度分别为 15%,68%,17%,水平“居中对齐”。在第 1 列中插入图片 6-14. jpg,选中图片,在属性面板设置图片宽度为 200 像素,“切换尺寸约束”为锁定状态“🔒”;在第 2 列中输入“下载网”,并创建 CSS 样式控制文字外观;在第 3 列中输入“友情链接”和“与我联系”,如图 6-2-2 所示。

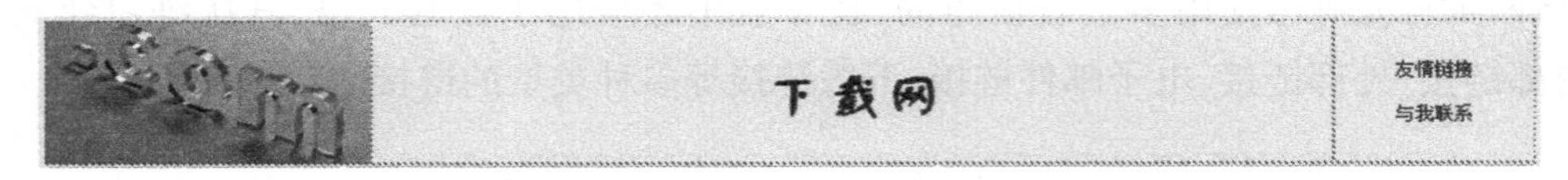

图 6-2-2　表格 tab1 中的内容及样式

(4)光标定位在表格 tab1 的后面,插入表格 tab2。表格 tab2 的属性设置如图 6-2-3 所示。最后设置表格 tab2 中所有单元格背景颜色为“#FF9966”。

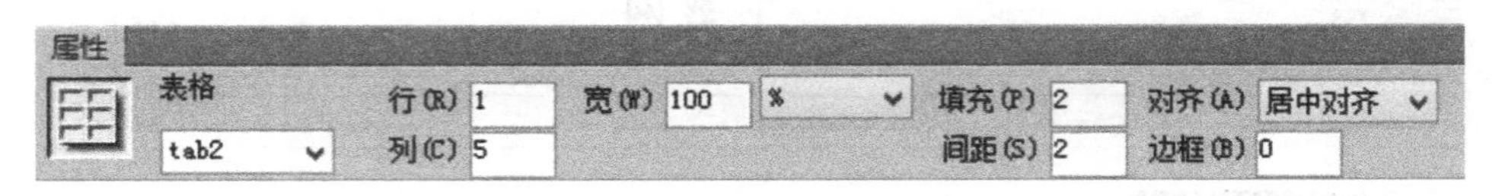

图 6-2-3　表格 tab2 的属性设置

(5)在表格 tab2 的每一个单元格中插入 1×1 的小表格,一共 5 个,分别命名为 tab2-1,tab2-2,tab2-3,tab2-4,tab2-5,属性设置如图 6-2-4 所示。

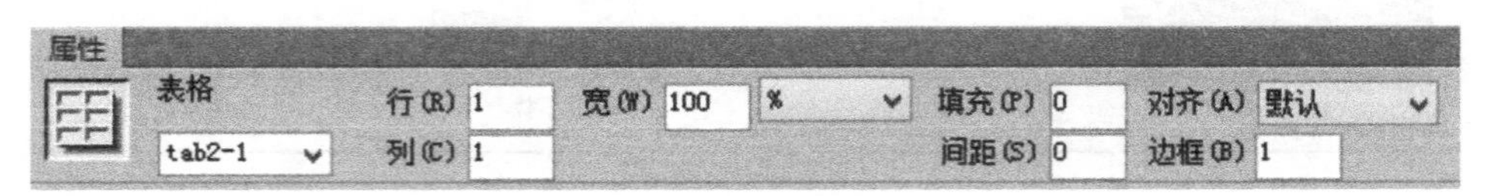

图 6-2-4　小表格的属性设置

(6)在每个小表格中输入文字,分别是“首页”“图片”“歌曲”“动画”“软件”;设置每个小表格的单元格水平“居中对齐”。

(7)光标定位在表格 tab2 的后面,插入水平线。

(8)光标定位在水平线的后面,插入表格 tab3,表格属性设置如图 6-2-5 所示。

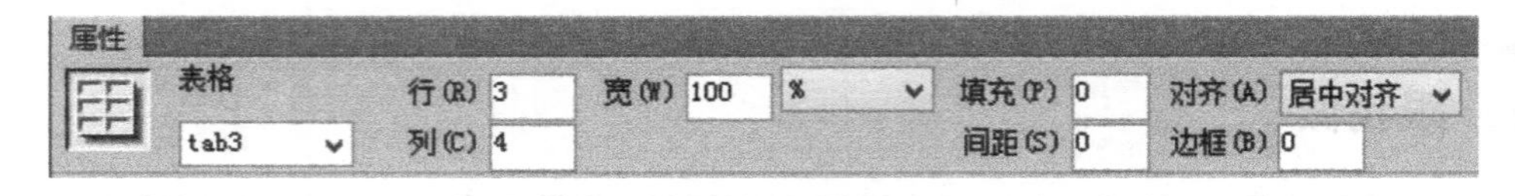

图 6-2-5　表格 tab3 的属性设置

(9)拖动鼠标选中表格 tab3 所有单元格,在属性面板中设置水平“居中对齐”,垂直“居中”。

(10)在表格 tab3 第 2 行的第 1,3 两个单元格中分别插入图片 6-15. jpg 和 6-16. jpg,设置图片大小为 200 像素×200 像素;在第 2,4 两个单元格中插入动画,操作步骤如图 6-2-6、图 6-2-7 所示。最后在属性面板中设置动画大小为 200 像素×200 像素。

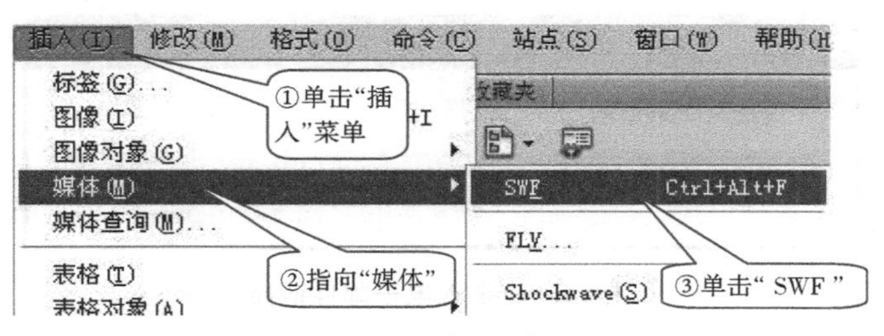

图 6-2-6 插入动画

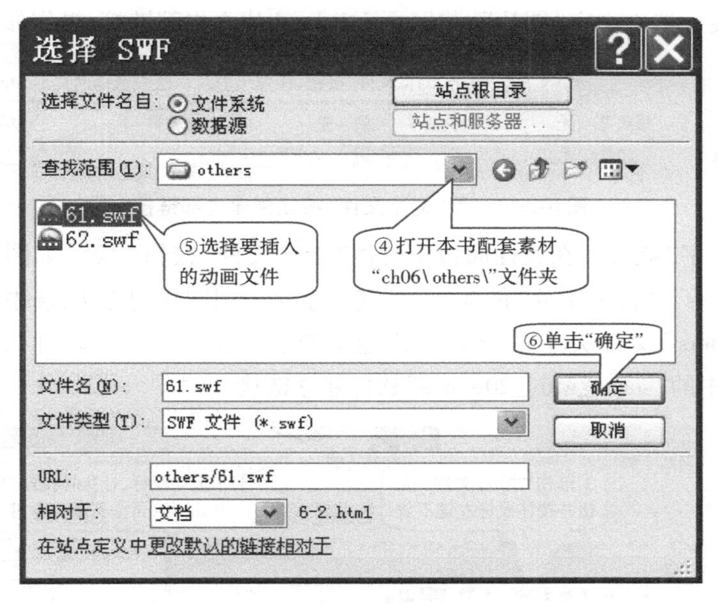

图 6-2-7 插入动画

(11)在图片和动画下面的单元格中依次输入文字“图片下载”“动画下载”“歌曲下载”“软件下载”。

(12)光标定位在表格 tab3 的后面,插入水平线。

(13)光标定位在水平线的后面,插入表格 tab4,表格属性设置如图 6-2-8 所示。

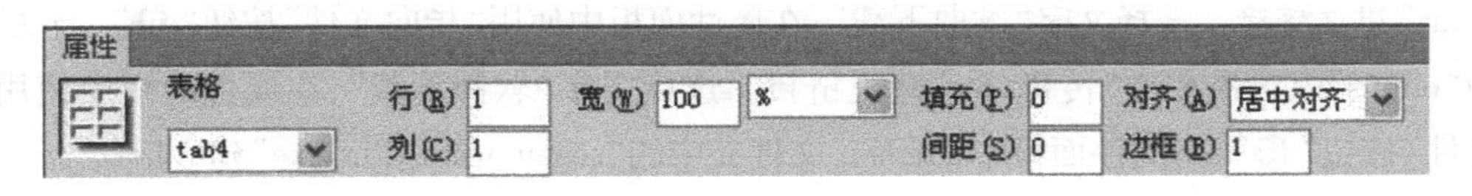

图 6-2-8 tab4 的属性设置

(14)在表格 tab4 中输入版权信息,文字内容参见任务展示图。

(15)选中文字“友情链接”,在属性面板链接文本框中输入地址“http://www. sucaiw.

com/”,从而创建外部链接。选中“与我联系”,选择“插入”菜单→“电子邮件链接”命令,弹出如图 6-2-9 所示的对话框,在“电子邮件:”文本框中输入正确的邮箱地址后,单击确定,从而创建邮件链接。

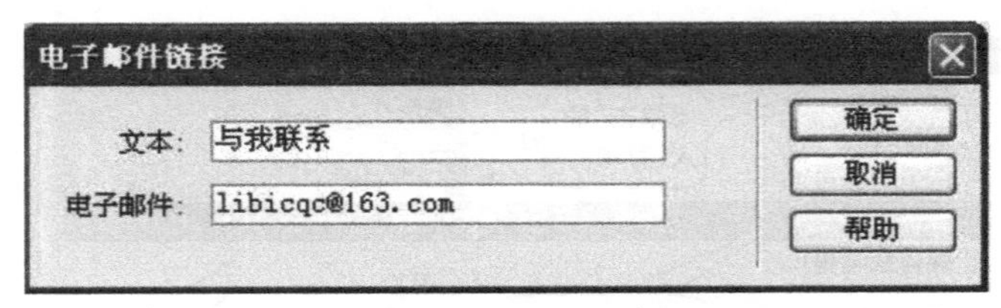

图 6-2-9　插入电子邮件链接

(16)为导航栏上的文字建立链接。选中文字“首页”,在属性面板的链接文本框中输入“#”,建立空链接。选中文字“图片”,与网页 5-1. html 建立内部链接,操作如图 6-2-10 所示。

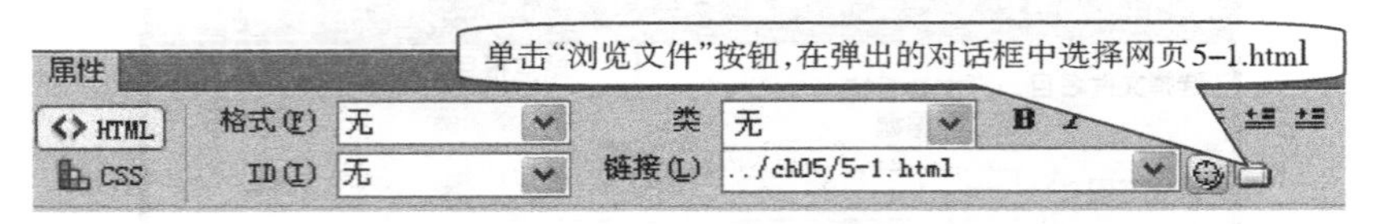

图 6-2-10　用“浏览文件”按钮创建内部链接

(17)选中文字“歌曲”,在属性面板中使用“指向文件”按钮“◎”,如图 6-2-11 所示,与文件面板中“others”文件夹中的“传奇. mp3”建立链接。用同样的方法,选中文字“动画”,与文件面板中“others”文件夹中的“61. swf”建立链接。选中文字“软件”,与文件面板中“others”文件夹中的“sogou_wubi_20e. exe”软件建立链接。

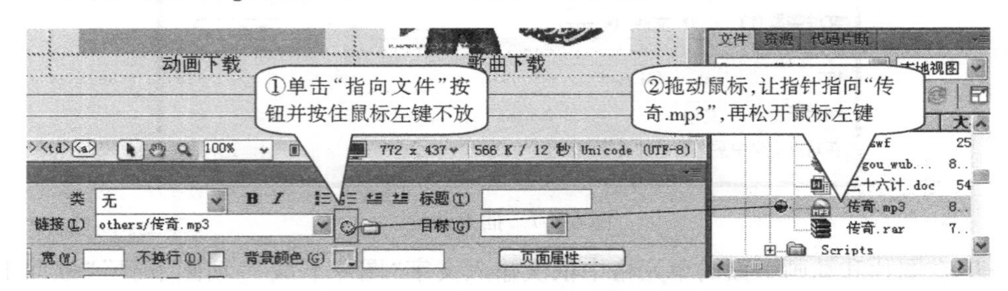

图 6-2-11　用“指向文件”按钮建立链接

(18)创建下载链接。选择文字“图片下载”,与网页 5-1. html 建立链接。选择文字“动画下载”,在属性面板中使用“指向文件”按钮“◎”,与文件面板中“others”文件夹中的“61. rar”建立链接。选择文字“歌曲下载”,在属性面板中使用“指向文件”按钮“◎”,与文件面板中“others”文件夹中的“传奇. rar”建立链接。选择文字“软件下载”,在属性面板中使用“指向文件”按钮“◎”,与文件面板中“others”文件夹中的“sogou_wubi_20e. exe”建立链接。

注意

下载链接的两个目标文件“61. rar”与“传奇. rar”应事先准备好,并复制到“others”文件夹。

(19)保存网页,预览查看链接是否完整并正确。

知识窗

管理链接

1. 链接路径

对链接路径的正确理解是确保链接有效的先决条件。链接的路径有3种表达方式。

- 绝对路径:如果在链接中使用完整的URL(统一资源定位符)地址,这种链接路径就称为绝对路径。

  一般用于链接外部网站或外部文件资源时,如http://www.baidu.com。
- 相对于文档路径:表述源端点与链接目标端点之间的相互位置。一般默认使用这种方式链接同站点的不同文件。用“../”表示上一层的文件夹。
- 相对于站点根目录路径:链接的路径是从站点的根目录开始的。“/”表示根目录。

2. 自动更新链接

当文件的位置被改动时,自动地更新该网页中的链接路径,同时也自动更新其他网页链接到这个网页的路径。

拓展练习

1. 制作网页“可爱中华”。网页展示图及参考步骤见本书配套素材“ch06”→“拓展练习”→“可爱中华.doc”。

2. 制作网页“感受精彩”。网页展示图及参考步骤见本书配套素材“ch06”→“拓展练习”→“感受精彩.doc”。

CSS 样式——网站任我行

【模块综述】

CSS 是 Cascading Style Sheets(层叠样式表单)的简称,也称为样式表。顾名思义,它是一种设计网页样式的工具。借助 CSS 的强大功能,即使不用图像处理工具,也可使文字、图像、按钮等产生特殊效果。关键是 CSS 能够以 HTML 无法提供的方式来设置文本格式和定位文本,从而能更加灵活自如地控制页面的外观。

学习完本模块后,你将能够:

- 设置 CSS 样式 8 种属性,深入领会 CSS 样式的作用
- 熟练应用 CSS 样式设置文本、图像等网页元素的样式
- 熟练应用 CSS 样式实现滤镜效果

任务1　制作网页——徐志摩诗集赏析

任务目的

运用CSS样式美化文本,掌握CSS样式的创建与应用,掌握CSS样式文本属性的设置。

任务展示

徐志摩诗集赏析

再别康桥

轻轻的我走了，正如我轻轻的来；
我轻轻的招手，作别西天的云彩。

那河畔的金柳，是夕阳中的新娘；
波光里的艳影，在我心头荡漾。

软泥上的青荇，油油的在水底招摇；
在康河的柔波里，我甘心作一条水草。

那榆荫下的一潭，不是清泉是天上的虹；
揉碎在浮藻间，沉淀彩虹似的梦。

寻梦，撑支长篙，向青草更青处漫溯；
满载一船星辉，在星辉斑烂里放歌。

但我不能放歌，悄悄是别离的笙箫；
夏虫也为我沉默，沉默是今晚的康桥。

悄悄的我走了，正如我悄悄的来；
我挥一挥衣袖，不带走一片云彩。

重点提示

- 样式.shige控制“再别康桥”这首诗的字体、大小、颜色及行间距。
- 样式.shuoming控制解说文字的字体、大小、字间距及段落前后左右的空白间隔。

跟我做

(1)新建静态网页文档 7-1. html。设置页面属性：背景图像是 7-1. gif，网页标题是“徐志摩诗集赏析”。

注意

> 在页面属性对话框设置的内容，其实也是 CSS 样式。在该任务中，它是以〈body〉标签 CSS 样式出现的。

(2)光标置于网页顶部，输入文本“徐志摩诗集赏析”。光标置于文本后，选择“插入”菜单→“HTML”→“水平线”命令，在文本的下方插入一条水平线。

(3)选中文本“徐志摩诗集赏析”，选择“格式”菜单→“对齐”→“居中对齐”命令。

(4)光标置于水平线之后，插入一个表格：2 行 1 列，宽度 730 像素，无边框，单元格间距和单元格边距都为 0。选中表格，在属性面板中设置表格“居中对齐”。

(5)光标置于第 1 行单元格中，在属性面板设置单元格水平“居中对齐”，垂直“顶端”。再参照任务展示图输入一首诗——“再别康桥”。注意：每输入完一行文本，按 Shift+回车键。每输入完一段文本，按回车键。

(6)光标置于第 2 行单元格中，在属性面板设置单元格水平“居中对齐”，垂直“顶端”。再插入一张图像 7-2. jpg。

(7)光标置于表格后，选择“插入”菜单→“HTML”→“水平线”命令，在表格下方插入一条水平线，以分隔诗歌和解说文字。

(8)光标置于水平线之后，插入一个表格：1 行 1 列，宽度 730 像素，无边框，单元格间距、单元格边距都为 0。选中表格，在属性面板中设置表格居中对齐。

(9)光标置于单元格内，输入解说文本。注意：每输入完一段文本，按回车键。

(10)光标置于表格后，按两次回车键。输入文本“友情链接”。选择文本“友情链接”，在属性面板中创建外部链接，以访问新浪网，属性面板如图 7-1-1 所示。

图 7-1-1　属性面板中外部链接的创建

(11)选中文本“友情链接”，选择“格式”菜单→“对齐”→“居中对齐”命令。

(12)选择“窗口”菜单→“CSS 样式”命令，打开 CSS 样式面板。单击面板右下方的“新建 CSS 规则”按钮“”，新建样式. shige，操作如图 7-1-2、图 7-1-3 所示。

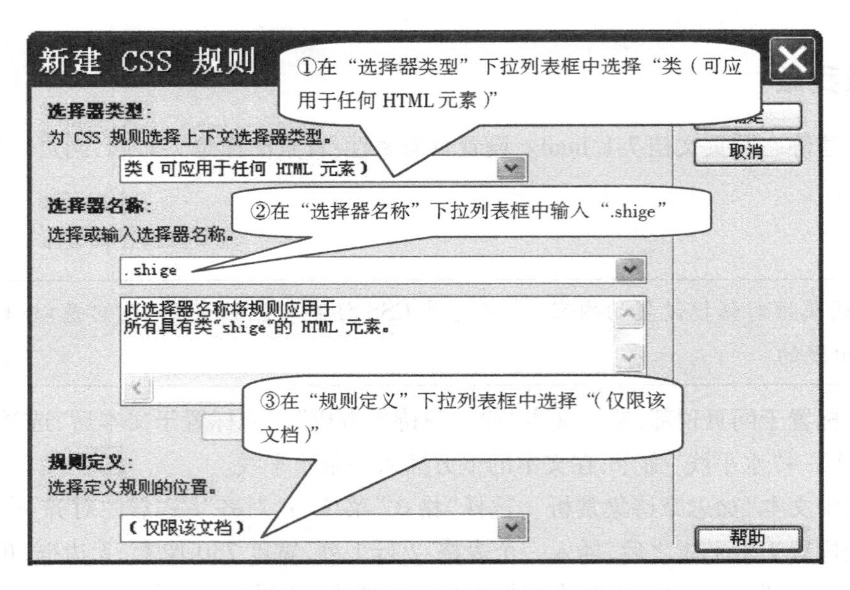

图 7-1-2 “新建 CSS 规则”对话框

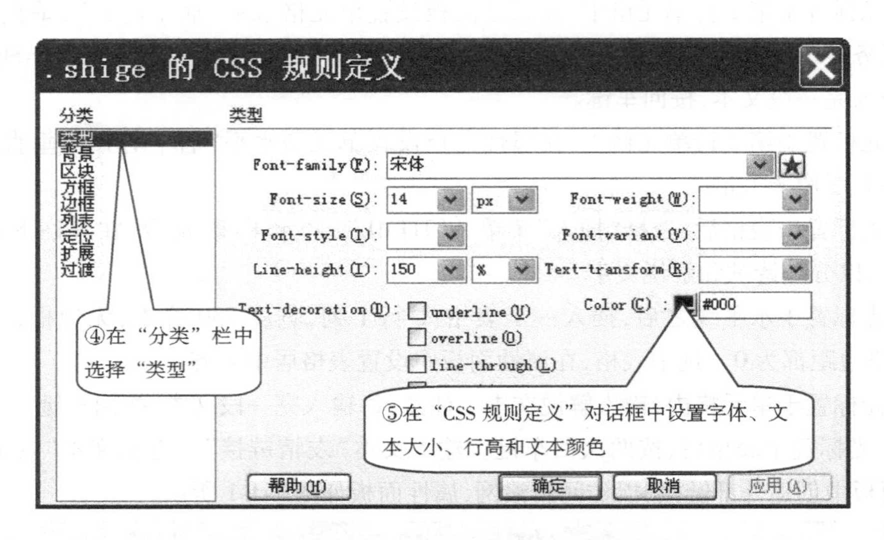

图 7-1-3 样式.shige 的创建——设置类型

技巧提示

在 CSS 命名时一定要注意取比较形象的名字，一眼就能看出这个样式起什么作用，或是作用在页面哪个位置。

（13）选中诗歌文本（含标题），在属性面板应用样式.shige。属性面板如图 7-1-4 所示。

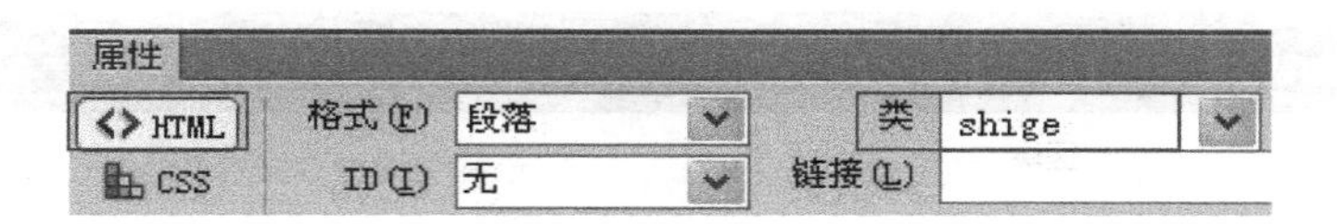

图 7-1-4　在属性面板中应用样式

(14)单击 CSS 样式面板右下方的"新建 CSS 规则"按钮"",新建样式.shuoming 控制解说文字,操作如图 7-1-5 至图 7-1-8 所示。

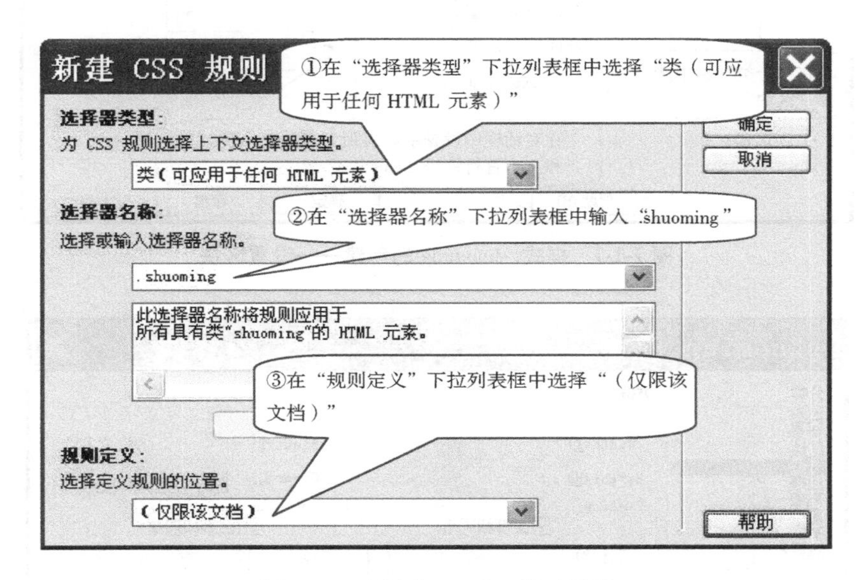

图 7-1-5　"新建 CSS 规则"对话框

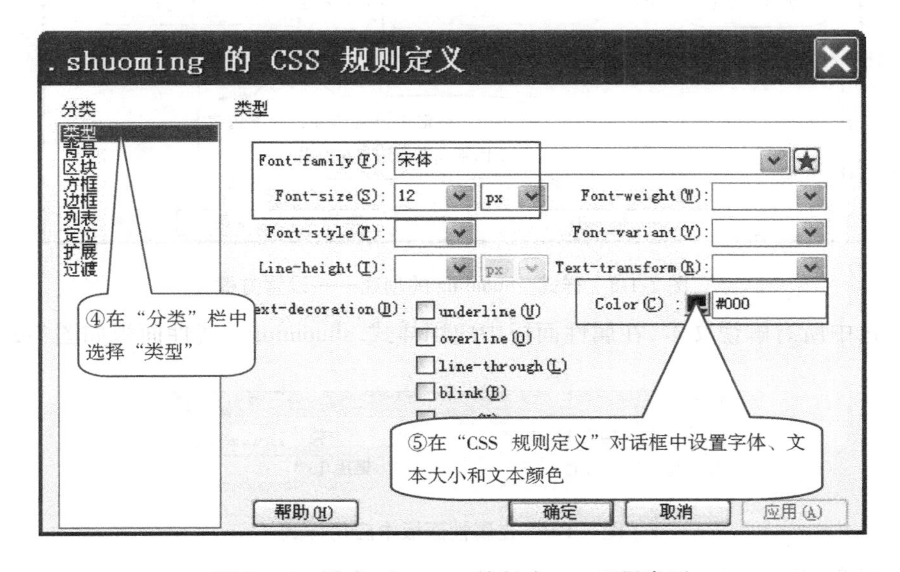

图 7-1-6　样式.shuoming 的创建——设置类型

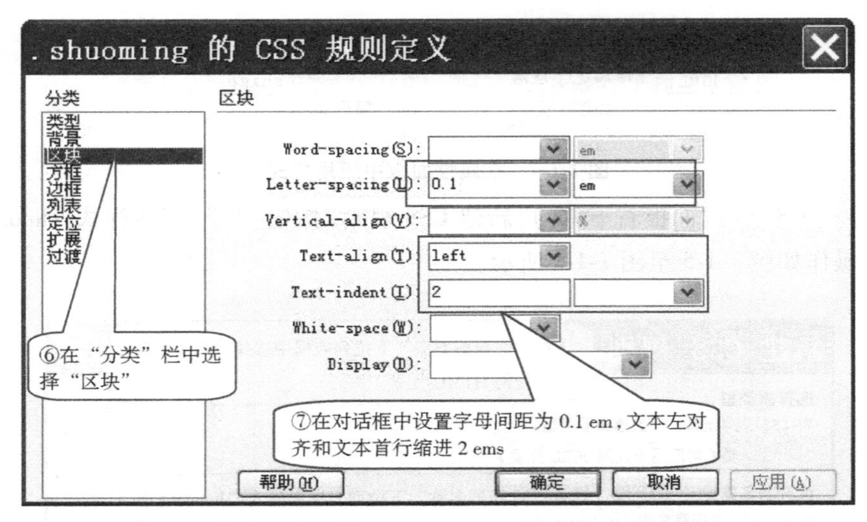

图 7-1-7　样式.shuoming 的创建——设置区块

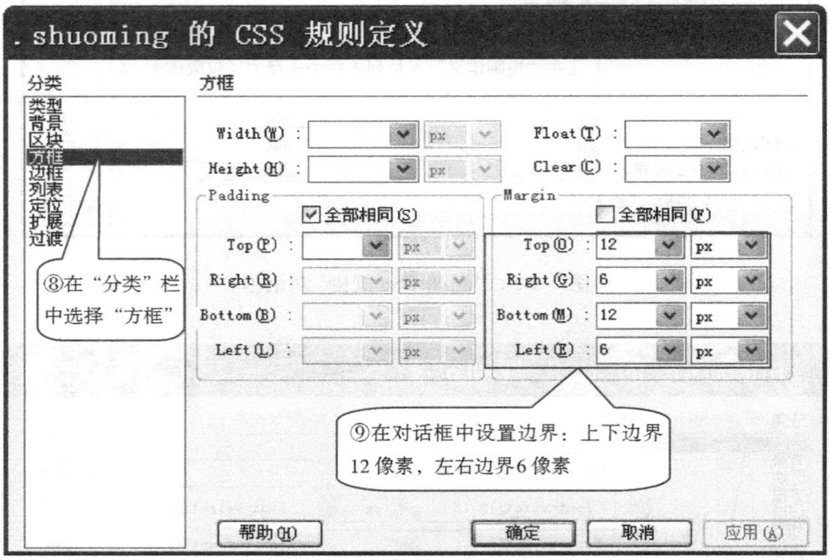

图 7-1-8　样式.shuoming 的创建——设置方框

(15)选中所有解说文本,在属性面板中应用样式.shuoming。属性面板如图 7-1-9 所示。

图 7-1-9　在属性面板中应用样式

(16)保存网页并预览。

知识窗

一、CSS 样式的作用

- 对文本格式进行设置。
- 控制网页中块元素的格式和定位。
- 实现 HTML 标记无法实现的效果，如滤镜效果等。

二、定义 CSS 样式的属性

在"CSS 规则定义"对话框中，可以对"类型""背景""区块""方框""边框""列表""定位"和"扩展"8 种类型的属性进行设置。

"CSS 规则定义"对话框在以下几种情况下会自动弹出：

- 创建 CSS 样式时。
- 在 CSS 样式面板中，双击某个 CSS 样式时。
- 在 CSS 样式面板中，右击某个 CSS 样式，在弹出的快捷菜单中选择"编辑"命令。
- 在 CSS 样式面板中，先选中某个 CSS 样式，单击面板底部的"编辑"按钮" "。
- 在属性面板的"目标规则"下拉列表框中选择要定义的 CSS 样式，单击"编辑规则"按钮"编辑规则"。

1. 类型属性的设置(文本样式的定义)

在"CSS 规则定义"对话框的"分类"列表中选择"类型"，在其中可定义 CSS 规则的文本样式，主要包括设置文本字体、颜色、大小和行高等，如图 7-1-10 所示。

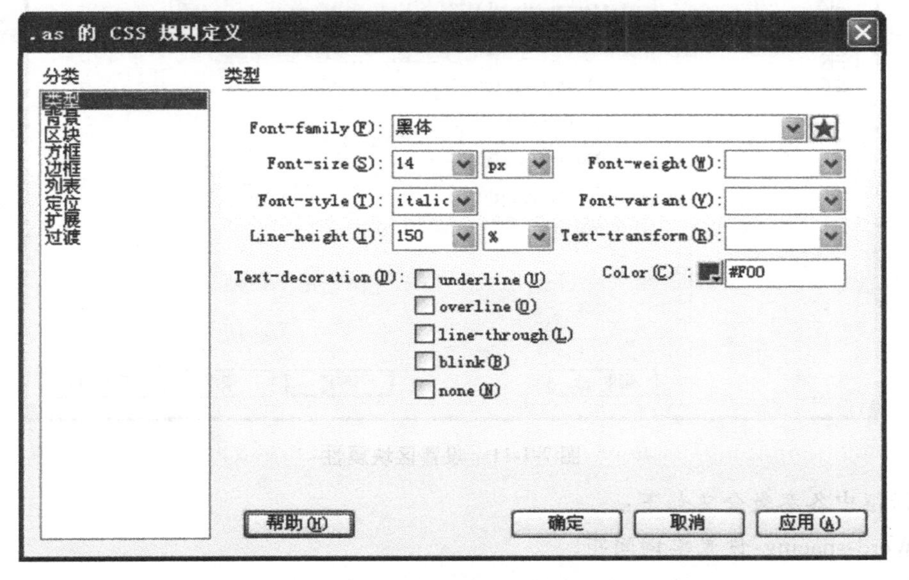

图 7-1-10　设置类型属性

对话框中各参数含义如下：

- Font-family：设置字体。
- Font-size：设置文本大小。使用像素作单位可有效防止浏览器扭曲文本。
- Font-style：设置文本样式。有3个选项："normal（正常）""italic（斜体）""oblique（偏斜体）"。默认为"normal"。
- Font-weight：设置文本粗细。
- Font-variant：设置文本的小型大写字母变体。
- Line-height：设置行高。选择"normal"自动计算字体大小的行高。如图7-1-10所示行高设置为150%。
- Text-transform：设置大小写。将所选内容的每个单词的首字母大写或将文本设置为全部大写或小写。
- Text-decoration：设置修饰。其中，underline代表下划线，overline代表上划线，line-through代表删除线，blink代表闪烁，none代表无任何修饰。
- Color：设置文本颜色。

2. 区块属性的设置

在"CSS规则定义"对话框的"分类"列表中选择"区块"，可定义CSS规则的区块样式。包括设置字母间距、段落的对齐方式和首行缩进等。对话框如图7-1-11所示。

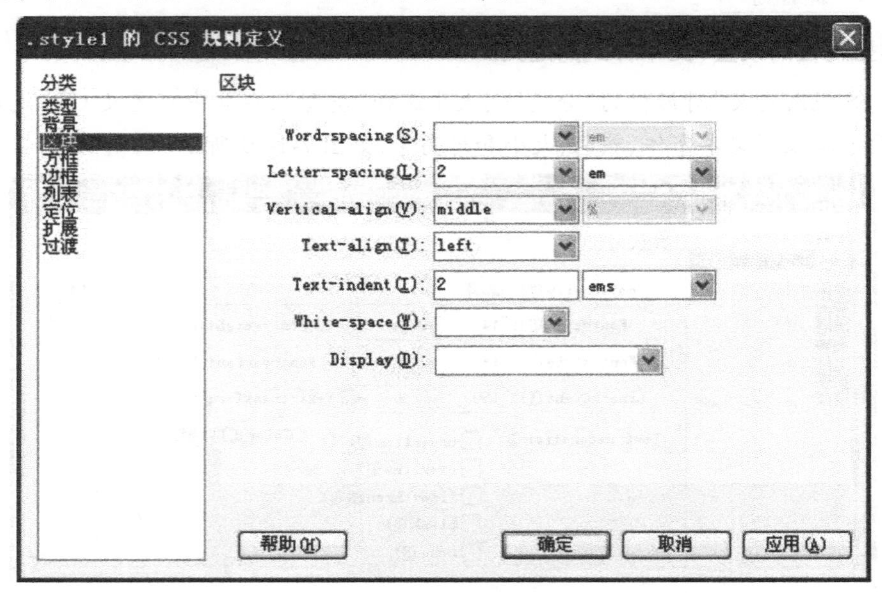

图7-1-11　设置区块属性

对话框中各参数含义如下：

- Word-spacing：设置单词间距。
- Letter-spacing：设置字母间距。输入正值增加，输入负值减小。如图7-1-11所示字间

距为 2 em。注意:1 em 表示 1 个汉字。

- Vertical-align:设置垂直对齐。如图 7-1-11 所示的 middle 代表垂直居中对齐。
- Text-align:设置文本水平对齐。如图 7-1-11 所示的 left 代表水平左对齐。
- Text-indent:设置第 1 行文本的缩进程度。可使用负值创建凸出。如图 7-1-11 所示的 2 ems 代表首行缩进两个汉字。
- White-space:设置空格。
- Display:设置是否显示和如何显示元素。

3. 方框属性的设置

在"CSS 规则定义"对话框的"分类"列表中选择"方框",在其中可定义段落的格式,主要包括设置高宽和边界等,如图 7-1-12 所示。

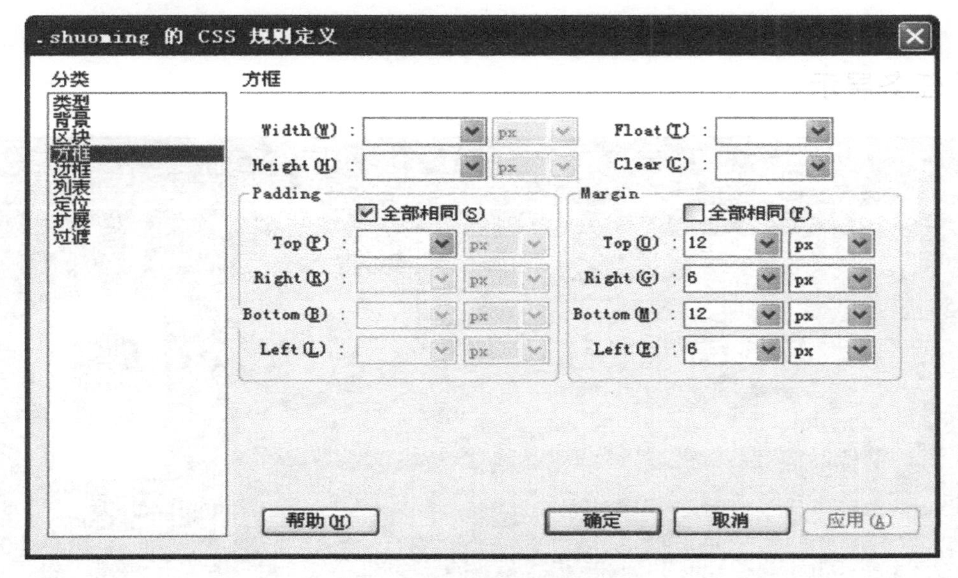

图 7-1-12　设置方框属性

对话框中各参数含义如下:

- Width:设置宽度。
- Height:设置高度。
- Float:设置浮动。
- Clear:设置清除。
- Padding:设置填充。
- Margin:设置边界。

如图 7-1-12 所示边界设置的含义是:段落左右边界空白为 6 像素,段前段后边界空白为 12 像素。

任务2　制作网页——泰戈尔

任务目的

本任务练习运用CSS样式美化文本，掌握CSS样式的创建与应用，掌握CSS样式文本属性的设置。

任务展示

许多批评家说，诗人是"人类的儿童"。因为他们都是天真的，善良的。

在现代的许多诗人中，泰戈尔（RabindranathTagore)更是一个"孩子的天使"。他的诗正如这个天真烂漫的天使的脸；看着他，就"能知道一切事物的意义"，就感到和平，感到安慰，并且知道真相爱。著有《泰戈尔哲学》的印度著名哲学家S.Radhakrishnan说：泰戈尔著作之流行，之能引起全世界人们的兴趣，一半在于他思想中高超的理想主义，一半在于他作品中的文学的庄严与美丽。

印度是一个"诗之国"。诗就是印度人日常生活的一部分，在这个"诗之国"里，产生了这个伟大的诗人自然是不足为怪。

泰戈尔的文学活动，开始得极早。他在十四岁的时候，就开始写剧本了，他的著作，最初都是用孟加拉文写的；凡是说孟加拉文的地方，没有人不日日歌诵他的诗歌。后来他自己和他的朋友陆续译成了英文，诗集有"园丁集""新月集""采果集""飞鸟集""吉檀迦利""爱者之礼物"与"岐道"；剧本有："牺牲及其他""邮局""暗室之王""春之循环"；论文集有："生之实现""人格"；杂著有："我的回忆""饿石及其他""家庭与世界"等。在孟加拉文里，据印度人说：他的诗较英文写得尤为美丽。"他是我们圣人中的第一人：不拒绝生命，而能说出生命之本身的，这就是我们所以爱他的原因了。"

重点提示

- 样式body控制网页的背景图像和文本大小、颜色。
- 样式.a1控制标题文字"泰戈尔"的字体、大小、字间距及颜色等。
- 样式.a2控制文字"请与我联系"的字体、大小、字间距及颜色等。

跟我做

（1）新建静态网页 7-2. html。设置页面属性：网页标题为“泰戈尔”。

（2）光标置于网页顶部，选择“插入”菜单→“HTML”→“水平线”命令，插入一条水平线。光标置于水平线前，按回车键，在水平线之上插入一个空的段落。光标置于空段落，输入文本“泰戈尔”。

技巧提示

> 单击水平线选中它，再按一下左箭头“←”，光标便定位在水平线之前。

（3）光标置于水平线之后，插入一个表格：1 行 1 列，宽度 730 像素，无边框，单元格间距和单元格边距都为 0。选中表格，在属性面板中设置表格“居中对齐”。

（4）参照任务展示图在表格中输入文本，并在属性面板设置单元格垂直“顶端”对齐。

（5）光标置于第 2 段第 2 行文本前，插入图像 7-3. JPG。选中图像，在属性面板设置图像宽 91 像素，高 152 像素。右击图像，在快捷菜单中选择“对齐”→“右对齐”。

（6）光标置于表格后，选择“插入”菜单→“HTML”→“水平线”命令，在表格的下方插入一条水平线。光标置于水平线后，按回车键，输入文本“请与我联系”。

（7）选择“窗口”菜单→“CSS 样式”命令，打开 CSS 样式面板。

（8）单击 CSS 样式面板右下方“”按钮，新建样式. a1。其中：选择器类型是“类（可应用于任何 HTML 元素）”，选择器名称是“. a1”，规则定义是“（仅限该文档）”。CSS 属性设置如图 7-2-1、图 7-2-2 所示。

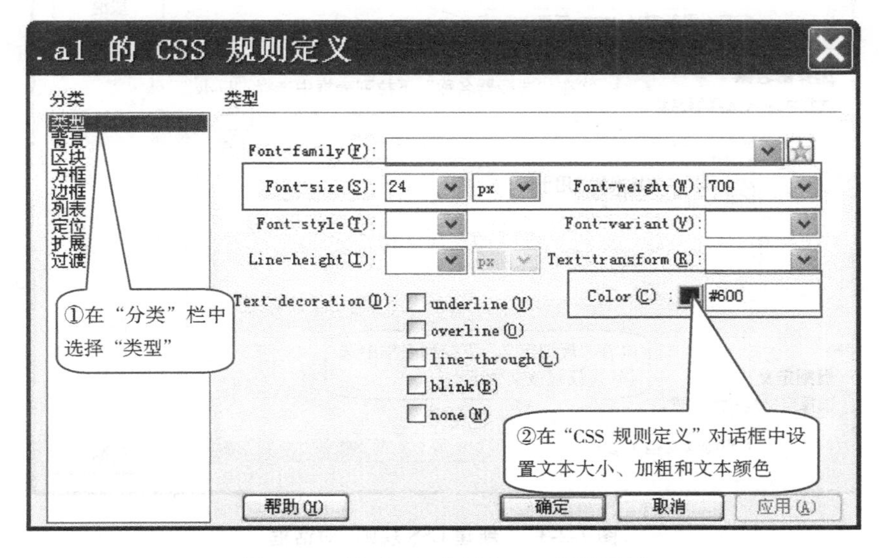

图 7-2-1　样式. a1 的创建——设置类型

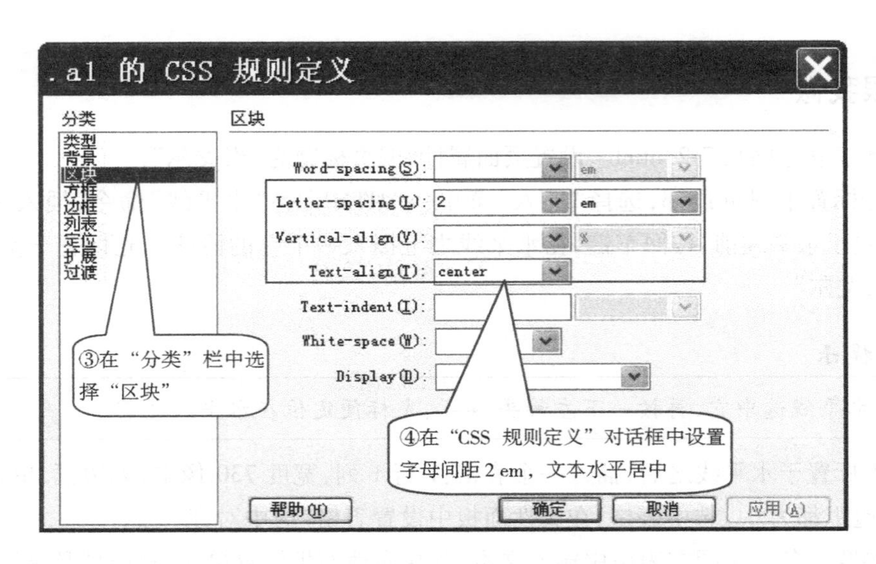

图 7-2-2　**样式.a1 的创建——设置区块**

(9)光标置于标题文本“泰戈尔”中的任意位置,单击属性面板上方标签选择器中的“p”,在属性面板应用样式.a1。

(10)单击 CSS 样式面板右下方的“新建 CSS 规则”按钮“”,新建样式 body,操作如图 7-2-3 至图 7-2-5 所示。

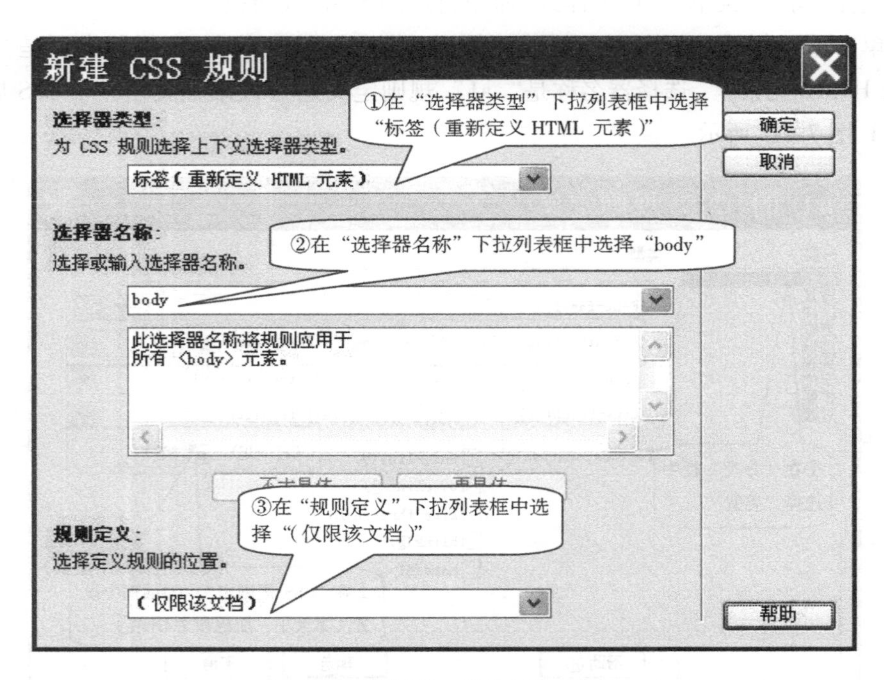

图 7-2-3　**“新建 CSS 规则”对话框**

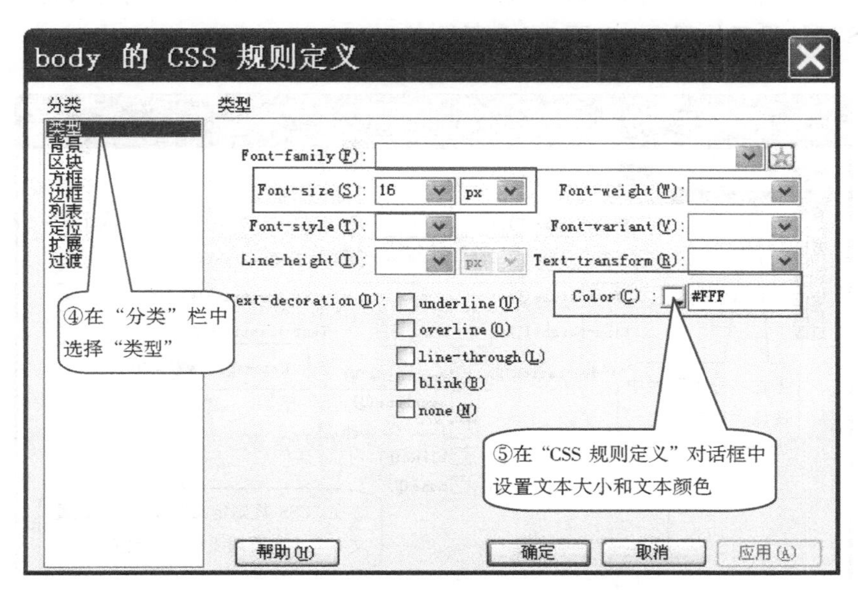

图 7-2-4　样式 body 的创建——设置类型

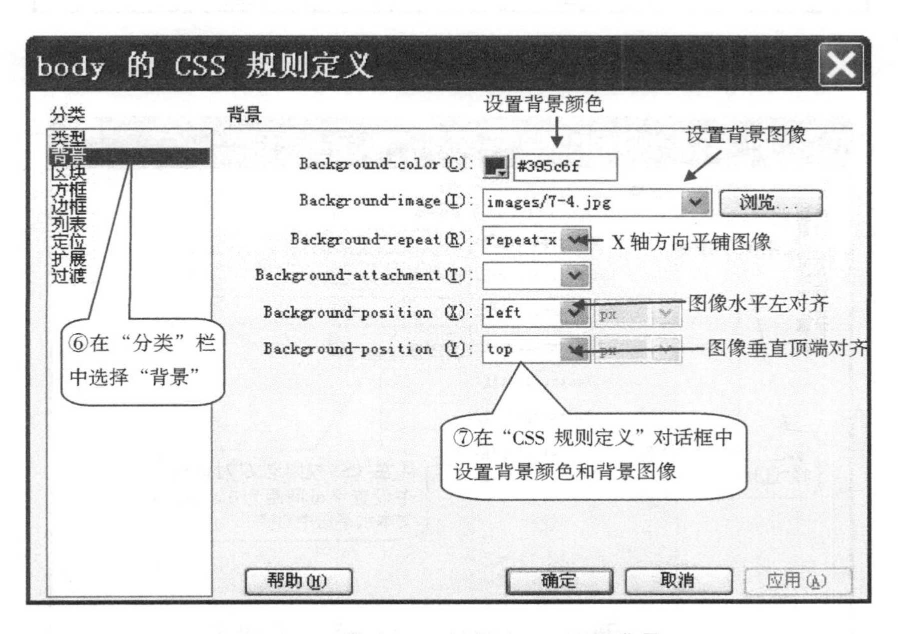

图 7-2-5　样式 body 的创建——设置背景

注意

“标签”类型的 CSS 样式创建后会自动应用。

(11)单击 CSS 样式面板右下方的“新建 CSS 规则”按钮“ ”,新建样式. a2。其中:选择

器类型是“类(可应用于任何 HTML 元素)”,选择器名称是“.a2”,规则定义是“(仅限该文档)”。CSS 属性设置如图 7-2-6、图 7-2-7 所示。

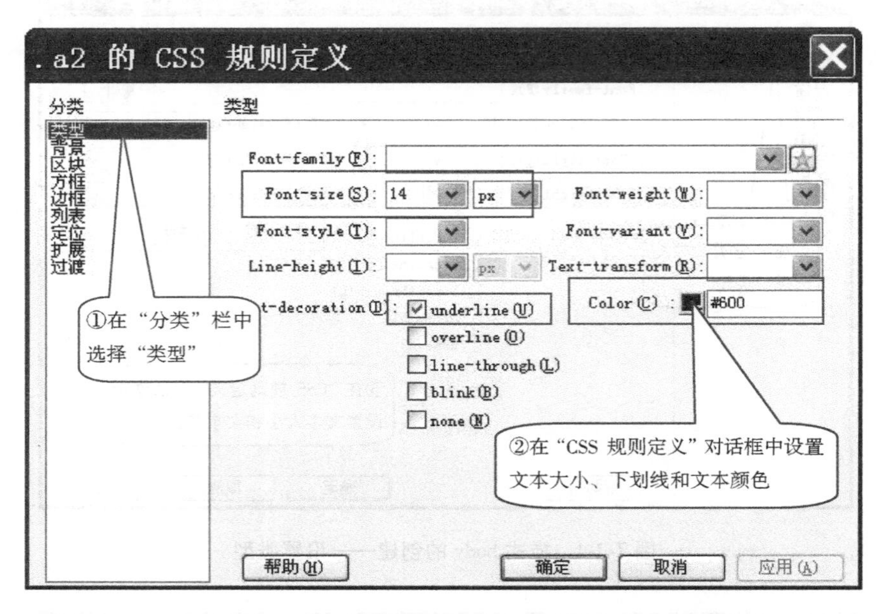

图 7-2-6　样式.a2 的创建——设置类型

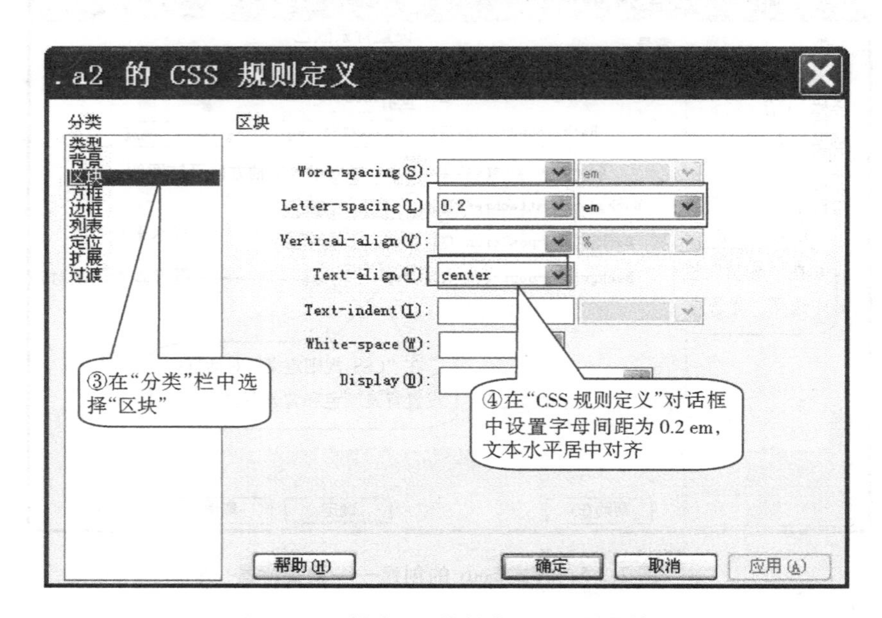

图 7-2-7　样式.a2 的创建——设置区块

(12)选中文本“请与我联系”,在属性面板应用样式.a2。

(13)保存网页并预览。

知识窗

定义 CSS 样式的属性

背景属性的设置

在“CSS 规则定义”对话框的“分类”列表中选择“背景”，在其中可定义 CSS 规则的背景样式，主要包括设置背景颜色和背景图像等，如图 7-2-8 所示。

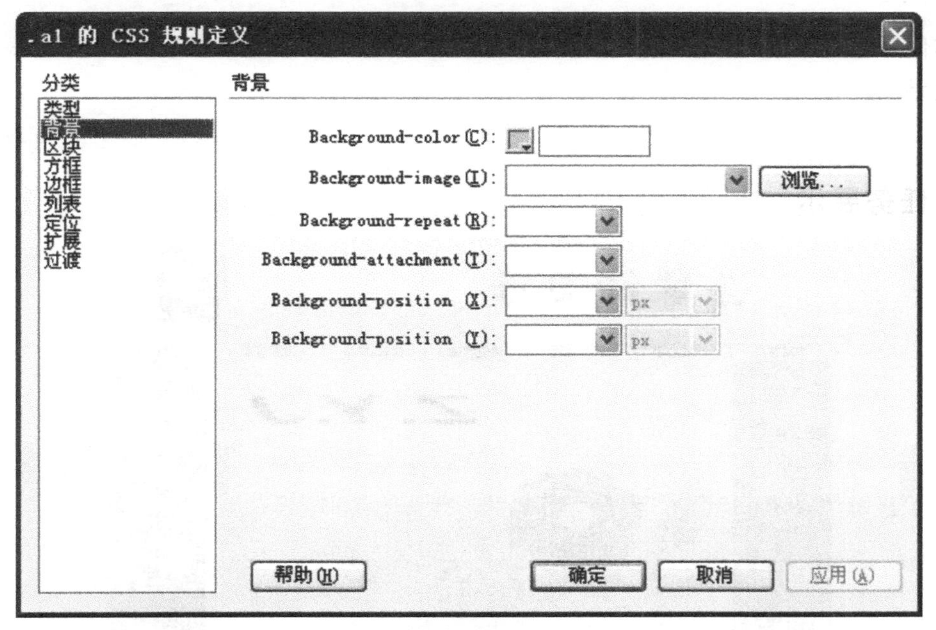

图 7-2-8　设置背景属性

对话框中各参数含义如下：

- Background-color：设置背景颜色。
- Background-image：设置背景图像。
- Background-repeat：设置是否及如何重复平铺图像。有 4 个选项：“no-repeat”代表不重复，“repeat”代表水平垂直重复平铺图像，“repeat-x”代表横向重复，“repeat-y”代表纵向重复。
- Background-attachment：确定背景图像是固定在原始位置还是随内容一起滚动。
- Background-position(X)：指定背景图像横向的初始位置。
- Background-position(Y)：指定背景图像纵向的初始位置。

任务3　制作网页——追梦的日子

任务目的

本任务练习运用 CSS 样式实现各种滤镜效果:WAVE 波形效果、BLUR 模糊效果、GRAY 灰度效果。

任务展示

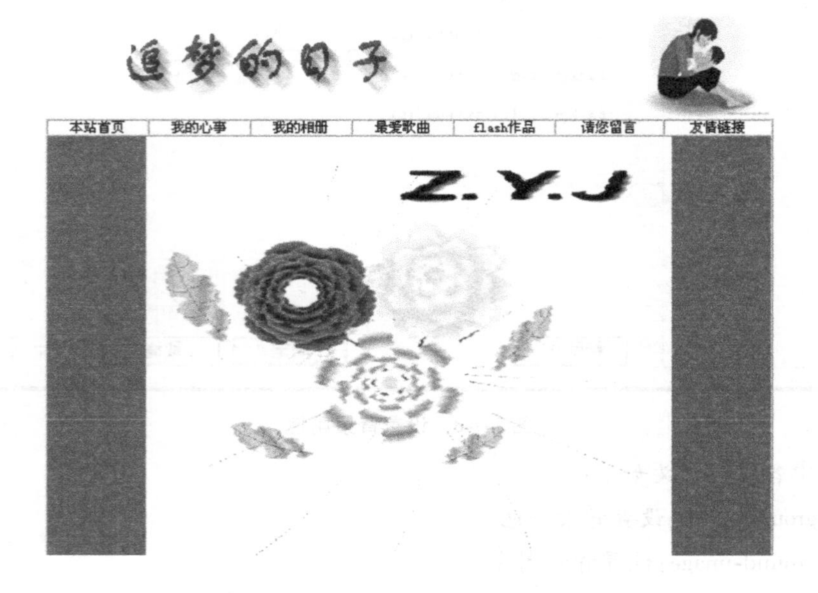

重点提示

- CSS 样式. boxing 给网页中间的大图像实现了 WAVE 波形效果。
- CSS 样式. mohu 给文字“追梦的日子”实现了 BLUR 模糊效果。
- CSS 样式. huidu 给网页右上角的图像实现了 GRAY 灰度效果。

跟我做

(1)新建静态网页 7-3. html。设置页面属性,网页标题为“追梦的日子”。

(2)插入一个表格:2 行 2 列,边框为 0,宽度是 630 像素,单元格间距、单元格边距都为 0。选中表格,在属性面板中设置表格“居中对齐”。

(3)光标置于第 1 行第 1 列单元格内,输入文本“追梦的日子”。光标置于第 1 行第 2 列单元格内,插入图片 7-16. jpg。拖动第 2 列的左边框使第 2 列与图片宽度一致。

(4)合并表格的第 2 行,再插入一个小表格:2 行 7 列,边框为 1,宽度是 100%,单元格间距、单元格边距都为 0。

(5)合并小表格第 2 行的所有单元格。光标置于合并后的单元格内,在属性面板中设置背景色为浅灰色。

(6)选中小表格所有单元格,在属性面板中设置单元格水平“居中对齐”。按照任务图所示,在小表格的第 1 行单元格内输入文本,在第 2 行单元格内插入图片 7-15. jpg。

(7)打开 CSS 样式面板,新建样式. boxing 实现图片的波纹效果,并且当鼠标移到图片上时,鼠标变为等待效果。其中:选择器类型是“类(可应用于任何 HTML 元素)”,选择器名称是“. boxing”,规则定义是“(仅限该文档)”。CSS 属性设置如图 7-3-1 所示。

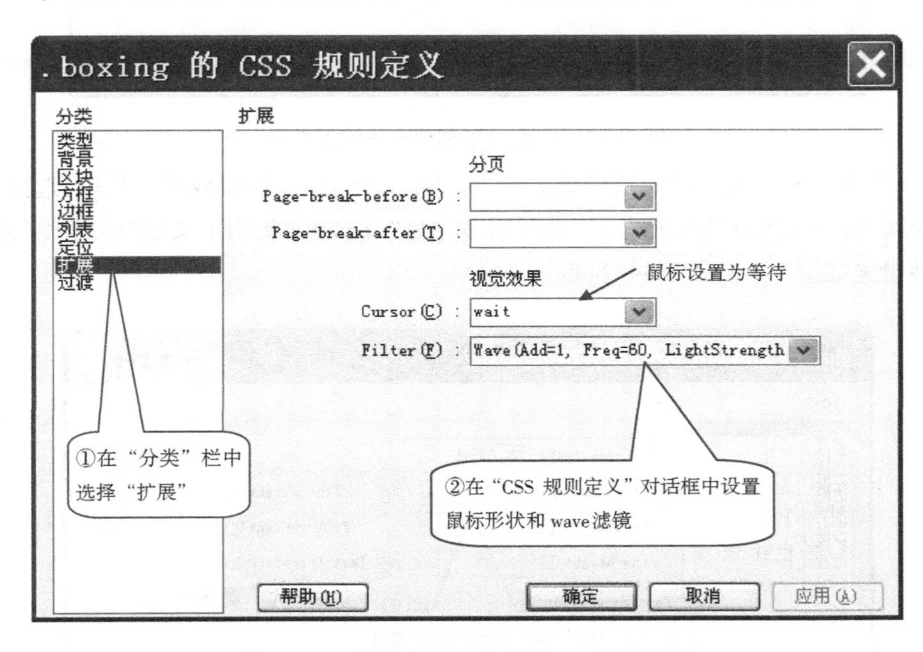

图 7-3-1　样式. boxing 的创建——设置扩展

注意

如图 7-3-1 所示过滤器设置如下:Wave(Add=1,Freq=60,LightStrength=1,Phase=0,Strength=3)。

(8)选中网页中间的大图片,在属性面板应用样式. boxing。

(9)新建 CSS 样式 td,用来定义单元格内文字的格式。其中:选择器类型是“标签(重新

定义 HTML 元素)",选择器名称是"td",规则定义是"(仅限该文档)"。CSS 属性设置如图 7-3-2 所示。

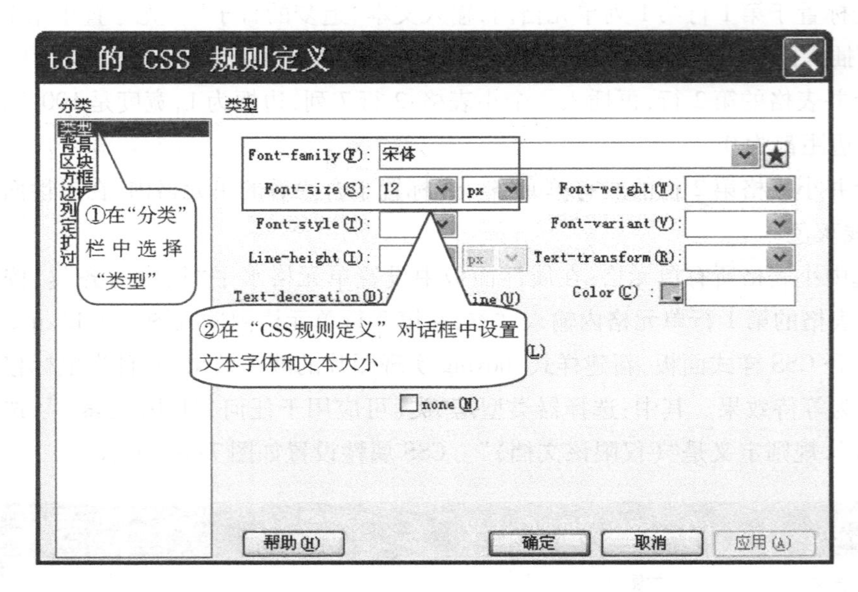

图 7-3-2 样式 td 的创建——设置类型

(10)新建 CSS 样式. mohu,用来给文字"追梦的日子"添加模糊效果。其中:选择器类型是"类(可应用于任何 HTML 元素)",选择器名称是". mohu",规则定义是"(仅限该文档)"。CSS 属性设置如图 7-3-3、图 7-3-4 所示。

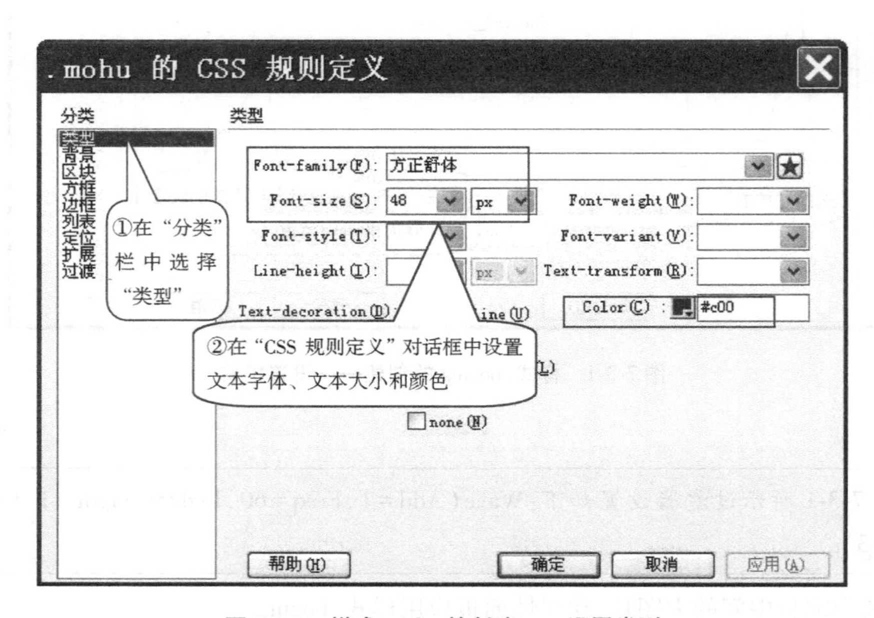

图 7-3-3 样式. mohu 的创建——设置类型

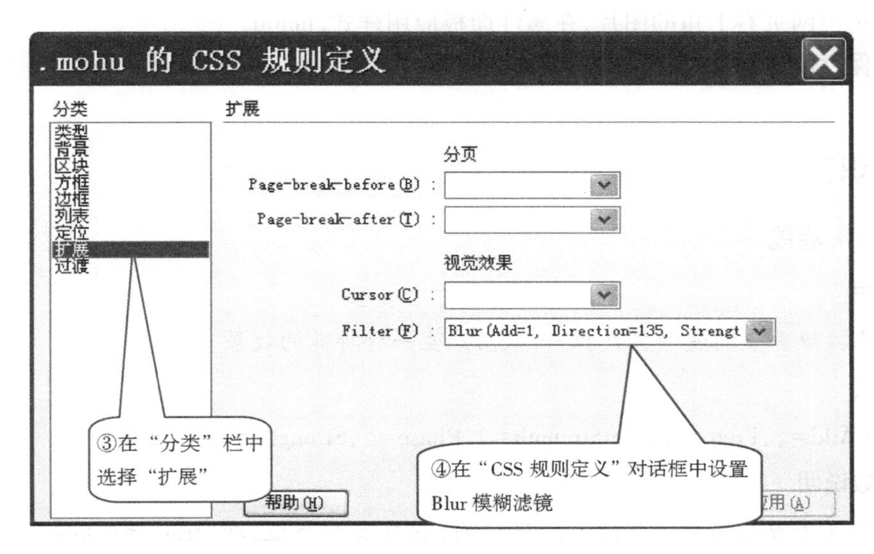

图 7-3-4　**样式.mohu 的创建——设置扩展**

注意

如图 7-3-4 所示过滤器设置如下：Blur(Add=1,Direction=135,Strength=12)。

(11)选中文字“追梦的日子”，在属性面板应用样式.mohu。

(12)新建 CSS 样式.huidu，用来实现网页右上角图片的黑白效果。其中：选择器类型是“类(可应用于任何 HTML 元素)”，选择器名称是“.huidu”，规则定义是“(仅限该文档)”。CSS 属性设置如图 7-3-5 所示。

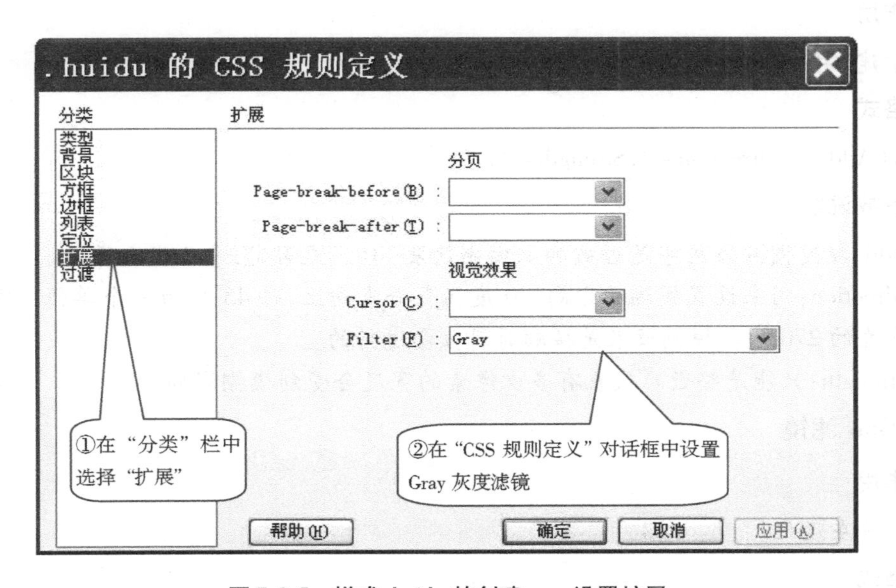

图 7-3-5　**样式.huidu 的创建——设置扩展**

(13)选中网页右上角的图片,在属性面板应用样式.huidu。

(14)保存网页并预览。

知识窗

一、Wave 滤镜

1. 作用

把对象按照垂直的波形样式扭曲,从而产生一种特殊的效果。

2. 格式

Wave(Add=?,Freq=?,LightStrength=?,Phase=?,Strength=?)

3. 参数说明

- Add:是否要把对象按照波形式样扭曲,它只有两个值,即"true"和"false",默认值是"true(非0)",当然也可以修改它的值为"false(0)"。
- Freq:是波纹的频率,也就是指定一共要产生多少个完整的波纹。
- LightStrength:对于波纹增强光影的效果。取值范围是0~100的整数值。
- Phase:用来设置正弦波开始的偏移量。这个偏移量的通用值为0。"phase"的值从0~100,这个数值代表开始时的偏移量取自波长的百分比值。例如,如果值为25,那么正弦波就从90度的方向开始。
- Strength:表示波形的振幅大小,也可以简单地理解为扭曲的程度。

二、Blur 滤镜

1. 作用

用于建立模糊的效果。

2. 格式

Blur(Add=?,Direction=?,Strength=?)

3. 参数说明

- Add:指定图片或文字是否被加上模糊效果。0代表否定,非0代表肯定。
- Direction:用来设置模糊的方向。0度代表垂直向上,每45度为一个单位。默认值是向左的270度。模糊效果是按顺时针方向进行的。
- Strength:只能是整数。代表有多少像素的宽度会受到模糊影响。

三、Gray 滤镜

1. 作用

将图片灰度化。

2. 格式

Gray。

任务4　制作网页——巴渝文化

任务目的

本任务综合运用CSS样式来制作静态网页，实现以下效果：定义自己的项目列表、控制文本样式，实现各种滤镜效果。

任务展示

重庆简介

重庆，简称渝，别称山城、渝都、桥都，雾都，是中华人民共和国直辖市，中国国家中心城市，超大城市，长江上游地区经济中心、金融、航运、文化、教育、科技中心。 重庆位于中国西南部，地处长江、嘉陵江两江环抱，东邻湖北、湖南，南靠贵州，西接四川，北连陕西。

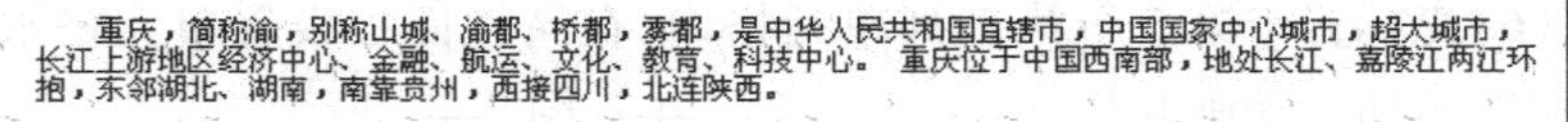

因嘉陵江古称“渝水”，故重庆简称“渝”。北宋崇宁元年（1102年），改渝州为恭州。南宋淳熙16年（1189年）正月，孝宗之子赵惇先封恭王，二月即帝位为光宗皇帝，称为“双重喜庆”，遂升恭州为重庆府，重庆由此而得名。

站长的祝福
抗日战争时期，国民政府定重庆为战时首都和陪都，新中国成立初期为西南大区驻地和中央直辖市，1997年6月18日成立直辖市后，重庆老工业基地改造振兴步伐加快，形成了电子信息、汽车、装备制造、综合化工、材料、能源和消费品制造等千亿级产业集群，农业农村和金融、商贸物流、服务外包等现代服务业快速发展。
重庆拥有国家级新区——两江新区、渝新欧国际铁路、两路一寸滩保税港区、西永综合保税区。

重点提示

- 该网页综合运用CSS滤镜控制网页元素外观。
- CSS样式.liebiao定义了自己的项目列表，效果见任务展示网页左上角。
- CSS样式.yingzi给文字“站长的祝福”“重庆简介”实现了Shadow阴影效果。
- CSS样式.faguang给任务展示网页右上角的图像实现了Glow发光效果。
- CSS样式.body控制了文本的格式和网页背景图像。

跟我做

（1）新建静态网页7-4.html。设置页面属性：网页标题为“巴渝文化”。

（2）插入一个表格：6行2列，边框为0，宽度是800像素，单元格间距、单元格边距都为0。选中表格，在属性面板中设置表格“居中对齐”。

（3）拖动鼠标选中第1行第1列和第2行第1列单元格，合并单元格。光标置于合并后的单元格内，在属性面板设置单元格水平“居中对齐”，垂直“顶端”，再输入3段文本“巴渝文化”“茶馆文化”“重庆简介”。

注意

> 每输入一段文本后，按一下回车键。

（4）光标置于第3行第1列单元格内，在属性面板设置单元格水平“居中对齐”，垂直“居中”，插入图像7-18.jpg。

（5）光标置于第4行第1列单元格内，在属性面板设置单元格水平“居中对齐”，垂直“顶端”，输入文本“站长的祝福”。

（6）光标置于第5行第1列单元格内，在属性面板设置单元格水平“居中对齐”，垂直“顶端”，再插入动画ball.swf，操作如图7-4-1、图7-4-2所示。

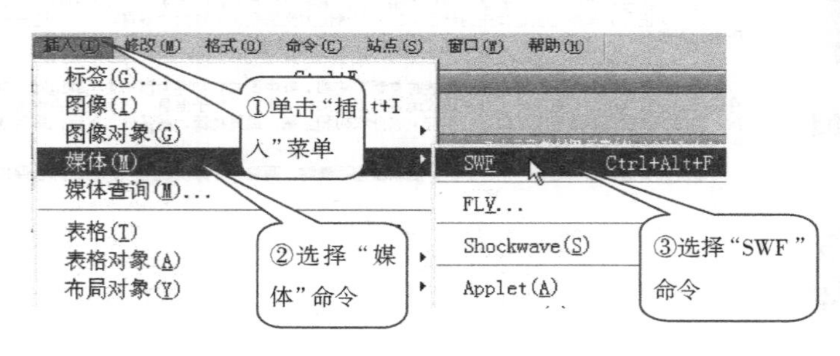

图7-4-1 插入动画菜单命令

（7）选择动画，在属性面板设置动画宽为“206”，高为“204”。最后调节第1列单元格宽度和动画一致。

（8）光标置于第1行第2列单元格内，在属性面板设置单元格水平“右对齐”，垂直“顶端”，然后插入图像7-20.gif。光标置于第2行第2列单元格内，在属性面板设置单元格水平“居中对齐”，垂直“居中”，然后输入文本“重庆简介”。

（9）合并第2列剩下的单元格，参照任务展示图，输入文本。

（10）打开CSS样式面板，新建样式.liebiao实现自定义的项目列表，操作如图7-4-3至图7-4-6所示。

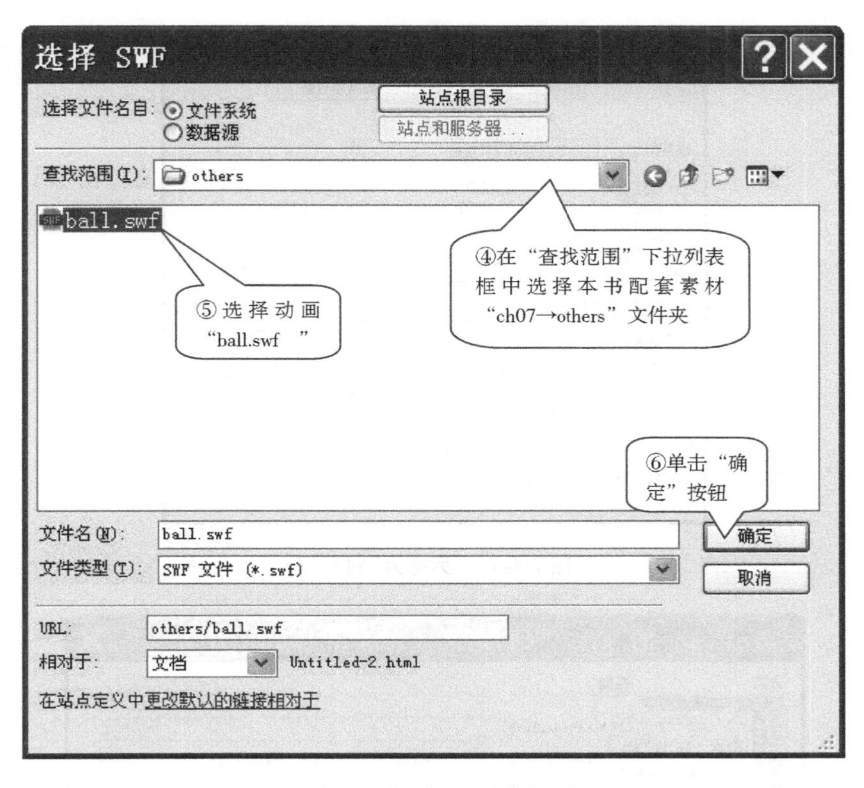

图 7-4-2　“选择 SWF”对话框

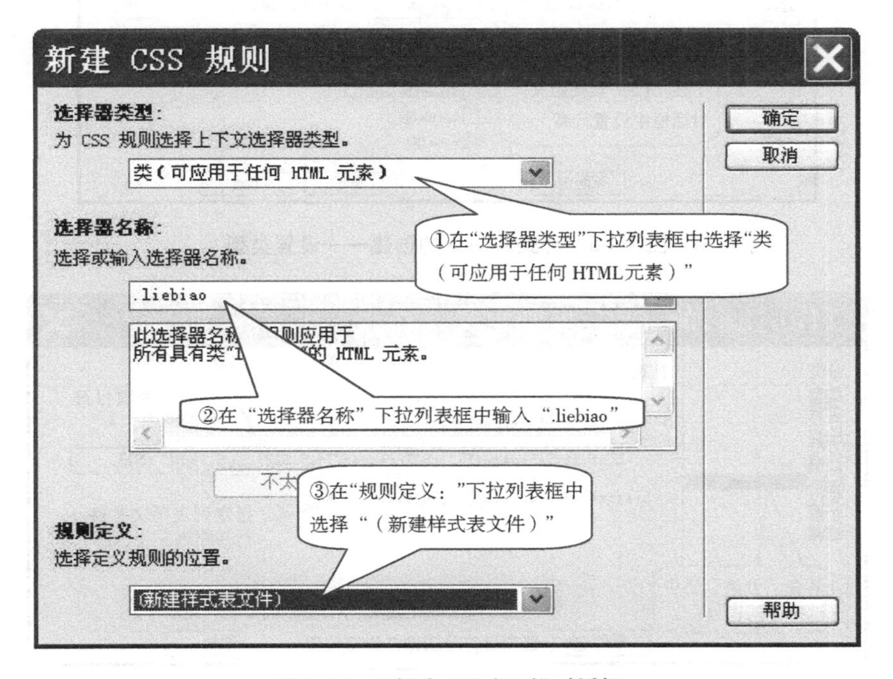

图 7-4-3　“新建 CSS 规则”对话框

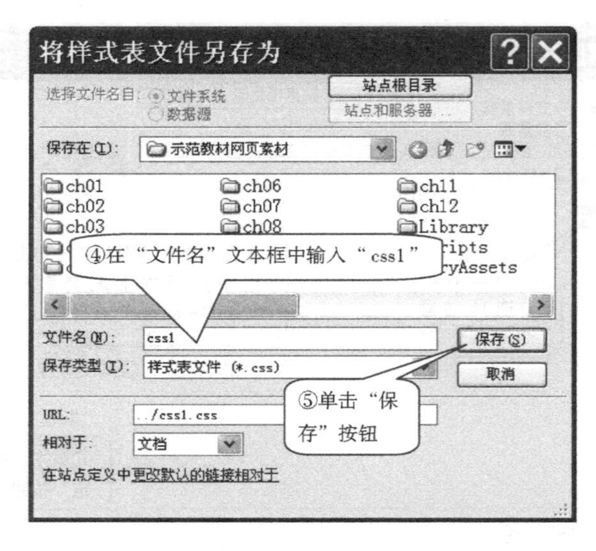

图 7-4-4 “另存为”对话框

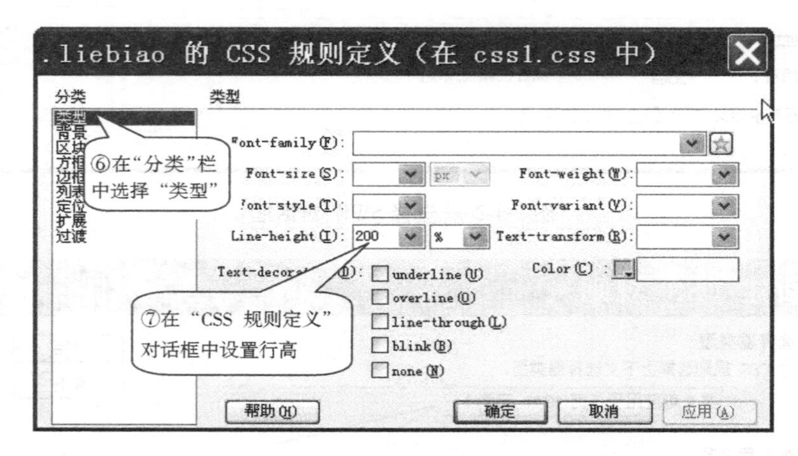

图 7-4-5 样式.liebiao 的创建——设置类型

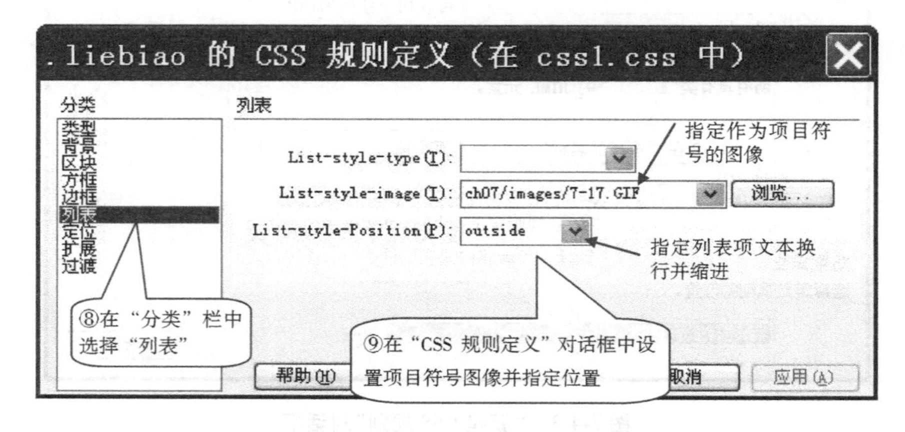

图 7-4-6 样式.liebiao 的创建——设置列表

(11)选中网页左上角的 3 段文本“巴渝文化”“茶馆文化”“重庆简介”,在属性面板中单击“项目列表”按钮“ ”,再在“类”下拉列表框中选择“liebiao”应用该样式。属性面板如图 7-4-7 所示。

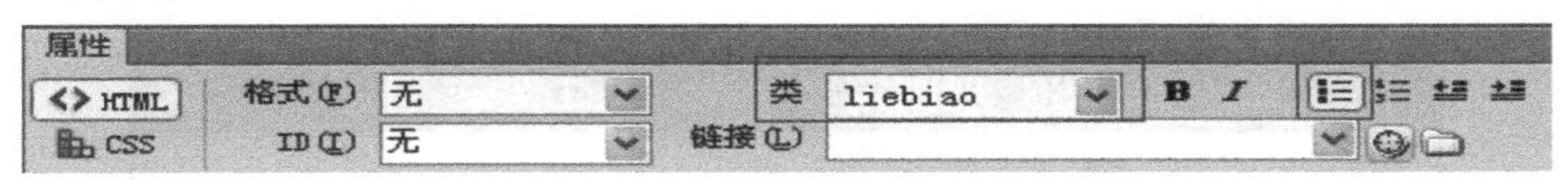

图 7-4-7　属性面板

(12)新建 CSS 样式 body,定义网页文字的格式和背景图像。其中:选择器类型是“标签(重新定义 HTML 元素)”,选择器名称是“body”,规则定义是“css1. css”。CSS 属性设置如图 7-4-8、图 7-4-9 所示。

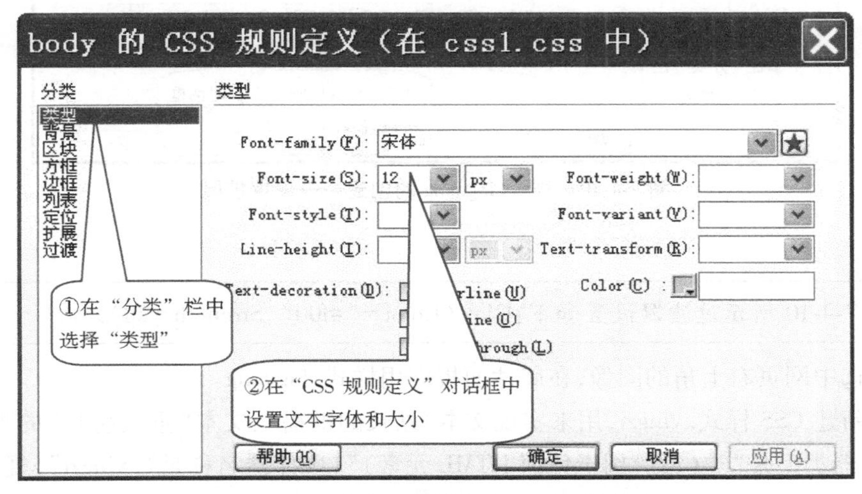

图 7-4-8　样式 body 的创建——设置类型

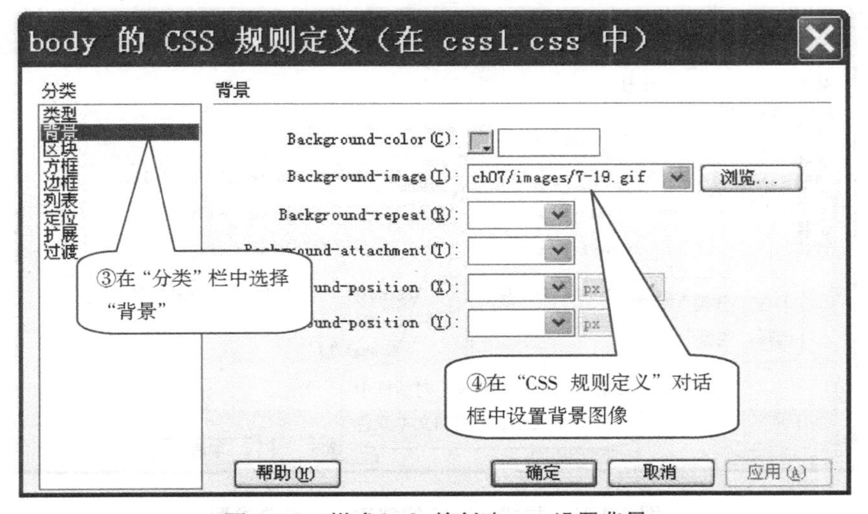

图 7-4-9　样式 body 的创建——设置背景

(13)新建 CSS 样式. faguang,用来给网页右上角的图像添加发光效果。其中:选择器类型是“类(可应用于任何 HTML 元素)”,选择器名称是“. faguang”,规则定义是“css1. css”。CSS 属性设置如图 7-4-10 所示。

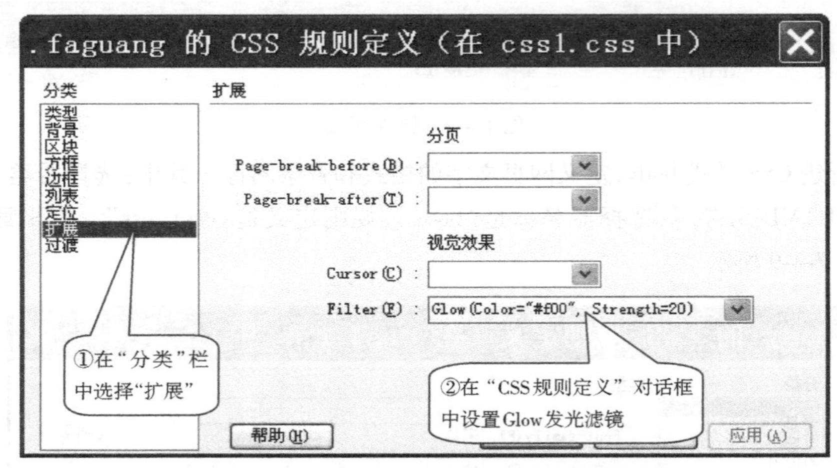

图 7-4-10　样式. faguang 的创建——设置扩展

注意

如图 7-4-10 所示过滤器设置如下:Glow(Color="#f00",Strength=20)。

(14)选中网页右上角的图像,在属性面板应用样式. faguang。

(15)新建 CSS 样式. yingzi,用来实现文本“站长的祝福”、文本“重庆简介”的阴影效果。其中:选择器类型是“类(可应用于任何 HTML 元素)”,选择器名称是“. yingzi”,规则定义是“(仅限该文档)”。CSS 属性设置如图 7-4-11、图 7-4-12 所示。

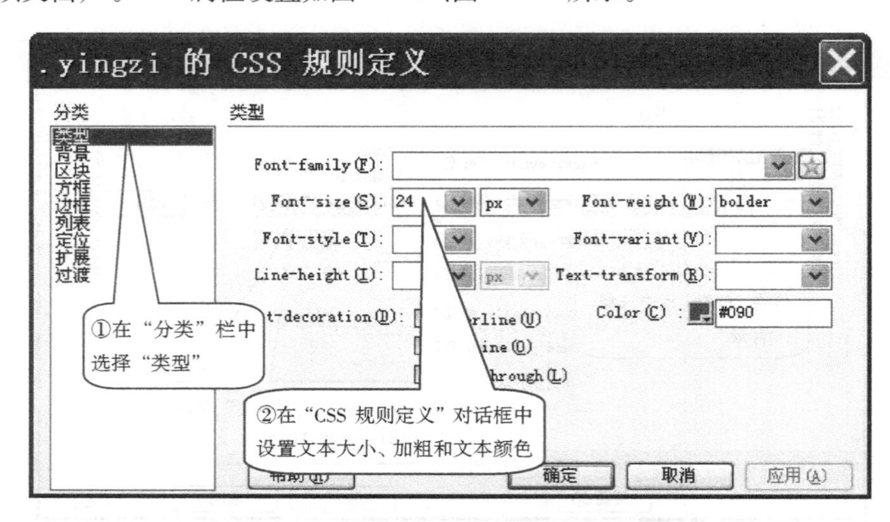

图 7-4-11　样式. yingzi 的创建——设置类型

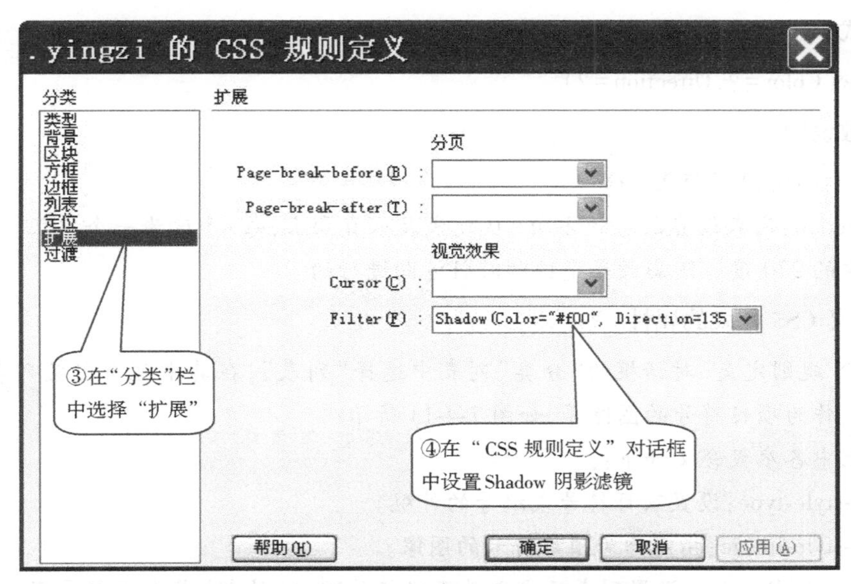

图 7-4-12　样式.yingzi 的创建——设置扩展

注意

如图 7-4-12 所示过滤器设置如下:Shadow(Color="#f00",Direction=135)。

(16)选中文本"站长的祝福",在属性面板应用样式.yingzi。选中正文标题"重庆简介",在属性面板应用样式.yingzi。保存网页并预览。

知识窗

一、Glow 滤镜

1. 作用

使对象边缘产生发光的效果。

2. 格式

Glow(Color=?,Strength=?)

3. 参数说明

- Color:指定发光的颜色。
- Strength:指定发光强度。数值为 1~255,数值越大,光的效果越强。

二、Shadow 滤镜

1. 作用

沿对象边缘产生阴影效果。

2. 格式

Shadow(Color = ?, Direction = ?)

3. 参数说明

- Color：指定阴影颜色。
- Direction：用来设置阴影的方向。0 度代表垂直向上，每 45 度为一个单位。默认值是向左的 270 度。阴影效果是按顺时针方向进行的。

三、定义 CSS 样式的属性

在“CSS 规则定义”对话框的“分类”列表中选择“列表”，在其中可自定义列表样式，主要包括指定作为项目符号的图像等，如图 7-4-13 所示。

对话框中各参数含义如下：

- List-style-type：设置项目符号或编号的外观。
- List-style-image：指定作为项目符号的图像。
- List-style-Position：设置列表项文本是否换行并缩进(外部)或者文本是否换行到左边距(内部)。

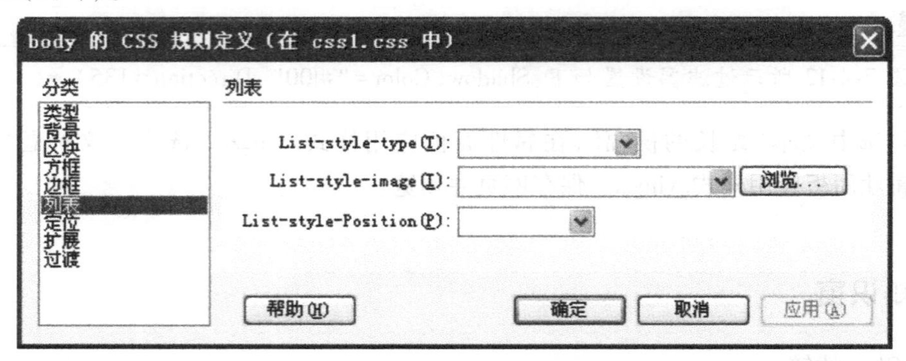

图 7-4-13　设置列表属性

拓展练习

1. 制作网页“封面 CSS 特效”。网页展示图及参考步骤见本书配套素材“ch07”→“拓展练习”→“封面 CSS 特效. doc”。

2. 制作网页“永远的怀念”。网页展示图及参考步骤见本书配套素材“ch07”→“拓展练习”→“永远的怀念. doc”。

3. 制作网页“朦胧情致”。网页展示图及参考步骤见本书配套素材“ch07”→“拓展练习”→“朦胧情致. doc”。

使用多媒体对象丰富网页

【模块综述】

在传统网页制作中，主要使用文本和图像元素表达信息。但是只有文本和图像的网页显得很单调，缺乏动感。因此，Dreamweaver CS6 软件还提供了让我们方便快捷地添加声音和影片等多媒体元素的功能。在网页中加入多媒体元素：Flash 动画、视频和背景音乐等动态元素，可使网页更加精彩，吸引更多的浏览者。

学习完本模块后，你将能够：

- 插入 Flash 动画
- 插入 FLV 视频和 Shockwave 视频
- 制作背景音乐

任务1　制作网页——心意坊～电子贺卡

任务目的

在网页中练习插入 Flash 元素，使网页具有动感。该网页共包含 6 个 Flash 元素：5 个 Flash 按钮和 1 个 Flash 动画。

任务展示

重点提示

- 插入 Flash 元素的方法：选择“插入”菜单→“媒体”→“SWF”命令。
- Flash 元素的属性设置。

跟我做

(1)新建静态网页文档 8-1. html。设置页面属性：文本颜色白色，背景图像 8-2. jpg，网页标题为“心意坊～电子贺卡”，上下左右边距都为 0。

(2)光标置于网页顶部，插入 1 个表格：4 行 3 列，宽度 900 像素，无边框，单元格间距为

10,单元格边距为 0。选中表格,在属性面板中设置表格"居中对齐"。

(3)拖动鼠标选中第 1 行所有单元格,合并单元格。光标置于合并后的单元格内,插入图像 8-1.jpg。选中图像,在属性面板设置图像宽 900 像素,高 200 像素。

(4)拖动鼠标选中第 2 行所有单元格,合并单元格。光标置于合并后的单元格内,插入 1 个小表格:1 行 5 列,宽度 100% ,边框为 1,单元格间距和单元格边距都为 0。

(5)光标置于小表格第 1 列单元格中,插入 Flash 动画 1. swf,操作如图 8-1-1 至图 8-1-3 所示。

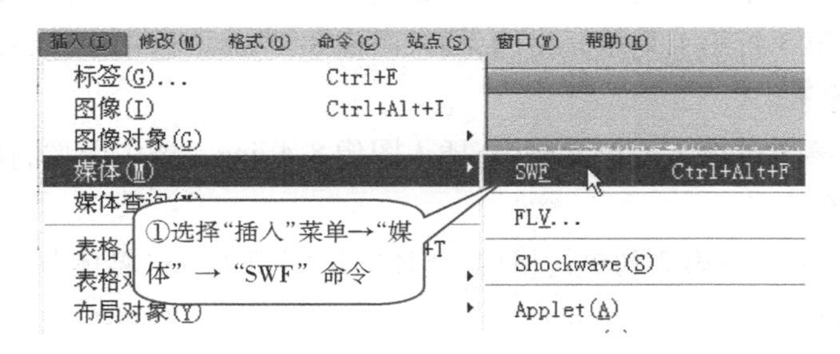

图 8-1-1　使用菜单命令

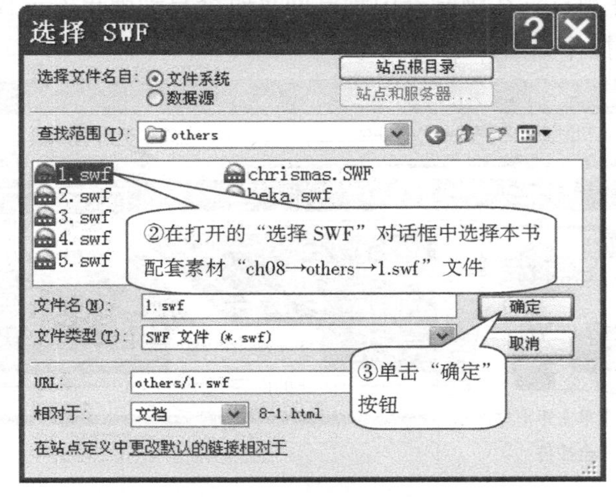

图 8-1-2　"选择 SWF"对话框

图 8-1-3　已插入的 Flash 动画

注意

插入的 Flash 动画是以 Flash 占位符的形式显示在编辑窗口中,而不会显示 Flash 的实际内容。

(6)用同样的方法,在小表格的其他 4 个单元格中依次插入 Flash 动画 2. swf,3. swf,4. swf 和 5. swf。

(7)拖动鼠标选中小表格的所有单元格,在属性面板中设置单元格背景为白色。

(8)光标置于第 3 行第 1 列单元格内,插入图像 8-3. jpg。选中图像,在属性面板设置宽 120 像素,高 528 像素。

(9)光标置于第 3 行第 3 列单元格内,插入图像 8-4. jpg。选中图像,在属性面板设置宽 120 像素,高 528 像素。

(10)光标置于第 3 行第 2 列单元格内,选择“插入”菜单→“媒体”→“SWF”命令,插入 Flash 动画 heka. swf。

(11)拖动鼠标选择第 4 行所有单元格,合并单元格。再输入版权信息文本。

(12)保存网页并预览。在浏览器中预览网页时会自动弹出安全控件,拦截了 Flash 动画,此时应解除拦截,操作如图 8-1-4 所示。

图 8-1-4　解除安全控件的拦截

知识窗

一、基本概念

1. 网页中常用的 Flash 元素

在网页中可以插入的 Flash 元素有 Flash 动画和 Flash 按钮等。格式是. swf。

2. Flash 动画的优点

Flash 技术是基于矢量的图形和动画的首选解决方案，与 Shockwave 电影相比，其优势是文件小且在网上传输速度快。

二、定义 Flash 动画的属性

Flash 动画的属性面板如图 8-1-5 所示。

图 8-1-5　Flash 动画的属性面板

面板中各参数含义如下：

- SWF：可输入 Flash 动画的名称，便于在脚本中识别。
- “宽”和“高”文本框：设置 Flash 动画的宽度和高度。
- “文件”文本框：设置 Flash 动画的路径和文件名。
- “背景颜色”文本框：设置 Flash 动画区域的背景颜色。
- “对齐”下拉列表框：设置 Flash 动画在网页中的对齐方式。
- “Wmode”下拉列表框：设置 Flash 动画背景透明。
- “类”下拉列表框：应用 CSS 样式。
- 编辑按钮：单击该按钮，会调出外部编辑器编辑 Flash 文件。
- 播放按钮：单击该按钮，在设计视图中可预览 Flash 动画的内容。
- 参数按钮：单击该按钮，打开“参数”对话框，在其中可设置参数。
- “垂直边距”和“水平边距”文本框：设置 Flash 动画的上下左右边距。
- “品质”下拉列表框：设置 Flash 动画的质量参数。有 4 个选项：“低品质”“自动低品质”“自动高品质”“高品质”。各选项含义如下：
  - “低品质”：重视速度而非外观。
  - “自动低品质”：重视速度，如有可能，则改善外观。
  - “自动高品质”：整体考虑两种因素，根据需要可能因为重视速度而影响外观。
  - “高品质”：重视外观而非速度。
- “比例”下拉列表框：设置缩放比例。有“默认(全部显示)”“无边框”和“严格匹配”3 个选项。各选项含义如下：
  - “默认(全部显示)”：在指定区域中可看到整个 SWF 动画，同时保持动画的比例避免扭曲，背景色的边框可出现在动画的两侧。
  - “无边框”：类似“默认(全部显示)”，只是动画文件某些部分可能被裁剪掉。
  - “严格匹配”：整个 SWF 动画文件将填充指定区域，但不保持动画的比例，可能会出现扭曲。

任务2　制作网页——亲爱的你等等我

任务目的

在网页中练习插入 FLV 视频。并且,应用 CSS 样式. kuang 控制表格和单元格外观。

任务展示

重点提示

- 插入 FLV 的方法:选择“插入”菜单→“媒体”→“FLV”命令。
- 运用 CSS 样式控制表格和单元格外观。

跟我做

(1)新建静态网页 8-2. html。

(2)设置页面属性:背景图像是8-7. jpg,网页标题是“亲爱的你等等我”。

(3)光标置于网页顶部,插入表格:1行3列,宽度900像素,无边框,单元格间距和单元格边距都为0。选中表格,在属性面板设置表格“居中对齐”。

(4)光标置于第1列单元格内,在属性面板中设置垂直对齐为“顶端”,再插入图像8-5. jpg。光标置于第2列单元格内,插入图像8-6. jpg。

(5)光标置于第3列单元格内,在属性面板中设置单元格背景颜色为“#FEDB97”。

(6)光标置于表格后,选择“插入”菜单→“HTML”→“水平线”命令,在表格的下方插入1条水平线。选中水平线,在属性面板设置宽度为900像素。

(7)修改水平线颜色。选中水平线,单击文档工具栏的“代码”按钮“代码”,切换到“代码”视图。修改代码<hr width="900"/>为<hr width="900" color="#FCCC5D"/>。再单击文档工具栏的“设计”按钮“设计”,切换回“设计”视图。

(8)光标置于水平线之后,插入1个表格:1行3列,宽度900像素,无边框,单元格间距和单元格边距都为0。选中表格,在属性面板中设置表格“居中对齐”。

(9)光标置于第1列单元格内,在属性面板设置宽度125像素,背景颜色“#FFB41A”。属性面板如图8-2-1所示。

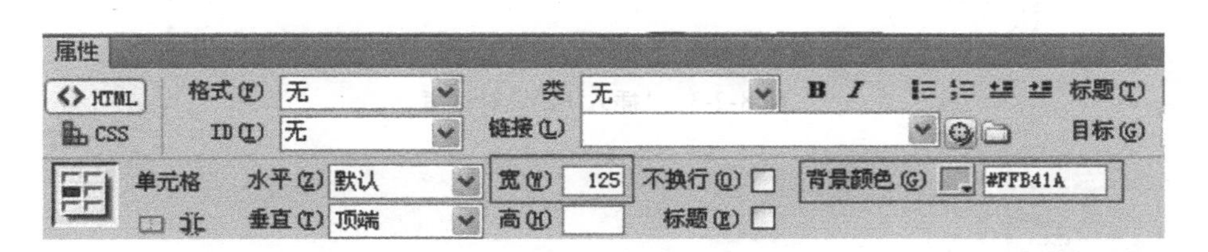

图8-2-1　属性面板

(10)用同样的方法,光标置于第2列单元格内,在属性面板设置宽度114像素,背景色为“#FECD67”。光标置于第3列单元格内,在属性面板设置背景色为“#FECD67”。

(11)光标置于第1列单元格内,插入表格:5行1列,宽度100%,无边框,单元格间距和单元格边距都为0。参照任务展示图,在小表格中输入文本。

(12)光标置于第3列单元格内,在属性面板中设置水平“左对齐”,垂直“顶端”,然后插入Flash视频dog. flv,操作过程如图8-2-2至图8-2-4所示。

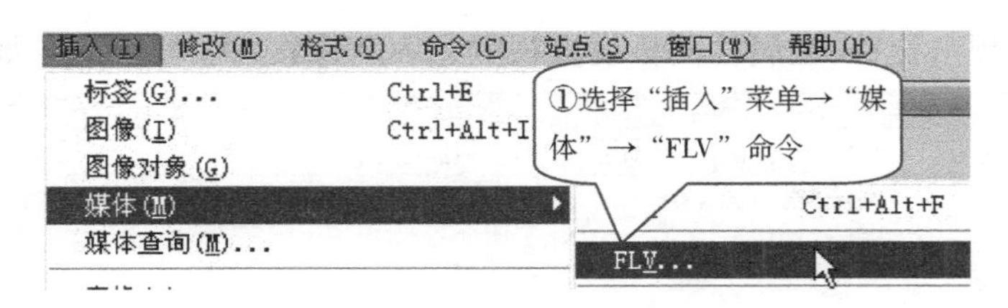

图8-2-2　使用“插入”菜单

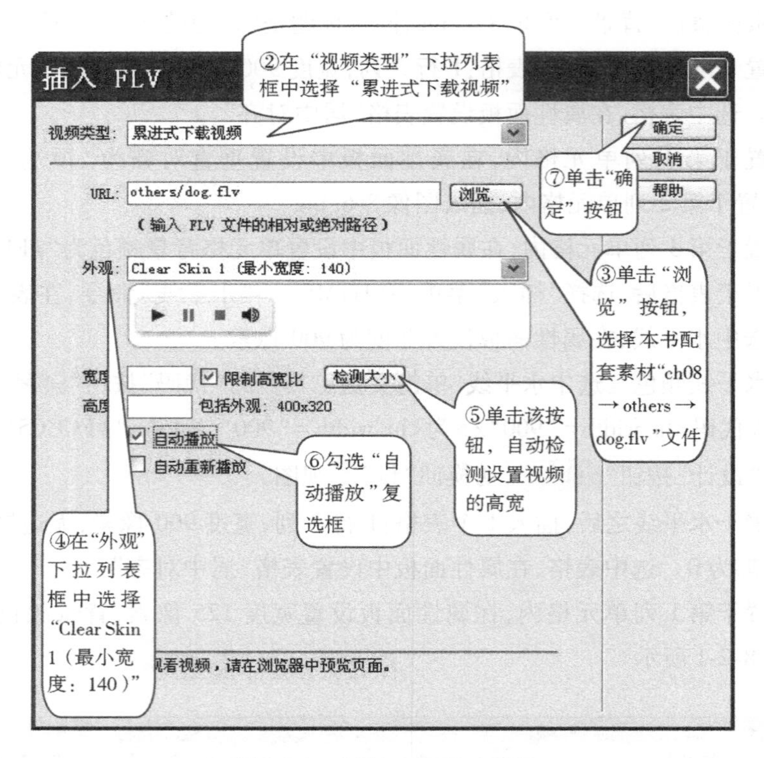

图 8-2-3 “插入 FLV”对话框

图 8-2-4 已插入的 Flash 视频

(13)选中视频占位符,在属性面板设置视频宽 500 像素,高 400 像素,如图 8-2-5 所示。

图 8-2-5 属性面板

(14)选择“窗口”菜单→“CSS 样式”命令,打开 CSS 样式面板。新建 CSS 样式. kuang。操作如图 8-2-6、图 8-2-7 所示。

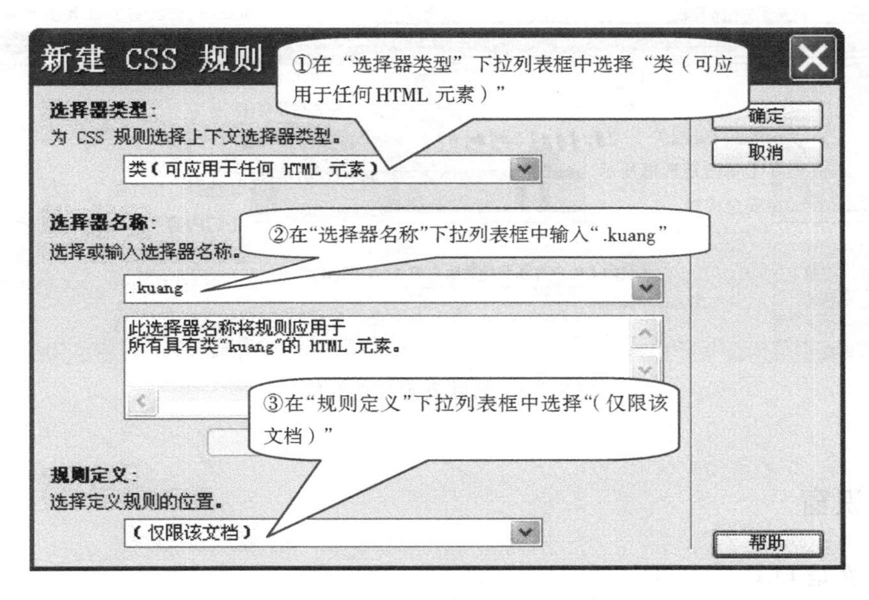

图 8-2-6　“新建 CSS 规则”对话框

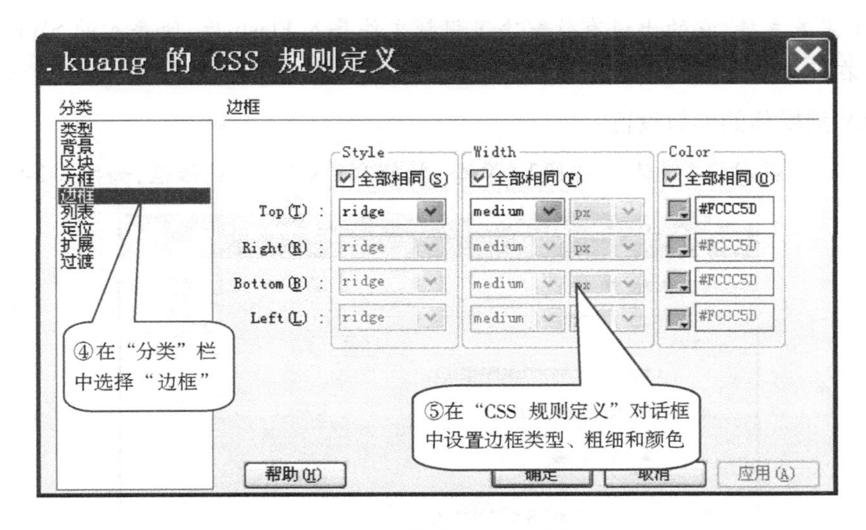

图 8-2-7　样式 body 的创建

(15)选中网页顶部的表格,在属性面板应用样式. kuang。依次选中网页左端作为导航栏的小表格的各个单元格,在属性面板应用样式. kuang。

(16)保存网页并预览。在浏览器中预览网页时会自动弹出安全控件,拦截了 Flash 视频,此时应解除拦截,操作如图 8-2-8 所示。

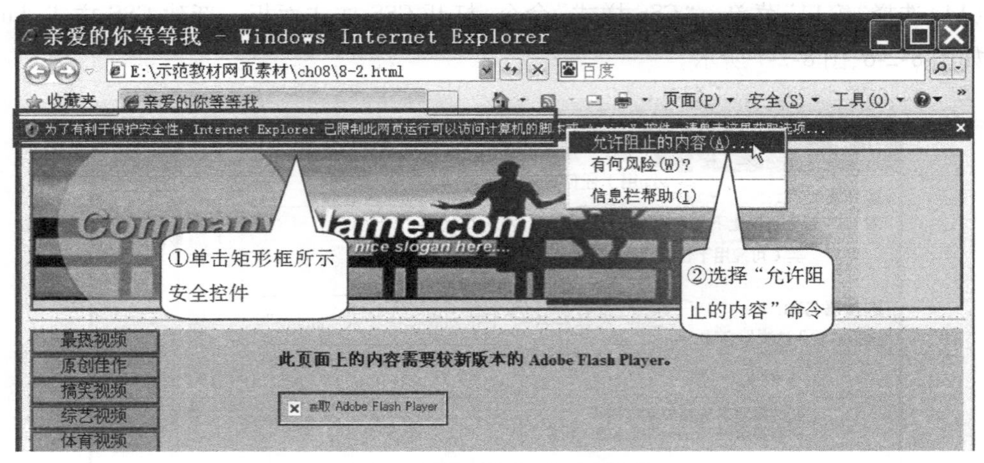

图 8-2-8　解除安全控件的拦截

知识窗

一、什么是 FLV

FLV 流媒体格式是一种新的视频格式，全称为 Flash Video，通常称为 Flash 视频。Flash 对其提供了完美支持，它的出现有效解决了视频文件导入 Flash 后，使导入的 SWF 文件体积庞大，不能在网络上很好地使用的问题。

二、FLV 流媒体的参数设置

选择“插入”菜单→“媒体”→“FLV”命令，打开“插入 FLV”对话框，如图 8-2-9 所示。

图 8-2-9　“插入 FLV”对话框

对话框中各参数含义如下：

- 视频类型：表示在网页中插入 Flash 视频的显示方式，有两个选项：
  - "累进式下载视频"：将 FLV 文件下载到用户的硬盘上，然后播放。但它与传统的"累进式下载播放"不同，允许在下载完成之前就开始播放视频。
  - "流视频"：表示对 Flash 视频内容进行流式处理，并在一段可确保流畅播放的很短的缓冲时间后在网页中播放该内容。若要在网页上启用流视频，使用者必须有访问 Adobe Flash Media Server 的权限。
- URL：指定 FLV 文件的路径。
- 外观：指定 Flash 视频组件的外观。
- "宽度"和"高度"：以像素为单位指定 FLV 的宽度和高度。若要让 Dreamweaver 确定 FLV 文件的原始准确高宽，可单击"检测大小"按钮。
- 限制高宽比：保持 Flash 视频组件高宽之间的比例不变。默认选中。
- 自动播放：指定在网页打开时是否播放视频。
- 自动重新播放：指定视频播放完之后是否返回起始位置。

任务 3　制作网页——春联

任务目的

本任务练习使用插件制作网页背景音乐，并可控制背景音乐的播放与停止。

任务展示

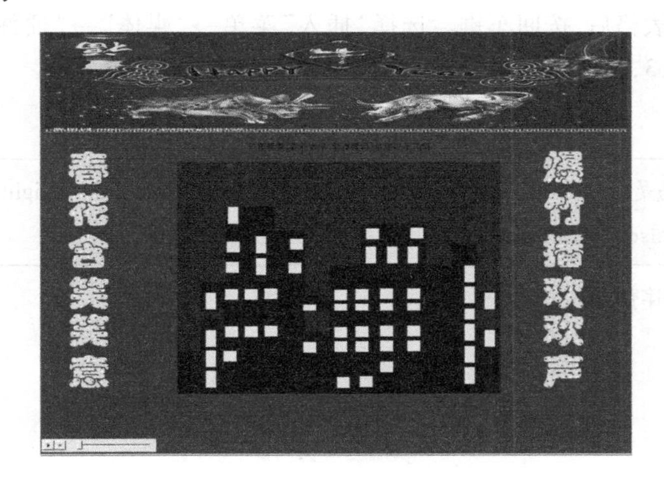

重点提示

- 该网页用一个表格布局所有内容。网页顶部是一幅牛年贺岁的图片，网页左右两侧是对称的对联图片，网页中间是一个 flash 动画，当加载网页时就会自动播放背景音乐。
- 运用插件制作网页背景音乐：选择“插入”菜单→“媒体”→“插件”命令。

跟我做

（1）新建静态网页 8-3. html。设置页面属性：背景颜色“#FF0506”，网页标题“春联”。

（2）插入 1 个表格：3 行 3 列，无边框，表格宽度 990 像素。选中表格，在属性面板设置表格“居中对齐”。

（3）合并表格的第 1 行，光标置于合并后的单元格内，在属性面板上设置单元格水平对齐为“居中对齐”，垂直对齐为“顶端”，再插入图像 8-8. jpg。选中图像，在属性面板设置图像宽 990 像素，高 207 像素。

（4）合并第 2 行第 1 列与第 3 行第 1 列两个单元格。光标置于合并后的单元格内，在属性面板中设置垂直对齐为“顶端”，插入图片 8-10. jpg，调节表格列宽。

（5）合并第 2 行第 3 列与第 3 行第 3 列两个单元格，光标置于合并后的单元格内，用同样的方法插入图片 8-9. jpg，调节表格列宽。

（6）光标置于第 2 行第 2 列单元格内，在属性面板中设置水平“居中对齐”，垂直“居中”，输入文本“贺喜新春|春联春语|新春喜讯|各地过年风俗”。

（7）光标置于第 3 行第 2 列单元格内，在属性面板中将垂直对齐设为“顶端”，水平对齐设为“居中对齐”，插入 1 个 Flash 动画 lamp. swf。

（8）光标置于表格后，按回车键。选择“插入”菜单→“媒体”→“插件”命令，制作网页背景音乐 cloud. mp3，操作过程如图 8-3-1 至图 8-3-3 所示。

注意

修改后的代码是：<embed src="others/cloud. mp3" width="195" height="53" autostart="true" hidden="false"></embed>。

（9）保存网页并预览。

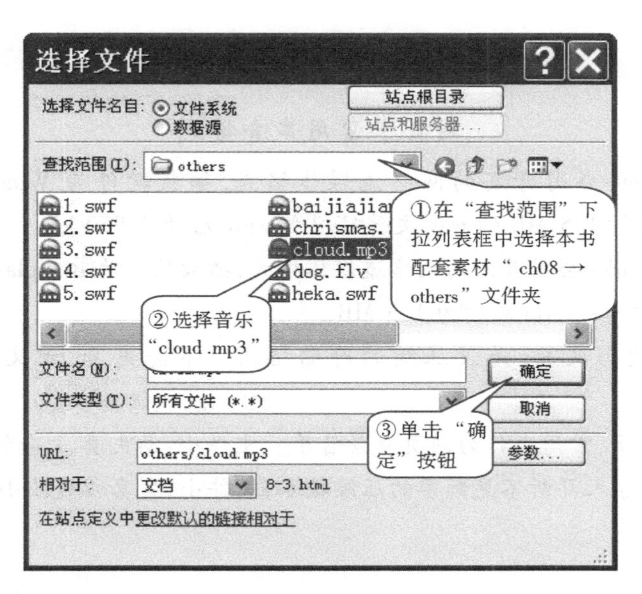

图 8-3-1　“选择文件”对话框

图 8-3-2　插入插件之后的网页效果

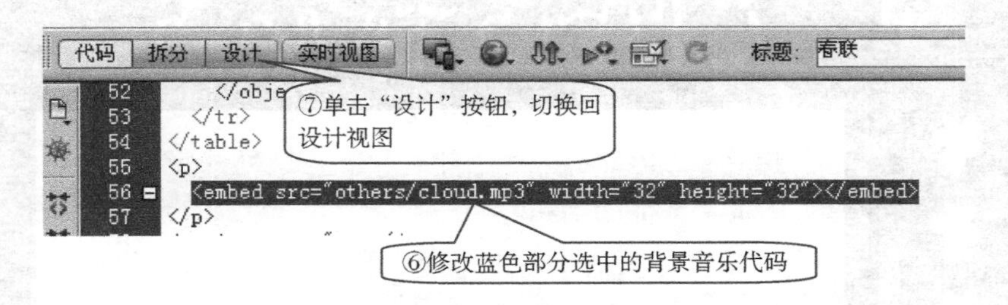

图 8-3-3　使用插件制作背景音乐

知识窗

网页中常用声音格式

- wmv：Microsoft 公司开发的网络流媒体格式，播放软件为 Windows 内嵌的 Media Player。1 分钟 1.5 MB 的 wav 文件转换成 wmv 后约为 850 kB。
- rm：RealNetworks 公司开发的网络流媒体格式，播放软件为 Realplayer。1 分钟 1.5 MB 的 wav 文件转换成 rm 后约为 1.3 MB。
- wav：Wave 波形文档，是没压缩的存储格式。不会失真，但文件较大，1 分钟约 1.5 MB。
- midi：电子音乐，常用来作为网页背景音乐。文件小，易失真，1 分钟约 30 kB。
- mp3：采用去除人耳听不见频率的压缩技术，文件小，失真程度较小，1 分钟约 1 MB。

任务 4　制作网页——圣诞快乐

任务目的

本任务练习使用代码 bgsound 来实现网页背景音乐。

任务展示

重点提示

- 该网页用一个表格布局所有内容。网页顶部是一个 GIF 动画图片和一个 Flash 动画，网页左侧是导航栏，网页右边是具体文本内容。当加载网页时，就会自动播放背景音乐。
- 用代码<bgsound src="others/M1.MID" loop="-1"/>实现背景音乐。

跟我做

(1)新建静态网页 8-4.html。设置页面属性：网页标题为“圣诞快乐”，文本颜色“#9900FF”(紫色)，网页背景色为黑色。

(2)插入 1 个表格：5 行 2 列，无边框，宽度 846 像素，单元格填充 0，单元格间距 10。选中表格，在属性面板设置表格“居中对齐”。

(3)光标置于第 1 行第 1 列单元格内，插入图像 8-11.gif。光标置于第 1 行第 2 列单元格内，插入 Flash 动画 chrismas.swf。选中动画，在属性面板设置宽 717 像素。

(4)光标置于第 2 行第 1 列单元格内，插入图像 8-12.gif，然后输入“圣诞起源”。

(5)用同样的方法，参照任务展示图，在第 3 行第 1 列单元格、第 4 行第 1 列单元格、第 5 行第 1 列单元格内插入图像，输入文本。

(6)拖动鼠标选中剩余的单元格，合并单元格。光标置于大单元格内，在属性面板设置单元格背景色为“#ffcccc”。再参照任务展示图，输入“圣诞起源”及具体文本内容。

(7)切换到代码视图输入以下代码：<bgsound src="others/M1.MID" loop="-1"/>实现背景音乐，操作如图 8-4-1、图 8-4-2 所示。

图 8-4-1　制作背景音乐图

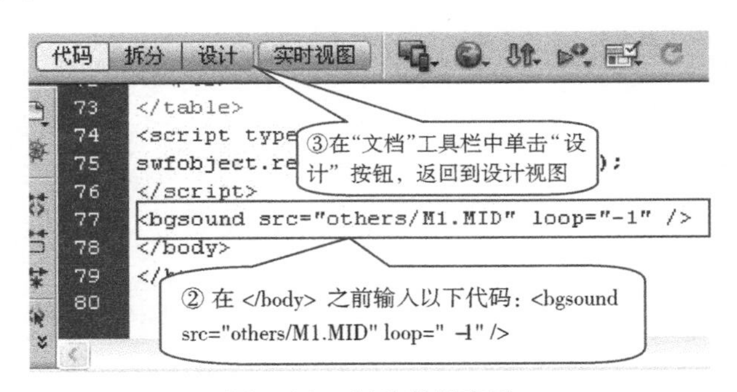

图 8-4-2　制作背景音乐

注意

<bgsound src="others/M1.MID" loop="-1"/>中，src 用来指定作为背景音乐的路径和文件名，loop="-1"代表背景音乐循环播放。另外，应该事先把音乐文件 M1.MID 复制到网站内的 others 文件夹中。

(8)保存网页并预览。

知识窗

用 bgsound 制作背景音乐

用 bgsound 制作背景音乐有两种方法。

1. 直接输入代码

如任务4所述,切换到代码视图,输入代码<bgsound src="others/M1.MID" loop="-1"/>实现背景音乐。

2. 使用菜单

选择“插入”菜单→“标签”命令。

拓展练习

制作网页“爱拍网”。网页展示图及参考步骤见本书配套素材“ch08“→“拓展练习”→“爱拍网.doc”。

使用 AP Div 布局网页

【模块综述】

AP 元素(绝对定位元素)也称 AP Div,是一种被定义了绝对位置的页面元素,可定位于网页的任意位置。AP Div 中可包含文本、图像、表单以及其他任何可以在文档中插入的内容。通过在网页上创建并定位 AP Div,可使页面布局更加整齐美观,AP Div 也是制作重叠网页内容的有效方法。

学习完本模块后,你将能够:

- 了解 AP Div 的作用
- 创建 AP Div 并设置 AP Div 的属性
- 熟悉"AP 元素"面板的操作
- 使用 AP Div 布局网页

任务1　制作网页——远方的来信

任务目的

本任务练习使用 AP Div 来布局网页。

任务展示

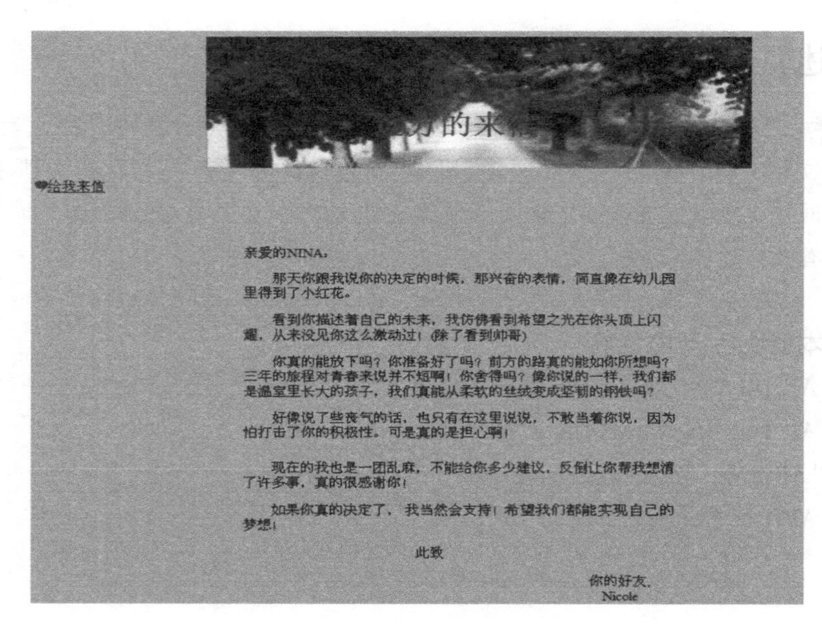

重点提示

- 信的标题“远方的来信”用一个 AP Div 元素实现。信的内容用另一个 AP Div 元素实现。
- 制作网页背景音乐。

跟我做

(1)新建静态网页文档 9-1. html。

(2)设置网页的页面属性:网页标题为“远方的来信”,网页背景颜色为“#cccc66”。

(3)光标置于网页的顶部,按 5 次回车键。然后插入图像 9-2. gif。

(4)光标置于图像后,输入文本“给我来信”。选中文本,在属性面板中创建邮件链接,如图 9-1-1 所示。

图 9-1-1　属性面板中创建邮件链接

注意

链接一栏中的内容是:mailto:foxromantic@ tom. com。

(5)光标置于网页顶部,选择“插入”菜单→“布局对象”→“AP Div”命令,插入第 1 个 AP Div 元素,默认名为 apDiv1。单击 apDiv1 的边框选中它,网页效果如图 9-1-2 所示。

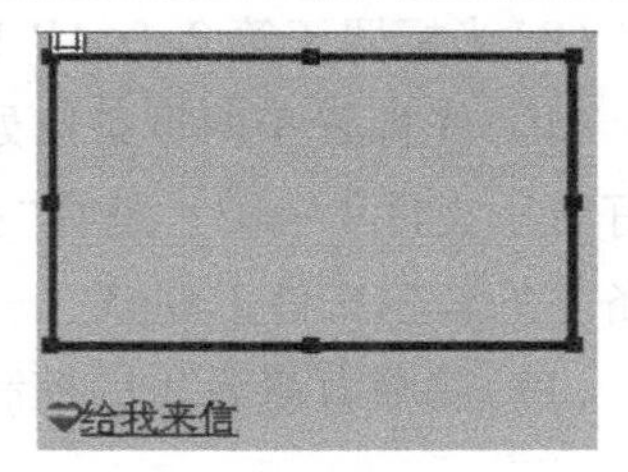

图 9-1-2　绘制了 AP Div 的效果图

(6)保持 apDiv1 的选中状态,在属性面板设置 AP Div 元素的高、宽和背景图像等,如图 9-1-3 所示。

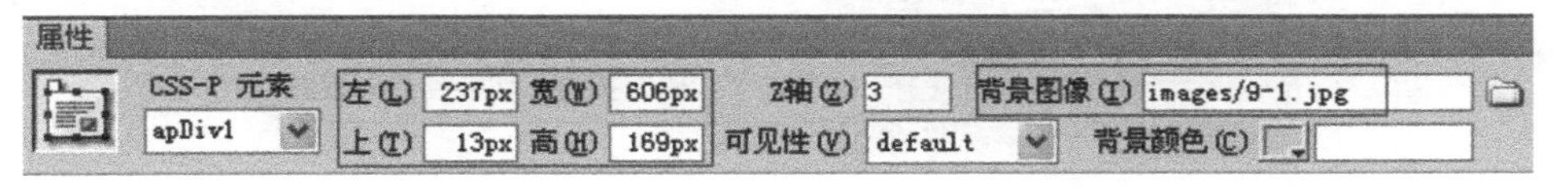

图 9-1-3　设置 AP Div 属性

注意

在属性面板中设置“左”“上”“宽”和“高”时一定要加上单位“px”。

(7)光标置于 AP 元素 apDiv1 的内部,输入文本“远方的来信”。

(8)光标置于文本“给我来信”之后,选择“插入”菜单→“布局对象”→“AP Div”命令,插入第 2 个 AP Div 元素,默认名为 apDiv2。移动 apDiv2 到网页的中下部,操作如图 9-1-4 所示。网页效果如图 9-1-5 所示。

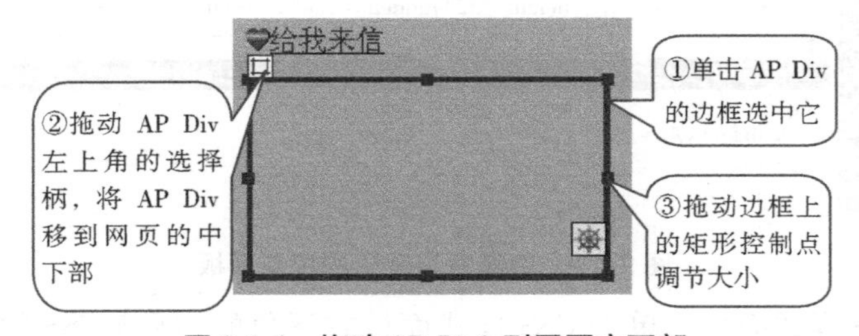

图 9-1-4　拖动 AP Div2 到网页中下部

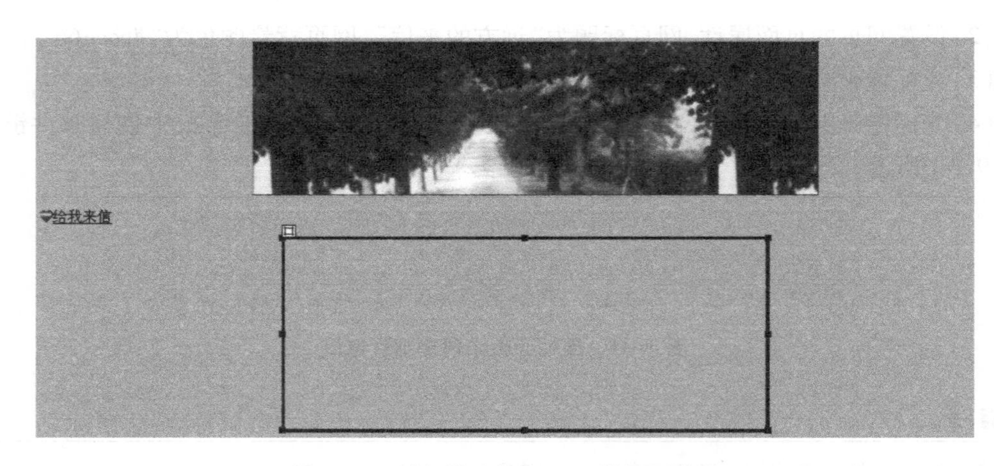

图 9-1-5　插入第 2 个 AP Div 的网页效果

(9)光标置于第 2 个 AP Div 内,输入信的具体内容。

(10)光标置于网页空白处,制作网页背景音乐。先在本地站点的 others 子文件夹中准备好音乐文件 1. mp3。选择"插入"菜单→"媒体"→"插件"命令,在弹出的对话框中选择刚准备好的音乐文件 1. mp3。

(11)隐藏背景音乐的控制面板,操作如图 9-1-6、图 9-1-7 所示。

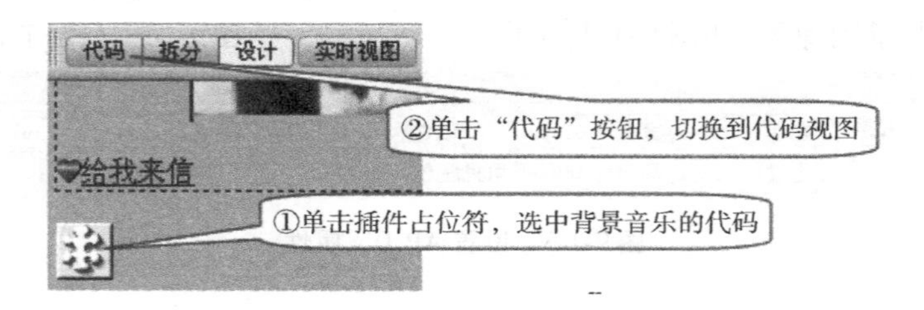

图 9-1-6　隐藏背景音乐的控制面板

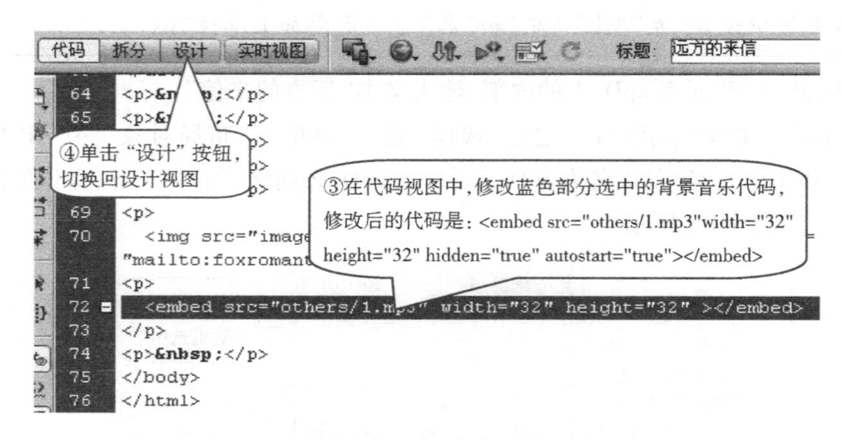

图 9-1-7　隐藏背景音乐的控制面板

(12)打开 CSS 样式面板。单击 CSS 样式面板右下角的"新建 CSS 规则"按钮,新建

CSS 样式.biaoti，操作如图 9-1-8、图 9-1-9 所示。

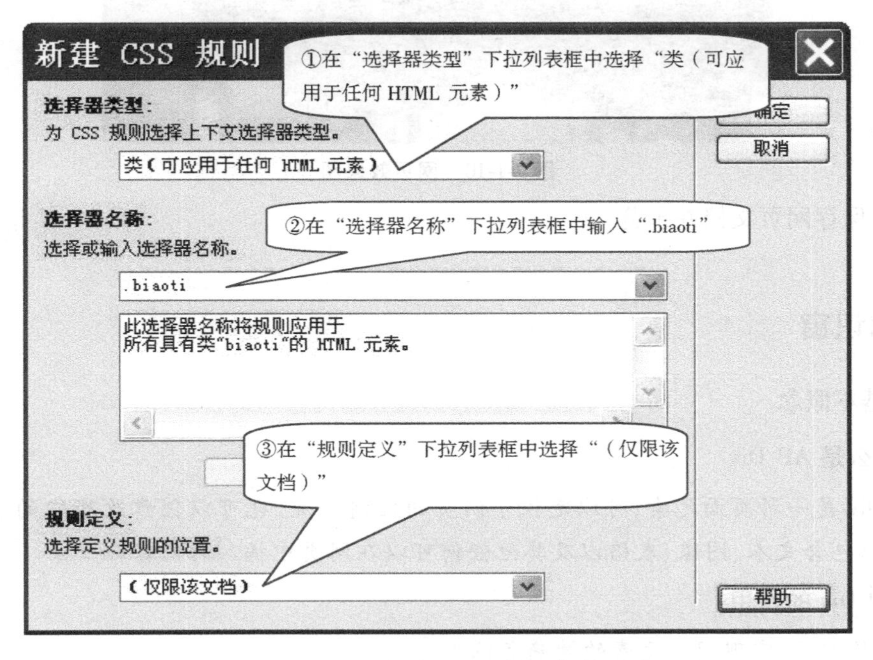

图 9-1-8　“新建 CSS 规则”对话框

图 9-1-9　样式.biaoti 的创建

（13）选择文本“远方的来信”，在属性面板应用样式.biaoti。再选择“格式”菜单→“对齐”→“居中对齐”命令，设置文本居中对齐。最后光标置于文本前，通过按 Shift+回车键，将它移到图像上合适的位置。网页效果如图 9-1-10 所示。

图 9-1-10　网页效果图

(14)保存网页文档并预览。

知识窗

一、基本概念

1. 什么是 AP Div

AP Div 是一种页面元素,可以定位于网页的任何位置,也可以任意改变它的位置。AP Div 中可以包含文本、图像、表格以及其他任何可以在网页中插入的内容。

2. AP Div 的作用

- 布局网页,实现网页元素的精确定位。
- 实现网页内容的重叠效果。
- 可以显示或隐藏 AP Div,实现 AP Div 内容的动态交替显示及一些特效。

二、创建 AP Div

创建 AP Div 有两种方法。

1. 使用菜单

光标置于要插入 AP Div 的位置,选择"插入"菜单→"布局对象"→"AP Div"命令。

2. 使用"插入"面板

在"插入"面板中单击"布局"标签,再单击面板中"绘制 AP Div"按钮"",如图 9-1-11 所示,然后在文档窗口中目标位置拖动鼠标绘制 AP Div 即可。

图 9-1-11　插入面板

三、AP Div 的基本操作

1. 选择 AP Div

可以一次选中一个 AP Div,也可同时选中多个 AP Div。执行以下操作之一可选中 AP Div:

- 单击 AP Div 边框线，选中单个 AP Div。
- 按住 Shift 键不放，单击 AP Div 可进行单选或多选。

2. 调整 AP Div 大小

执行以下操作之一可调整 AP Div 大小：

- 选中某个 AP Div，拖动控制点进行调整。
- 选中某个 AP Div，在属性面板中设置“宽”和“高”，可调整大小。

3. 移动 AP Div

AP Div 具有很高的灵活性，可根据网页布局需要对其位置进行调整。执行以下操作之一可移动 AP Div：

- 选中 AP Div，拖动其左上角的选择柄可移动位置。也可同时选中多个 AP Div，拖动最后选中的 AP Div 左上角的选择柄进行移动。
- 选择单个或多个 AP Div，使用方向键进行移动，每次移动 1 像素。按住 Shift 键不放，使用方向键，每次移动 10 像素。

任务 2　制作网页——对联

任务目的

本任务练习使用 AP Div 来制作对联，实现部分重叠的效果。

任务展示

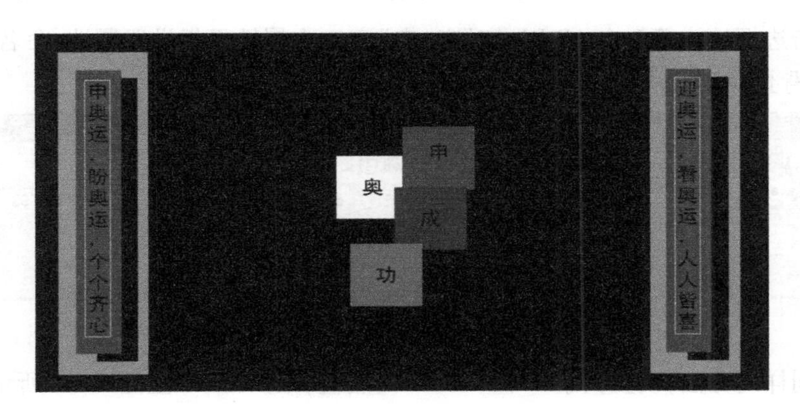

重点提示

- 运用 12 个 AP Div 实现了部分重叠的对联效果。
- 网页制作过程中要注意左右对联的大小一致，且在同一水平线上。

跟我做

(1)新建静态网页文档 9-2. html。

(2)设置网页的页面属性：背景色为黑色，文本色“#666”，网页标题为“对联”。

(3)在“插入”面板中单击“布局”标签，再单击面板中“绘制 AP Div”按钮“ ”(图 9-2-1)，然后在文档窗口中目标位置拖动鼠标绘制 AP Div 即可。共绘制 4 个 AP Div，在 4 个 AP Div 中分别输入“申”“奥”“成”“功”。网页效果如图 9-2-2 所示。

图 9-2-1 插入面板

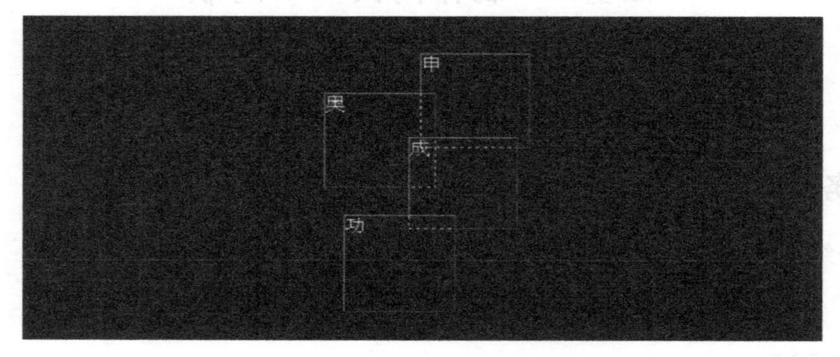

图 9-2-2 绘制 4 个 AP Div

(4)单击边框选中第 1 个 AP Div(对应“申”字)，在属性面板设置属性：命名为 layer1，高宽各 80 px，背景颜色紫红色，注意 Z 值为 2，如图 9-2-3 所示。

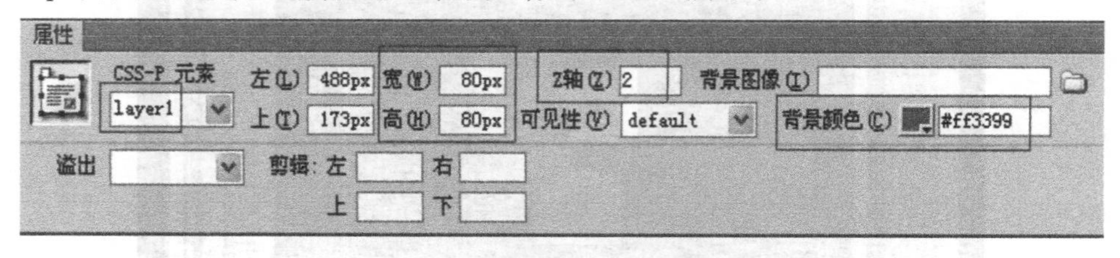

图 9-2-3 AP 元素 layer1 的属性设置

(5)用同样的方法，设置其余 3 个 AP Div 的属性，如图 9-2-4 至图 9-2-6 所示。

注意

> 4 个 AP Div 的大小相同，都是 80×80 像素，背景色分别为紫白蓝绿，且有部分重叠效果。另外，4 个 AP Div 元素的 Z 值分别是 2，1，3，4。

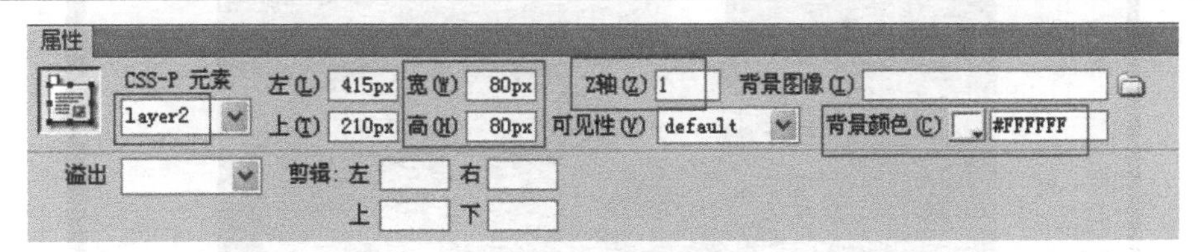

图 9-2-4　AP 元素 layer2（对应“奥”字）的属性设置

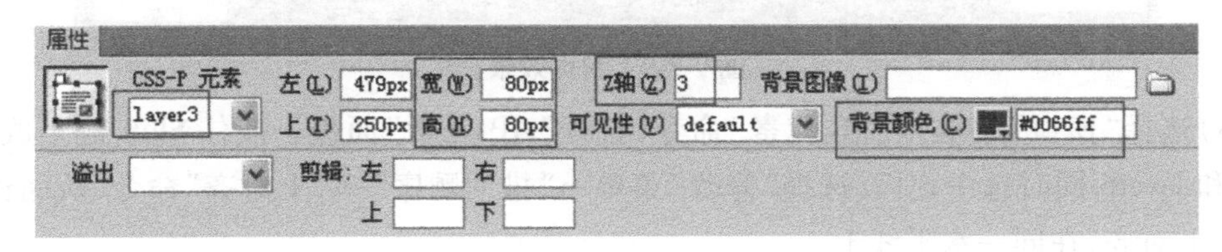

图 9-2-5　AP 元素 layer3（对应“成”字）的属性设置

图 9-2-6　AP 元素 layer4（对应“功”字）的属性设置

（6）在“插入”面板的“布局”标签中，单击“绘制 AP Div”按钮“”，在页面的左右分别绘制一个 AP Div，作为对联的底板。分别单击边框选中 AP Div，设置两个 AP Div 元素的属性，如图 9-2-7、图 9-2-8 所示。

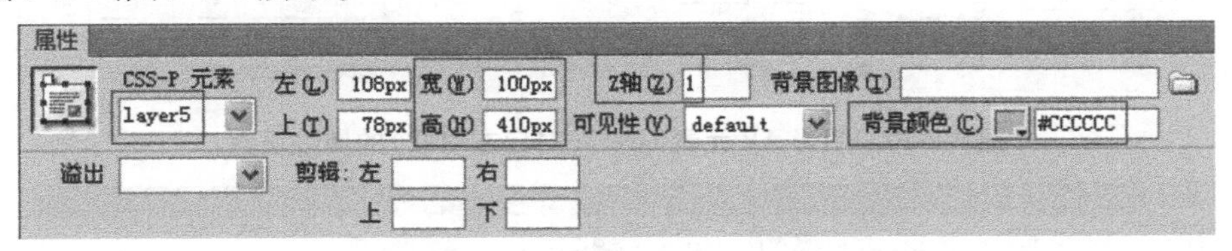

图 9-2-7　底板 AP 元素 layer5（对应左对联）的属性设置

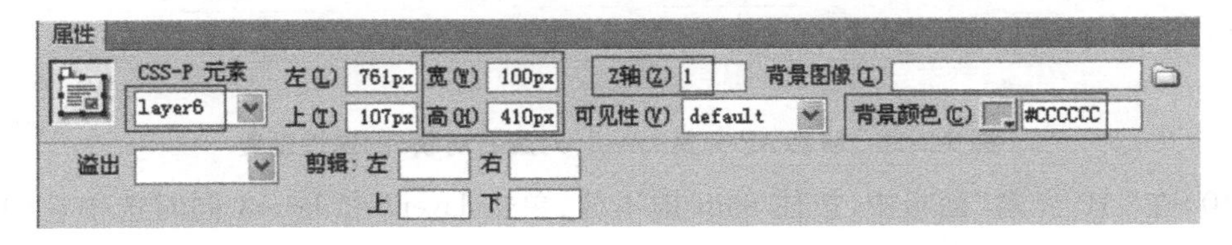

图 9-2-8　底板 AP 元素 layer6（对应右对联）的属性设置

（7）绘制了底板 AP Div 的网页效果如图 9-2-9 所示。

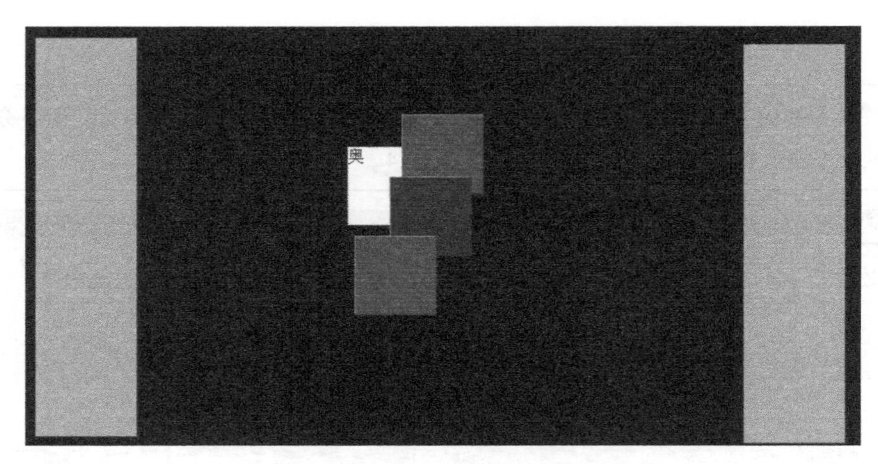

图 9-2-9　网页效果

(8)选择“窗口”菜单→“AP 元素”命令，打开“AP 元素”面板。按住 Shift 键不放，单击 layer5 和 layer6 同时选中它们，选择“修改”菜单→“排列顺序”→“上对齐”命令，从而让两个 AP Div 上对齐，在同一水平线上。

注意

> 在对齐多个 AP Div 时，是以最后选中的 AP Div 作为标准的。

(9)在“插入”面板的“布局”标签中，单击“绘制 AP Div”按钮“ ”，在两个底板 AP Div 上分别绘制一个 AP Div，作为对联的阴影。两个阴影 AP Div 的属性设置如图 9-2-10、图 9-2-11 所示。

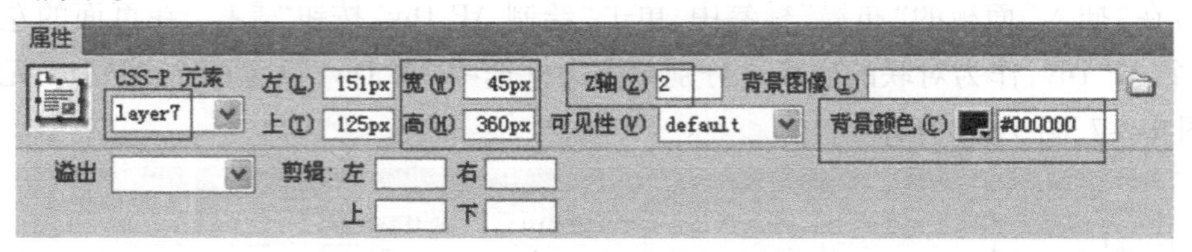

图 9-2-10　阴影 AP 元素 layer7(对应左对联)的属性设置

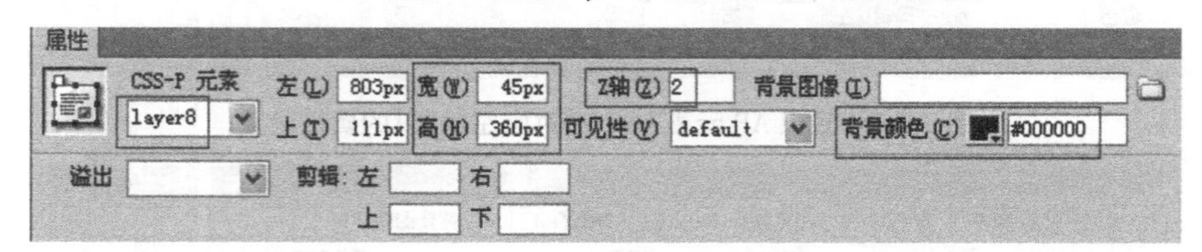

图 9-2-11　阴影 AP 元素 layer8(对应右对联)的属性设置

(10)在“AP 元素”面板中，按住 Shift 键不放，单击 layer7 和 layer8 同时选中它们，选择“修改”菜单→“排列顺序”→“上对齐”命令，从而让两个 AP Div 上对齐。

(11)在两个底板 AP Div 上分别绘制一个 AP Div，名为 layer9 和 layer10，作为对联的面板。面板 AP Div 的属性设置如图 9-2-12、图 9-2-13 所示。适当调节底板、阴影和面板 AP

Div 元素的相对位置,网页效果如图 9-2-14 所示。

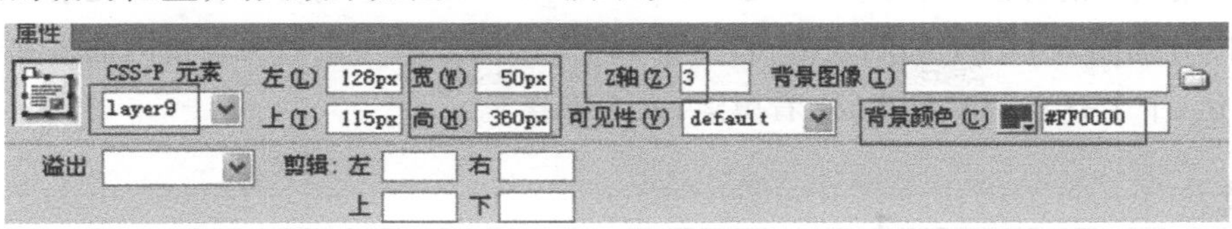

图 9-2-12　面板 AP 元素 layer9(对应左对联)的属性设置

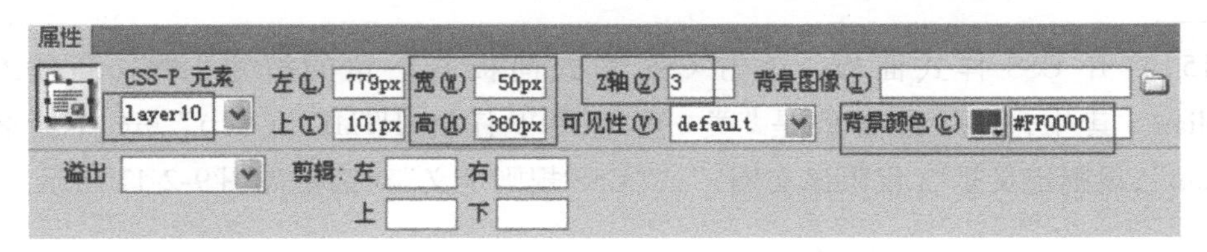

图 9-2-13　面板 AP 元素 layer10(对应右对联)的属性设置

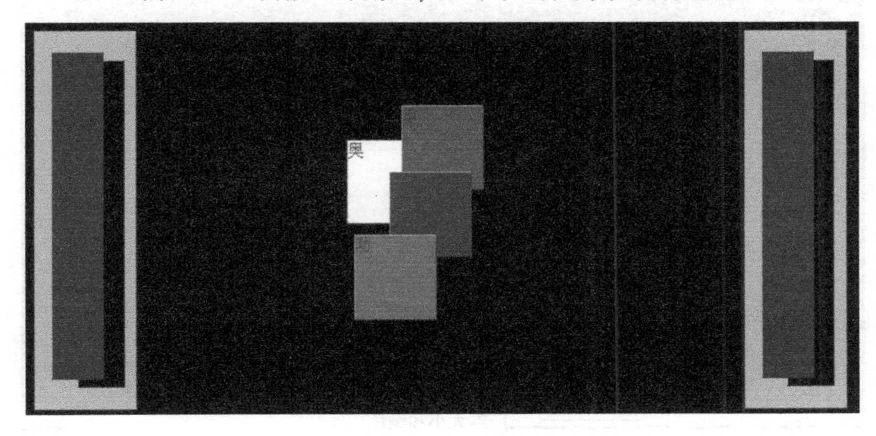

图 9-2-14　网页效果

(12)在"AP 元素"面板中,按住 Shift 键不放,单击 layer9 和 layer10 同时选中它们,选择"修改"菜单→"排列顺序"→"上对齐"命令,让两个 AP Div 上对齐。

(13)在两个红色 AP Div 上分别绘制一个 AP Div,名为 layer11 和 layer12,作为输入对联文字的地方。两个 AP Div 的属性设置如图 9-2-15、图 9-2-16 所示。

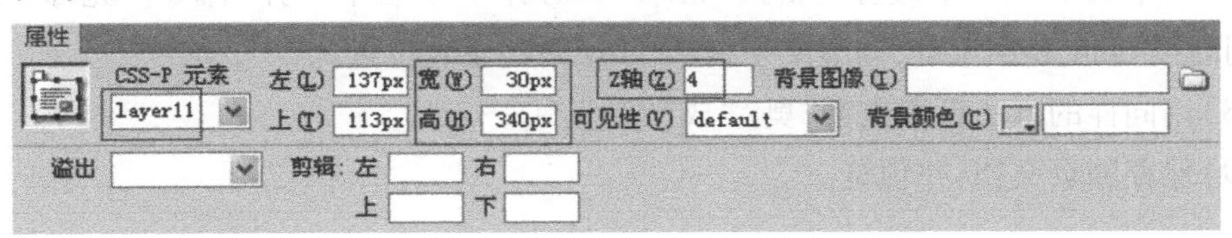

图 9-2-15　文字 AP 元素 layer11(对应左对联)的属性设置

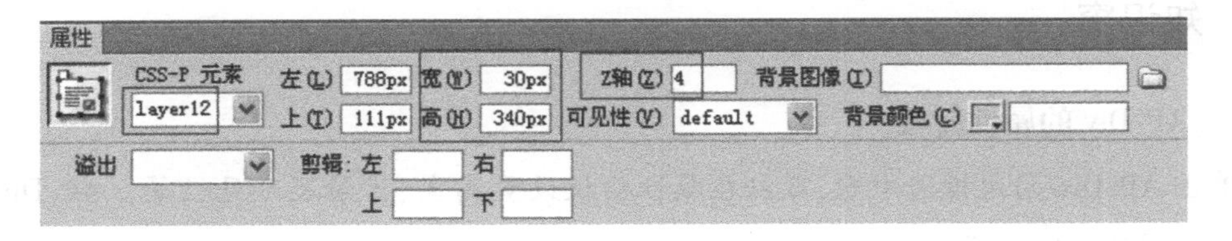

图 9-2-16　文字 AP 元素 layer12(对应右对联)的属性设置

(14)用同样的方法,让两个 AP 元素 layer11 和 layer12 上对齐。在 AP 元素 layer11 和 layer12 内分别插入 1 行 1 列的表格,表格宽 100%,边框为 1。最后在表格内输入文字“申奥运,盼奥运,个个齐心”和“迎奥运,看奥运,人人皆喜”。

注意

输入文字时,每输入一个字后,同时按 Shift 和回车键。

(15)打开 CSS 样式面板。单击 CSS 样式面板右下角的按钮“ ”,新建 CSS 样式.duilian。其中,选择器类型是“类(可应用于任何 HTML 元素)”,选择器名称是“.duilian”,规则定义是“(仅限该文档)”。“CSS 规则定义”对话框如图 9-2-17 所示。

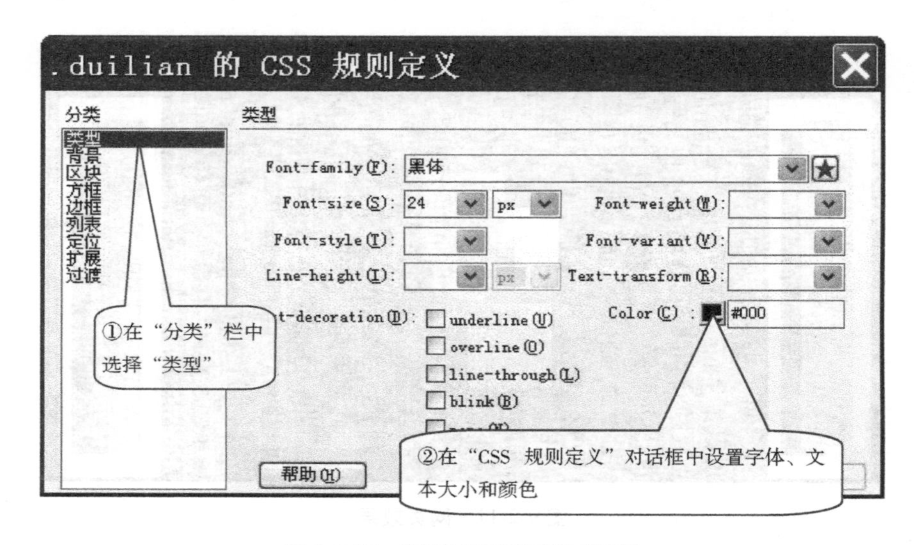

图 9-2-17 “CSS 规则定义”对话框

(16)分别选中左右两边的对联文字,在属性面板应用样式.duilian。分别选中“申”“奥”“成”“功”,应用样式.duilian。

(17)选中文本“申”字,选择“格式”菜单→“对齐”→“居中对齐”命令。光标置于“申”字前,同时按 Shift 和回车键,调节文字在 AP Div 中的垂直位置。

(18)用同样的方法设置文本“奥”“成”“功”。

(19)保存网页文档,并预览。

知识窗

一、AP Div 的属性面板

单击 AP Div 的边框选中它,可以在属性面板设置高宽、背景及可见性等。AP Div 的属性面板如图 9-2-18 所示。

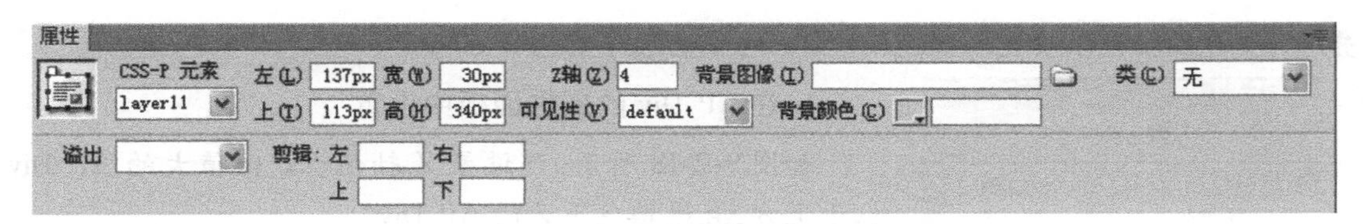

图 9-2-18　AP Div 的属性面板

属性面板中各参数含义如下：

- CSS-P 元素：为 AP 元素命名。名称中只能含字母和数字，且不能以数字开头。
- “左”和“上”：设置 AP Div 的左边界和上边界距离页面（如果嵌套，则为父级 AP Div）左边界和上边界的距离。
- “宽”和“高”：设置 AP Div 的宽度和高度。默认单位为 px（像素）。
- Z 轴：设置 AP Div 在垂直方向上的索引值，主要用于控制 AP Div 的堆叠顺序。Z 轴值大的 AP Div 位于上方。值可以为正可以为负，也可以为 0。
- 可见性：设置 AP Div 的显示状态，有 4 个选项：
  - “default”（默认）：不明确指定 AP Div 可见性属性。大多数情况下会继承父级 AP Div 的可见属性。
  - “inherit”（继承）：继承父级 AP Div 的可见属性。
  - “visible”（可见）：显示 AP Div 及其中的内容。
  - “hidden”（隐藏）：隐藏 AP Div 及其中的内容。
- 背景图像：用于设置 AP Div 的背景图像。
- 背景颜色：设置 AP Div 的背景颜色，默认为透明背景。
- 类：在该下拉列表框中可选择应用 CSS 样式。
- 溢出：指定当 AP Div 中内容超过 AP Div 大小时如何在浏览器中显示 AP Div。有 4 个选项：
  - “visible”（可见）：选择该选项，当 AP Div 中内容超过 AP Div 大小时，AP Div 会自动向右向下扩展，使 AP Div 能够容纳并显示其中的内容。
  - “hidden”（隐藏）：选择该选项，当 AP Div 中内容超过 AP Div 大小时，AP Div 大小保持不变，也不会出现滚动条，超出 AP Div 的内容不被显示。
  - “scroll”（滚动）：选择该选项，当 AP Div 中内容超过 AP Div 大小时，AP Div 的右侧和下侧都会显示滚动条。
  - “auto”（自动）：选择该选项，当 AP Div 中内容超过 AP Div 大小时，AP Div 的大小保持不变，在 AP Div 的右侧或下侧会自动出现滚动条，以使 AP Div 中的内容能够通过滚动来显示。
- 剪辑：用于设置 AP Div 可见区域的大小。在“左”“右”“上”“下”文本框中可指定 AP Div 可见区域的左、右、上、下相对于 AP Div 的左、右、上、下的距离。经过剪辑后，只有指定的矩形区域才是可见的。

二、改变 AP Div 的堆叠顺序

AP Div 可以制作网页重叠效果。当若干个 AP Div 重叠时，上下位置及遮挡关系（即堆

叠顺序）由 Z 轴值来决定。改变 AP Div 的堆叠顺序有两种方法。

1. 在 AP Div 的属性面板中设置

如图 9-2-18 所示，可设置 Z 轴值。Z 轴值大的 AP Div 位于上方，且遮挡住下方的 AP Div。

2. 在 AP 元素面板中控制

AP 元素

☐防止重叠

ID	Z
apDiv3	3
apDiv2	2
apDiv1	1

图 9-2-19 AP 元素面板

选择"窗口"菜单→"AP 元素"命令，打开 AP 元素面板，如图 9-2-19 所示。双击要修改的 AP Div 右侧的"Z 轴"数字，直接输入数字即可。

三、AP Div 的基本操作

对齐 AP Div

在文档窗口中选中要对齐的多个 AP Div，再选择"修改"菜单→"排列顺序"，根据需要选择"上对齐""左对齐""右对齐"或"对齐下缘"命令即可。

任务 3 制作网页——明星风采

任务目的

本任务通过 AP Div 和行为——显示隐藏元素两者相结合，制作出网页动态效果。

任务展示

重点提示

- AP Div 能起到布局页面的作用,但 AP Div 和行为——显示隐藏元素相结合,就能制作出动态效果。
- 当鼠标移到某个明星的小图片上,在网页中下部就会显示相应的介绍文本和图片。

跟我做

(1)新建静态网页文档 9-3. html。

(2)设置网页的页面属性:网页标题为“明星风采”,网页背景图像是 9-17. jpg,并设置网页左、右、上、下边距为 0。

(3)光标置于网页的顶部,按 5 次回车键。然后插入一个表格:1 行 1 列,宽度 1000 像素,无边框,单元格间距是 10。选中表格,在属性面板中设置表格“居中对齐”。

(4)光标置于单元格中,在属性面板中设置垂直对齐为“顶端”,然后插入一排明星的图片,每张图片的宽 110 像素,高 130 像素。

(5)光标置于网页顶部,插入一个 AP Div,默认名为 apDiv1。光标置于 AP Div 元素内,输入两段文本“明星风采”和“THE STARS”。

注意

> 插入了 AP Div 后,在 CSS 样式面板中会自动生成一个样式,以 AP Div 元素的名称命名,如此时生成的样式名为“#apDiv1”。

(6)在表格下插入一个 AP Div,名为 apDiv2,放在居中位置。光标置于 apDiv2 内,输入与第 1 个明星图片相对应的文本(可从本书配套素材“ch 09”→“Word 文档”→“明星资料. doc”中复制相应文本),插入相应的图像。网页效果如图 9-3-1 所示。

(7)插入 5 个 AP Div,分别名为 apDiv3—apDiv7。AP Div 的位置可任意。

(8)光标置于 apDiv3 内,从本书配套素材“ch 09”→“Word 文档”→“明星资料. doc”中复制与第 2 个明星图片相对应的文本,插入相应的图像。然后单击边框选中该 AP Div,在属性面板设置该 AP Div 隐藏,如图 9-3-2 所示。

(9)在 AP Div 元素 apDiv4—apDiv7 中,分别插入与上一排其他明星图片一一对应的文本和图像内容(为操作方便,最好制作完一个 AP Div 元素就隐藏一个 AP Div)。

(10)选择“窗口”菜单→“AP 元素”命令,打开 AP 元素面板。此时面板中的 7 个 AP Div 的显示与隐藏状态,如图 9-3-3 所示。

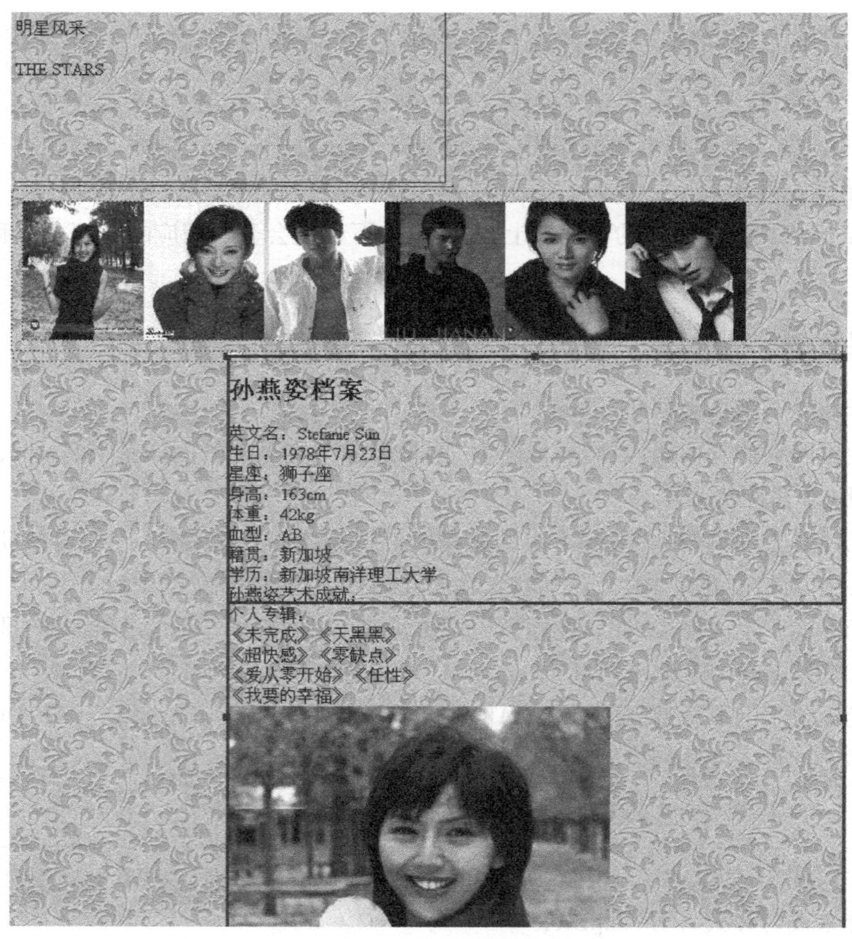

图 9-3-1　属性面板

图 9-3-2　属性面板

图 9-3-3　AP 元素面板

(11)在 AP 元素面板中按住 Shift 键,同时选中 apDiv2—apDiv7,注意最后选择 apDiv2,选择“修改”菜单→“排列顺序”→“上对齐”菜单命令,再选择“修改”菜单→“排列顺序”→“左对齐”菜单命令,从而使 6 个 AP Div 元素位置重叠。

(12)选择“窗口”菜单→“行为”命令,打开行为面板。选中第一张明星图片,添加行为:当鼠标移到图片身上时,显示 AP 元素 apDiv2,而 apDiv3—apDiv7 隐藏,操作如图 9-3-4 至图 9-3-6 所示。

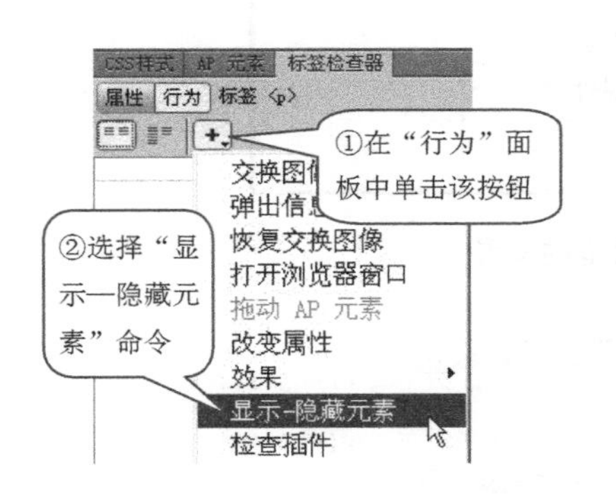

图 9-3-4　行为面板

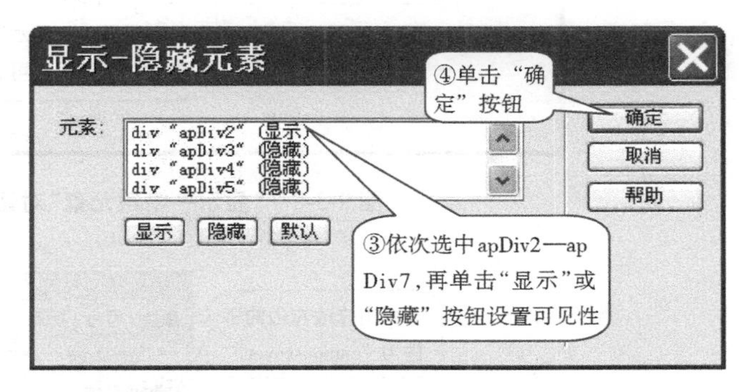

图 9-3-5　“显示—隐藏元素”对话框的设置

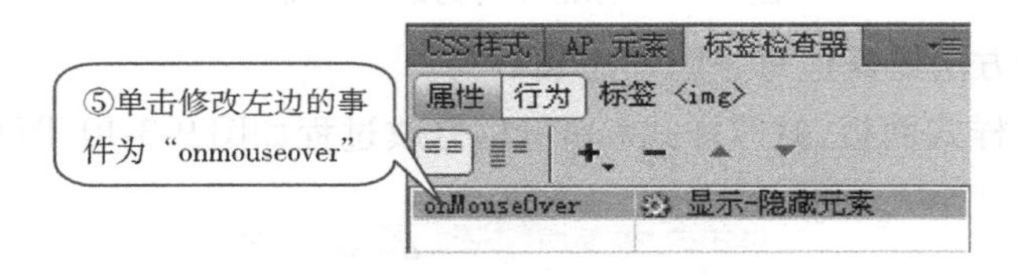

图 9-3-6　添加了行为的行为面板(注意事件的设置)

(13)选中第 2 张图片,在行为面板中添加行为:当鼠标移到图片上时,显示 AP Div 元素 apDiv3,而 apDiv2,apDiv4—apDiv7 隐藏,操作如图 9-3-7 至图 9-3-9 所示。

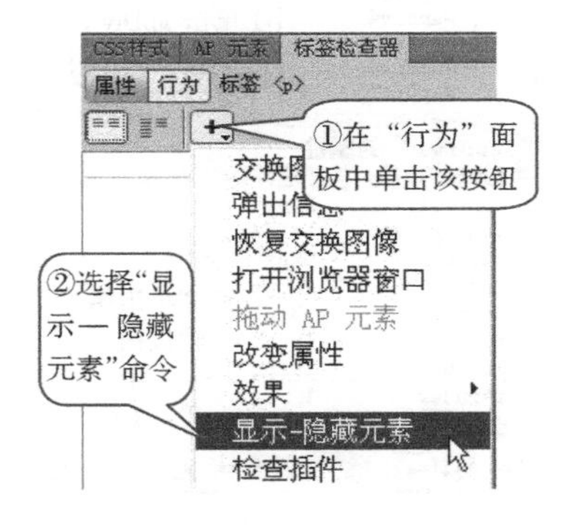

图 9-3-7　行为面板

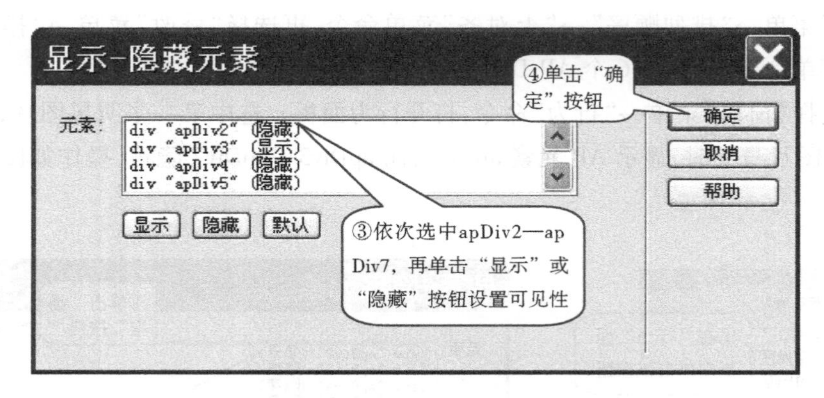

图 9-3-8 "显示—隐藏元素"对话框的设置

图 9-3-9 添加了行为的行为面板

(14)用同样的方法给其他每张图片添加行为。

(15)打开 CSS 样式面板,修改样式#apDiv1,修改过程如图 9-3-10、图 9-3-11 所示。

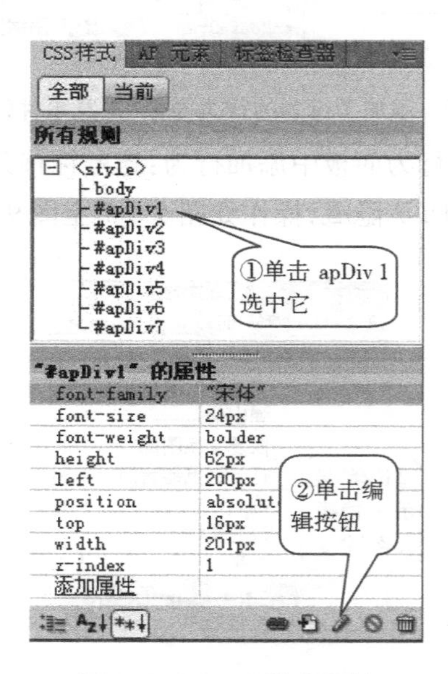

图 9-3-10 CSS 样式面板

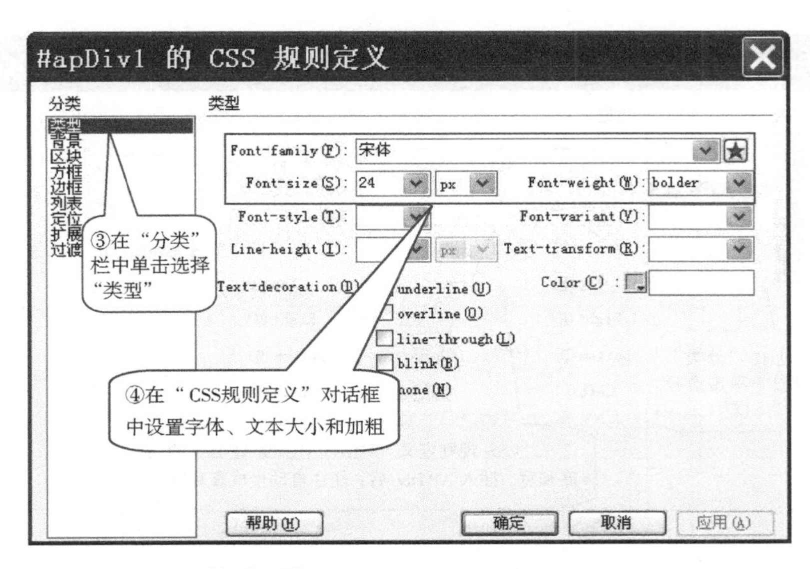

图 9-3-11　修改样式#apDiv1

(16)单击 apDiv1 的边框选中它,在属性面板设置 AP Div 元素的高、宽和背景图像等,如图 9-3-12 所示。

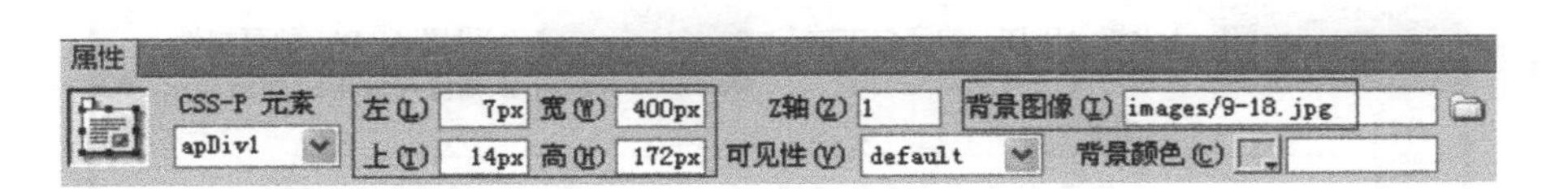

图 9-3-12　设置 AP Div 属性

(17)保存网页并预览。

知识窗

div+css 网页布局方式

div+css 方式布局网页,因其内容和格式相分离,日渐使用频繁。每插入一个 AP Div 元素,就会自动生成一个 CSS 样式,且以 AP Div 元素的名称命名。插入 AP Div 元素后,只要在 CSS 样式面板中修改 AP Div 元素所对应的样式,就可控制 AP Div 中内容的外观与格式。

在 CSS 样式规则定义对话框中一般要设置 3 个内容来控制网页格式,如图 9-3-13 至图 9-3-15 所示。

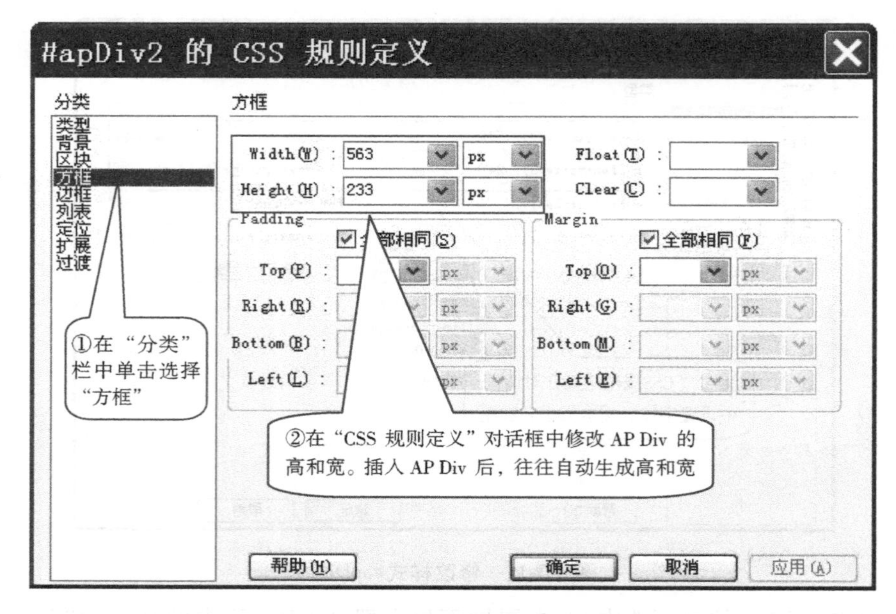

图 9-3-13 "CSS 规则定义"对话框

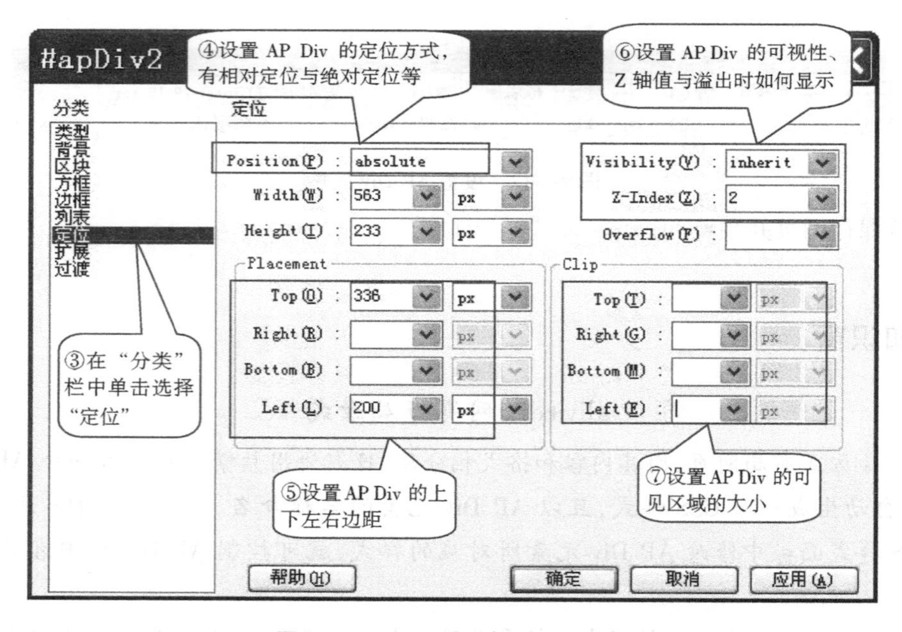

图 9-3-14 "CSS 规则定义"对话框

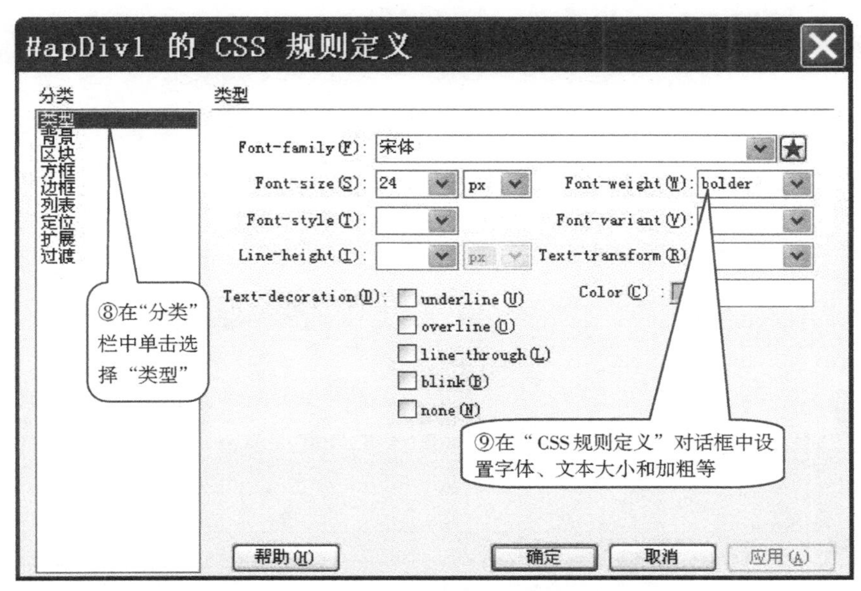

图 9-3-15　"CSS 规则定义"对话框

拓展练习

制作网页"初见百货"。网页展示图及参考步骤见本书配套素材"ch 09"→"拓展练习"→"初见百货. doc"。

使用行为让网页动起来

【模块综述】

行为让你不用书写一行代码即可实现多种动态网页效果。行为的关键在于 Adobe Dreamweaver CS6 中提供了很多动作。动作就是标准的 JavaScript 程序,每个动作程序可完成特定的任务,如打开浏览器窗口、显示或隐藏元素等。这样,如果你所需要的功能在这些动作中,那么就不需要自己编写 JavaScript 程序了。

学习完本模块后,你将能够:

- 了解行为的概念
- 熟悉"行为"面板的用法,掌握行为的基本操作(添加、编辑、删除行为)
- 熟悉 Adobe Dreamweaver CS6 的内置行为

任务1　制作网页——前沿花店

任务目的

运用行为——“效果”来制作网页，获得“挤压”“显示/渐隐”“晃动”等动态效果。

任务展示

前沿花店
flower

鲜花物语

白玫瑰的花语是——我足以与你相配
薰衣草的花语是——等待爱情
红色的风信子的花语是——让人感动的爱
时钟花的花语是——爱在你身边
狗尾巴草的花语是——暗恋
油桐花的花语是——情窦初开
樱花的花语是—— 生命等你回来
黑色曼陀罗的花语是——无间的爱和复仇，绝望的爱，不可预知的死亡和爱
向日葵的花语是——沉默的爱

花店首页　企业用花　国际鲜花　婚庆鲜花　关于我们　支付方式　联系我们

精品推荐

百合

郁金香

黄玫瑰

重点提示

- 当鼠标单击百合花图片时，百合花图片运用了“挤压”效果。
- 当鼠标单击郁金香图片时，郁金香图片运用了“晃动”效果。
- 当鼠标单击黄玫瑰图片时，黄玫瑰图片运用了“显示/渐隐”效果，会渐隐至模糊。

跟我做

（1）新建一个静态网页 10-1. html。设置页面属性：网页标题是“前沿花店”。

(2)插入表格:3 行 7 列,宽度 800 像素,无边框,单元格边距和单元格间距都为 0。选中表格,在属性面板设置表格“居中对齐”。

(3)光标置于第 1 行第 1 列单元格中,在属性面板中设置单元格水平“左对齐”,垂直“顶端”,再插入图像 10-3. gif。

(4)光标置于第 1 行第 3 列单元格中,输入“鲜花物语”的详细文本。

(5)合并第 2 列的所有单元格,光标置于合并后的单元格中,插入水平线。

(6)拖动鼠标选中第 3 列所有单元格,在属性面板中设置水平“居中对齐”,垂直“顶端”。然后在第 3 列的单元格中依次输入文本“花店首页”“企业用花”“国际鲜花”“婚庆鲜花”“关于我们”“支付方式”“联系我们”。

(7)光标置于表格后,同时按 Shift+回车键,插入表格:3 行 3 列,宽度 800 像素,无边框,单元格边距和单元格间距都为 0。选中表格,在属性面板设置表格“居中对齐”。

(8)合并第 1 列所有单元格。光标置于合并后的单元格中,输入文本“精品推荐”,然后在属性面板设置背景颜色为“#F5D7E1”。

(9)拖动鼠标选中第 2 列和第 3 列所有单元格,在属性面板设置单元格水平“居中对齐”。

(10)在第 2 列的 3 个单元格中依次插入图像 10-4. gif,10-5. jpg 和 10-6. jpg;在第 3 列的 3 个单元格中依次输入文本“百合”“郁金香”和“黄玫瑰”。

(11)选择“窗口”菜单→“行为”命令,打开行为面板。

(12)选中百合花图片,添加行为——“挤压”,操作如图 10-1-1 至图 10-1-3 所示。

注意

添加了行为后,在行为面板中往往要根据动作设置合适的事件。在图 10-1-3 中,若事件不是“onclick”,则要单击左边的事件,再单击事件后的下拉列表框,选择事件为“onclick”。

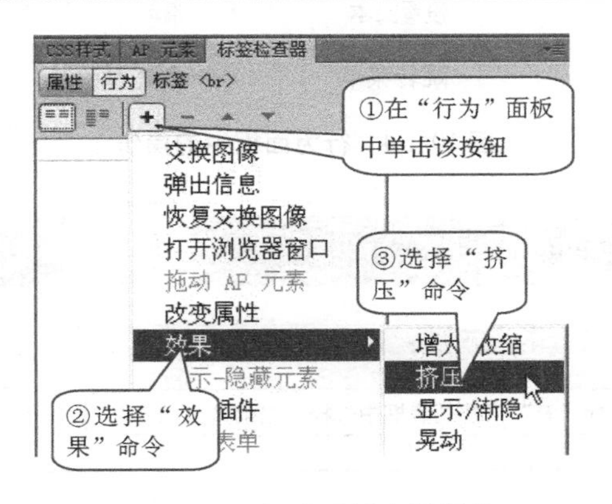

图 10-1-1　行为面板中的操作

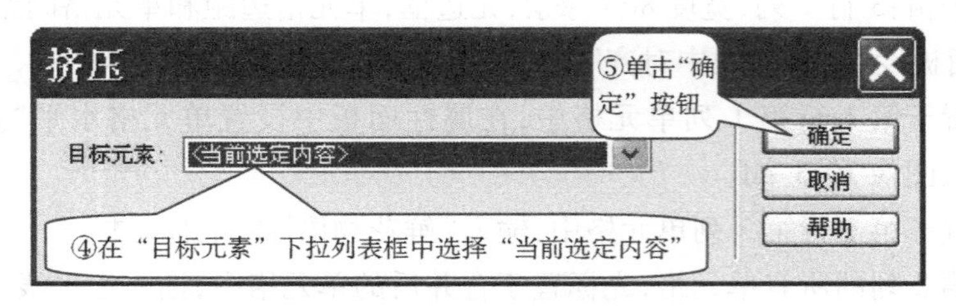

图 10-1-2 "挤压"对话框的操作

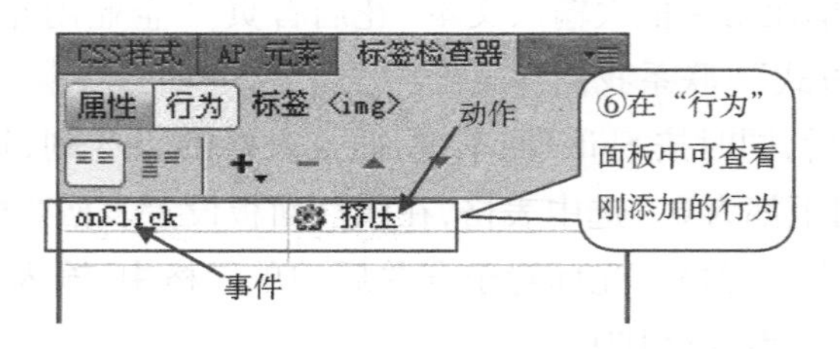

图 10-1-3 添加好的"挤压"行为

（13）选中郁金香图片，添加行为——"晃动"，操作如图 10-1-4 至图 10-1-6 所示。

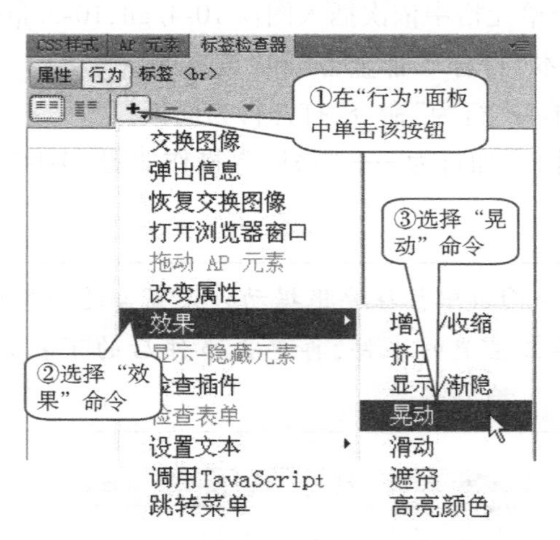

图 10-1-4 行为面板中的操作

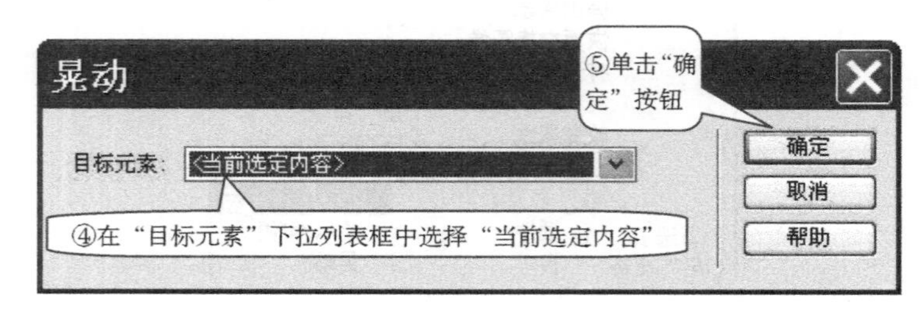

图 10-1-5 "晃动"对话框的操作

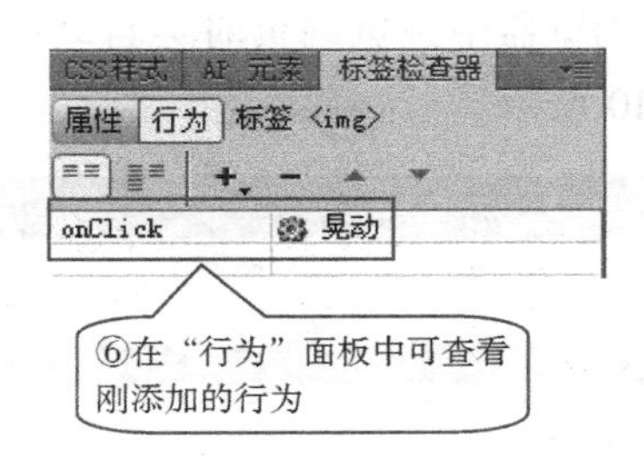

图 10-1-6　添加好的“晃动”行为

(14)选中黄玫瑰图片,添加行为——“显示/渐隐”,操作如图 10-1-7 至图 10-1-9 所示。

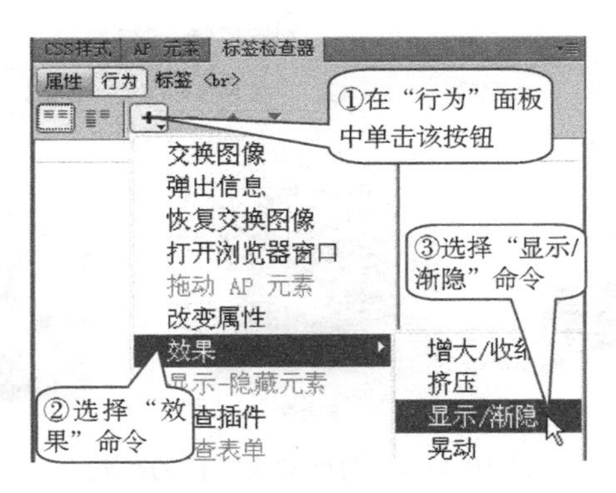

图 10-1-7　行为面板中的操作

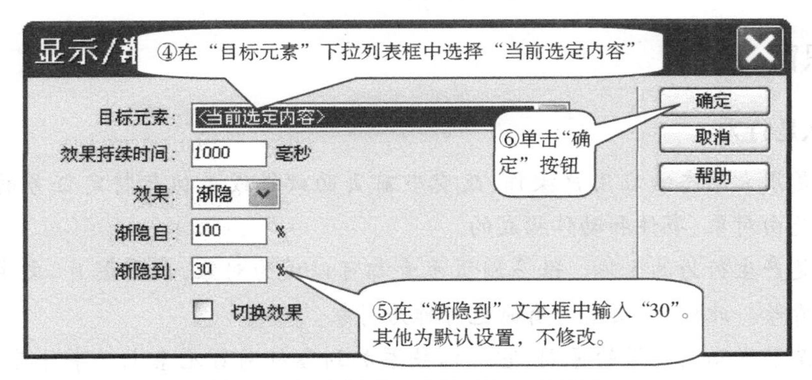

图 10-1-8　“显示/渐隐”对话框的操作

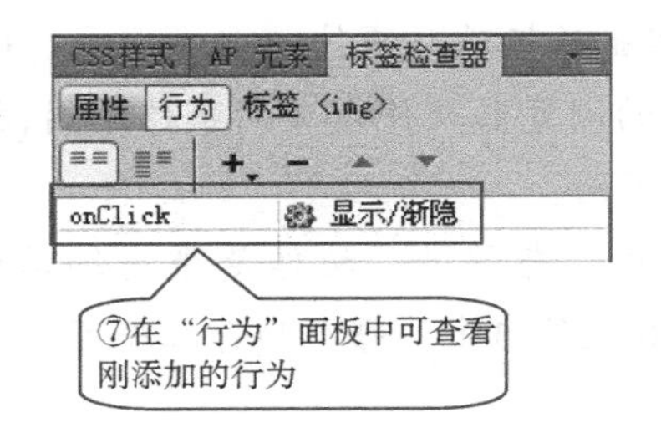

图 10-1-9　添加好的行为

（15）保存并预览网页。在浏览器中预览网页时会自动弹出安全控件，拦截了行为。此时应解除拦截，操作如图 10-1-10 所示。

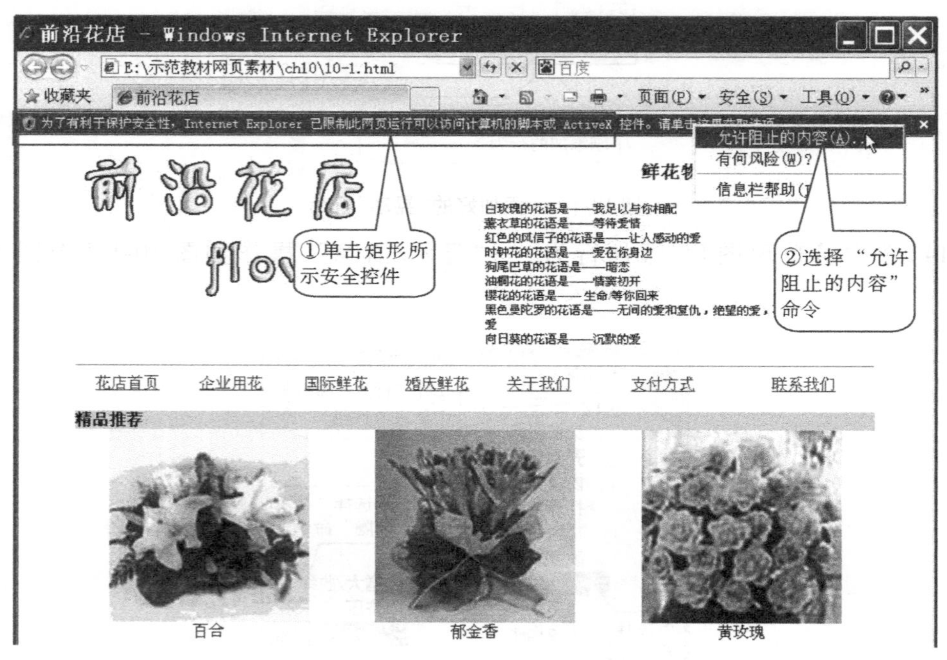

图 10-1-10　解除安全控件的拦截

知识窗

一、什么是行为

- 行为是用来动态响应用户操作、改变当前页面效果或是执行特定任务的一种方法。行为是由对象、事件和动作构成的。
- 对象是产生行为的主体。很多网页元素都可以成为对象，比如图片、文字、链接和表单元素等。此外，网页本身有时也可作为对象。
- 事件是触发动态效果的原因，它可以被添加到各种网页元素上。事件是由浏览器软件为每个页面元素定义的，指示该页面的访问者进行了某种操作。如事件 onclick（用以指示页面的访问者单击鼠标时）、事件 onmouseover（用以指示页面的访问者把鼠标移到对象上时）。不同的浏览器软件定义的事件不同，就算是相同的浏览器软件，版本不同，定义的事件也不同。
- 动作是指最终要完成的动态效果。动作是事先编写好的 JavaScript 代码程序，由 Adobe Dreamweaver CS6 软件自带。每个动作程序可以完成特定的任务。

二、行为面板的用法

对行为的添加和控制是通过“行为”面板来实现的。在“行为”面板中，可先添加一个动

作,再指定触发该动作的事件,从而把行为添加到网页中。

1. 打开“行为”面板

选择“窗口”菜单→“行为”命令,打开行为面板。

2. 行为面板的用法

行为面板的用法如图 10-1-11 所示。

CSS样式　AP 元素　标签检查器
属性　行为　标签
①单击“加号”按钮,可弹出动作菜单,添加行为
②单击“减号”按钮,可删除行为
③单击这两个按钮,可将行为向前或向后移,从而改变行为发生的先后顺序

图 10-1-11　行为面板的用法

三、行为的基本操作

1. 添加行为

先选中一个网页元素,再在行为面板中单击+按钮即可。

2. 修改行为

①修改触发动作的事件。

a. 选择一个网页元素,该元素添加的全部行为将出现在行为面板中。

b. 修改事件,操作如图 10-1-12 所示。

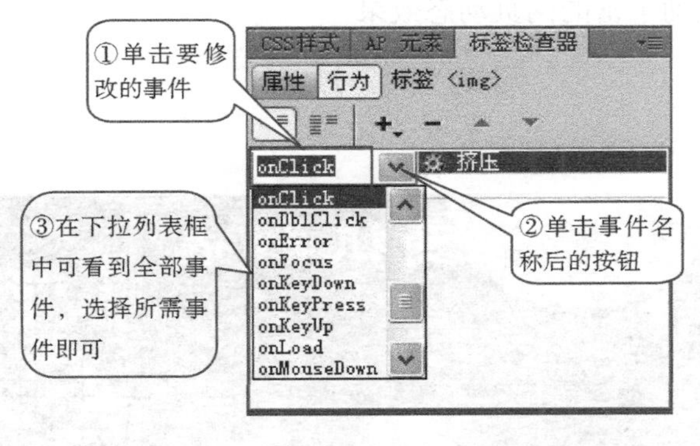

图 10-1-12　修改触发动作的事件

②修改动作的参数。

a. 选择一个网页元素,该元素添加的全部行为将出现在行为面板中。

b. 修改动作参数,操作如图 10-1-13 所示。

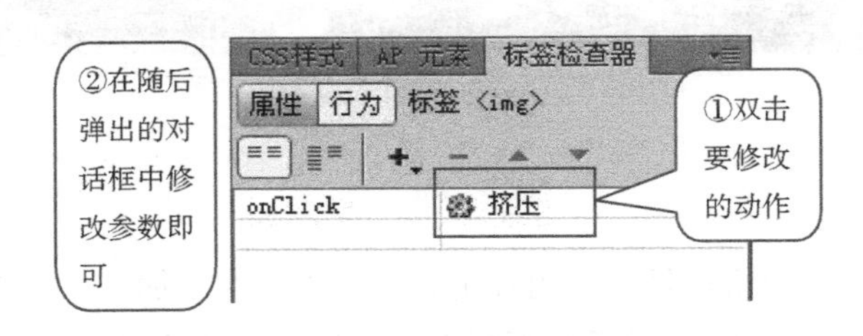

图 10-1-13　修改动作的参数

四、Dreamweaver CS6 的内置行为动作

效　果

Dreamweaver CS6 内置有许多行为动作。“效果”是其中一种，它包含“增大/收缩”“挤压”“显示/渐隐”“晃动”“滑动”“遮帘”和“高亮颜色”7 种效果。常用来制作页面中广告的打开和隐藏、菜单的打开和收缩等。

任务 2　制作网页——机器猫

任务目的

综合运用 3 种行为动作——“弹出信息”“打开浏览器窗口”和“设置状态栏文本”来制作网页，以获得比较生动丰富的网页动态效果。

任务展示

重点提示

- 网页主体是一张放大的图片，在图片上运用 AP 元素添加了一段文本。当鼠标单击文本时会弹出信息框，显示“最爱机器猫”（运用行为“弹出信息”）。
- 鼠标单击机器猫会打开一个窗口，显示另一张机器猫图（运用行为“打开浏览器窗口”）。

- 网页刚打开时，状态栏上显示文本“欢迎喜爱机器猫的朋友们！”（运用行为“设置状态栏文本”）

跟我做

(1) 新建一个静态网页 10-2. html。

(2) 设置页面属性：文本颜色白色，背景颜色黑色，上下左右边距都为 0，网页标题是“机器猫”。

(3) 插入表格：1 行 1 列，宽度 900 像素，无边框，单元格边距和单元格间距都为 0。选中表格，在属性面板设置表格“居中对齐”。

(4) 光标置于单元格中，插入图像 10-1. GIF。

(5) 在图像上偏右位置插入一个 AP 元素，参照任务展示图，在 AP 元素内输入文字“从小到大最爱看的动画片是机器猫，最爱看的……”。

(6) 选择“窗口”→“行为”命令，打开行为面板。

(7) 选中 AP 元素内所有文字，在行为面板中为文字添加行为：当单击鼠标时，弹出信息框，信息框内显示“最爱机器猫！”操作如图 10-2-1 至图 10-2-3 所示。

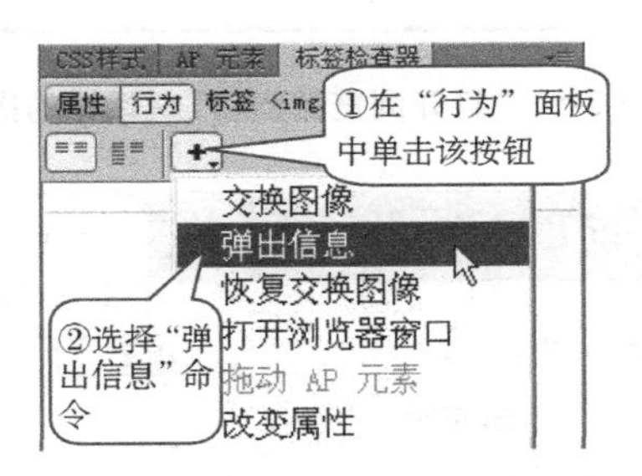

图 10-2-1 行为面板中的操作

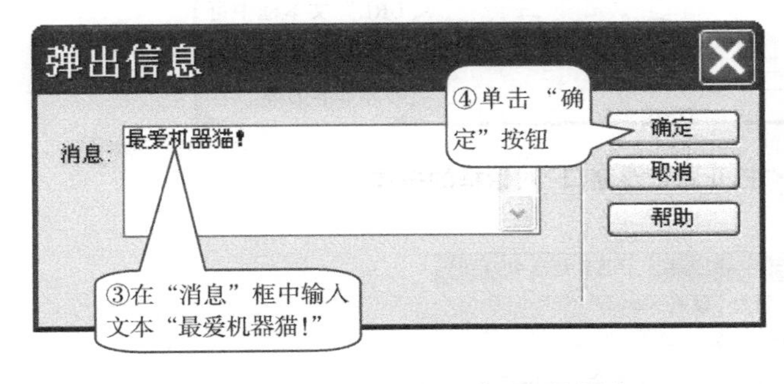

图 10-2-2 “弹出信息”对话框的操作

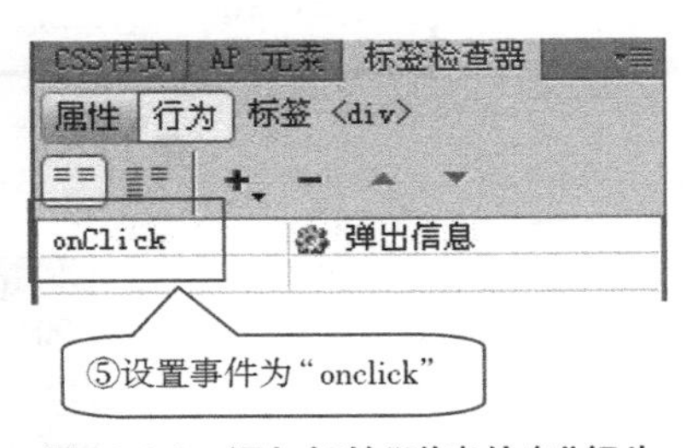

图 10-2-3 添加好的“弹出信息”行为

(8) 选中图片，运用属性面板左下角的多边形图像热点工具“ ”，将机器猫圈出。选中圈出的机器猫，给它添加行为：当单击鼠标时，打开浏览器窗口，显示另外一幅机器猫图像，操作如图 10-2-4 至图 10-2-7 所示。

CSS样式 AP 元素 标签检查器
属性 行为 标签 <img
①在“行为”面板中单击该按钮
②选择“打开浏览器窗口”命令
交换图像
弹出信息
恢复交换图像
打开浏览器窗口
拖动 AP 元素

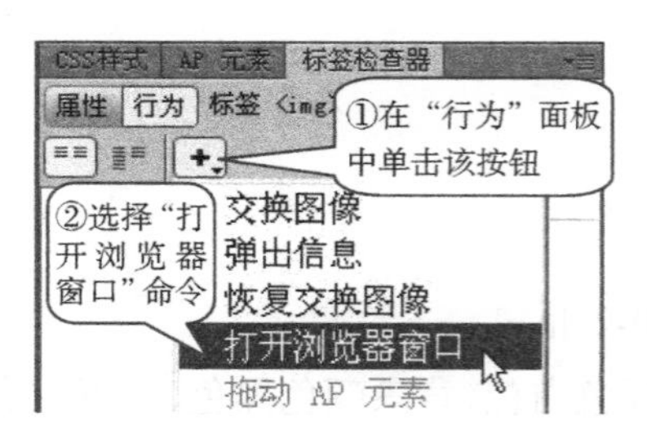

图 10-2-4 行为面板中的操作

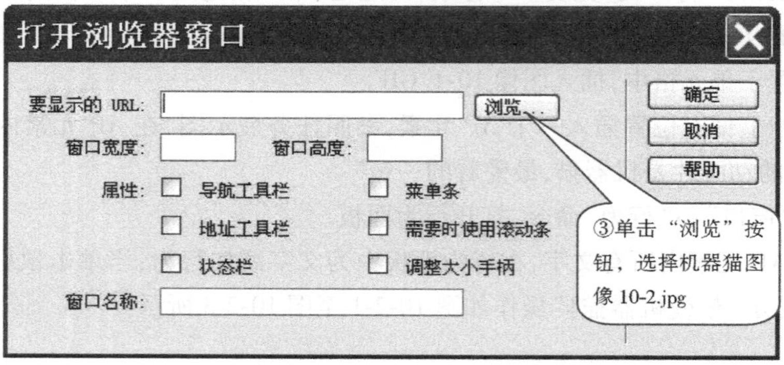

打开浏览器窗口
要显示的 URL:
浏览...
确定
取消
帮助
窗口宽度:
窗口高度:
属性:
导航工具栏
菜单条
地址工具栏
需要时使用滚动条
状态栏
调整大小手柄
窗口名称:
③单击“浏览”按钮，选择机器猫图像 10-2.jpg

图 10-2-5 “打开浏览器窗口”对话框的操作

打开浏览器窗口
⑤单击“确定”按钮
要显示的 URL:
images/10-2.jpg
浏览...
确定
取消
帮助
窗口宽度:
窗口高度:
属性:
导航工具栏
菜单条
地址工具栏
需要时使用滚动条
状态栏
调整大小手柄
窗口名称:
④在“要显示的URL”文本框中可看到刚才设置的图像路径和名称

图 10-2-6 “打开浏览器窗口”对话框的操作

CSS样式 AP 元素 标签检查器
属性 行为 标签 <area>
onClick
打开浏览器窗口
⑥设置事件为“onclick”

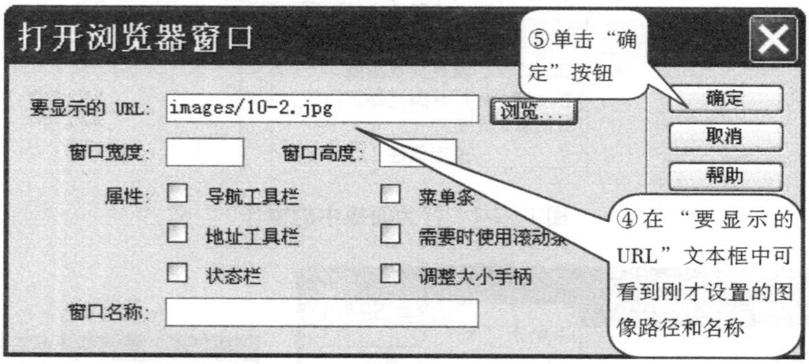

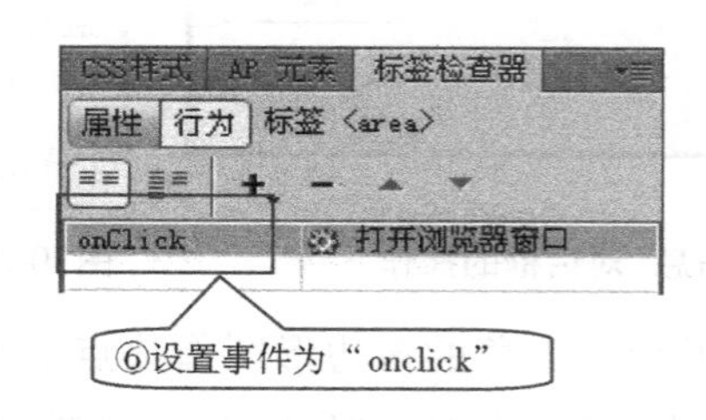

图 10-2-7 添加好的行为

(9)单击文档左下角标签选择器中的“body”,选中整个网页,添加行为:当加载网页时状态栏显示“欢迎喜爱机器猫的朋友们!”,操作如图 10-2-8 至图 10-2-10 所示。

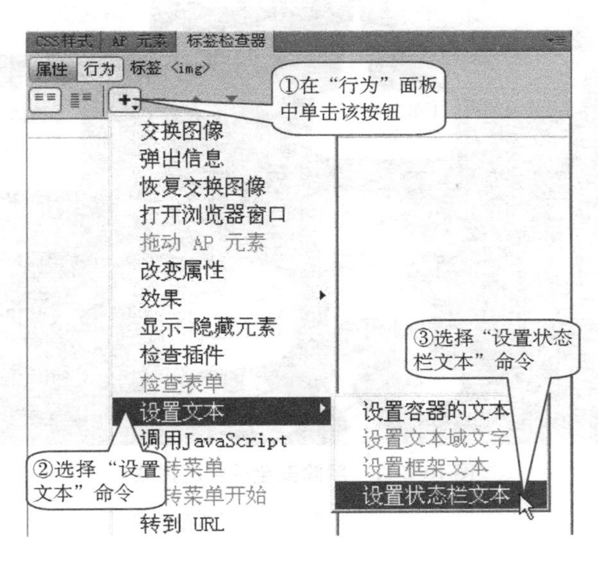

图 10-2-8　行为面板中的操作

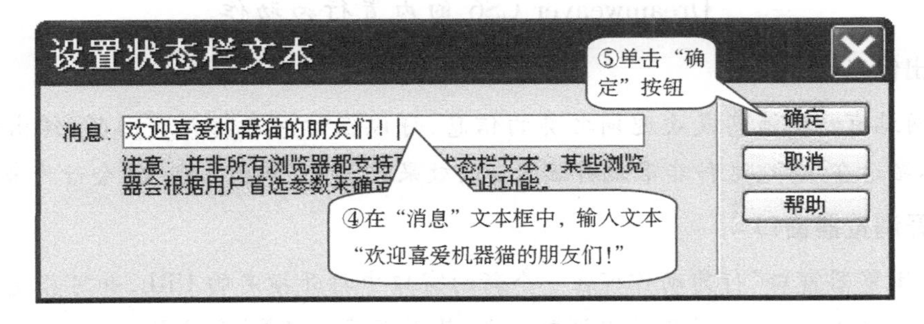

图 10-2-9　“设置状态栏文本”对话框的操作

图 10-2-10　添加好的“设置状态栏文本”行为

(10)保存并预览网页。在浏览器中预览网页时会自动弹出安全控件,拦截了行为,此时应解除拦截,操作如图 10-2-11 所示。

图 10-2-11　解除安全控件的拦截

知识窗

Dreamweaver CS6 的内置行为动作

1. 弹出信息

如果网站有特殊消息或欢迎词之类的信息，可以在访问者打开页面时，弹出一个对话框，将信息显示在上面，这种非常吸引访问者的效果就是用“弹出信息”这个行为来实现的。

2. 打开浏览器窗口

“打开浏览器窗口”行为动作可在一个新的窗口中打开指定的 URL，并可指定新窗口的属性(如窗口大小)、特性(是否可以调整大小、是否有菜单栏等)和名称。

3. 设置状态栏文本

往往在访问者打开网页时，网页底部的状态栏上会显示出欢迎词一类的信息；或是当访问者把鼠标移到超链接上时，状态栏中会显示出超链接的 URL 地址。这两种效果就是使用行为——“设置状态栏文本”来实现的。

注意

添加了行为后，在行为面板中往往要根据动作设置合适的事件。如在状态栏上显示欢迎词，事件往往是“onload”，该事件代表网页刚加载时。

任务3　制作网页——检查插件

任务目的

运用行为“检查插件”来制作简单网页，实现对用户计算机相应插件的自动检测，并根据检测结果跳转至相应网页。

任务展示

如果要浏览下面的网页，您必须安装Flash插件，单击按钮检测一下您是否安有必要的插件。

重点提示

- 该实例由3张网页构成。在“检查插件”网页(如任务展示页所示)上，当单击“检测”按钮时，会自动检查用户浏览器是否安装了Flash插件，如安装了则前往“贪吃猪”网页，否则前往另一网页，网页上显示“您还没有安装Flash插件无法浏览该页面”。
- 行为——检查插件。

跟我做

(1)新建静态网页10-3a.html，完成“无Flash插件”网页的制作，如图10-3-1所示。

您还没有安装Flash插件无法浏览该页面。

图10-3-1　“无Flash插件”网页效果图

(2)新建静态网页10-3b.html，完成“贪吃猪”网页的制作，如图10-3-2所示。

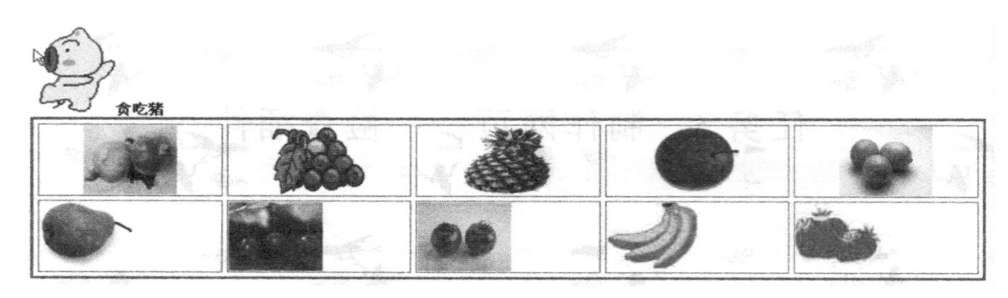

图 10-3-2 “贪吃猪”网页效果图

(3)新建静态网页 10-3. html,设置网页的页面属性:网页标题是“检查插件”,背景图像是 10-7. gif。

(4)在网页顶部输入文本“如果要浏览下面的网页,您必须安装 Flash 插件,单击按钮检测一下您是否安有必要的插件”。

(5)单击“插入”面板的“表单”标签,再单击面板中的“ ”,插入一个表单按钮对象。选中该按钮,在属性面板中设置按钮的值、动作等,如图 10-3-3 所示。

图 10-3-3 属性面板中按钮的设置

(6)选中按钮,选择“格式”菜单→“对齐”→“居中对齐”命令。

(7)选中按钮,打开行为面板,添加行为:单击鼠标时,检查是否安装了 Flash 插件,如安装了则前往 10-3b 网页,否则前往 10-3a 网页,操作如图 10-3-4 至图 10-3-6 所示。

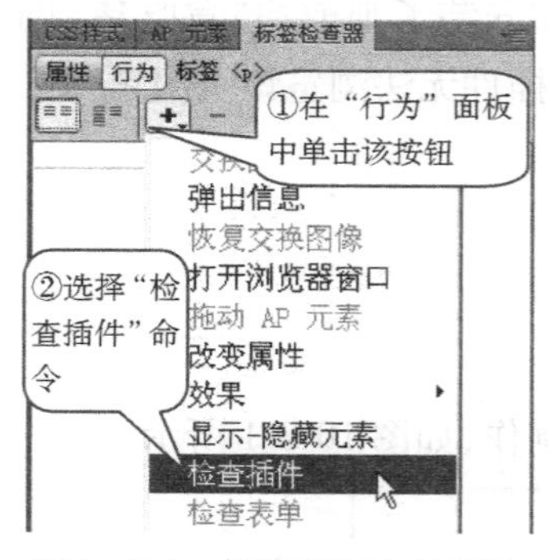

图 10-3-4 行为面板中的操作

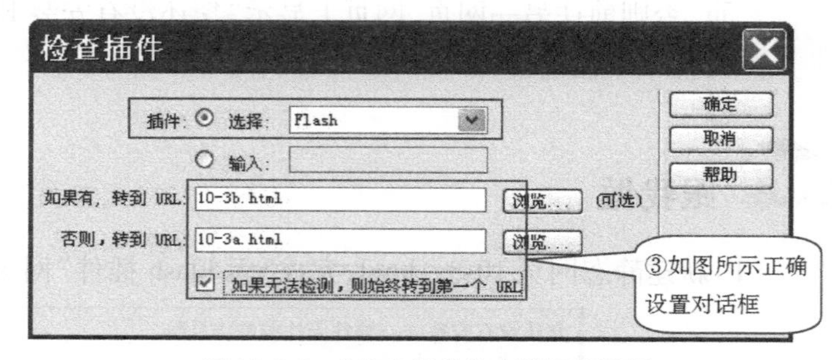

图 10-3-5 “检查插件”对话框的设置

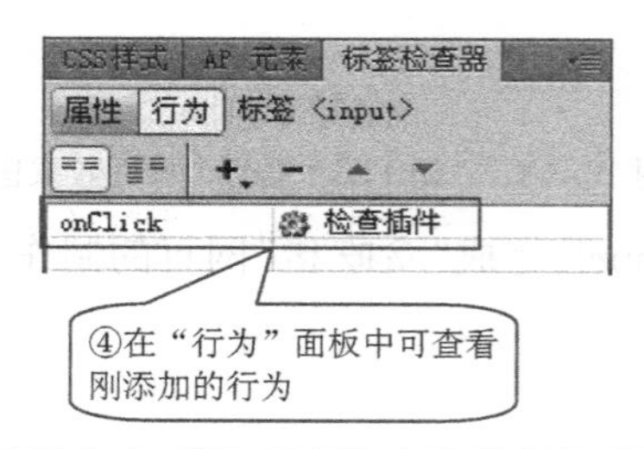

图 10-3-6 添加了行为之后的行为面板

(8)选择“窗口”→“CSS 样式”命令,打开 CSS 样式面板。双击“body”样式,打开“CSS 规则定义”对话框,设置如图 10-3-7 所示。

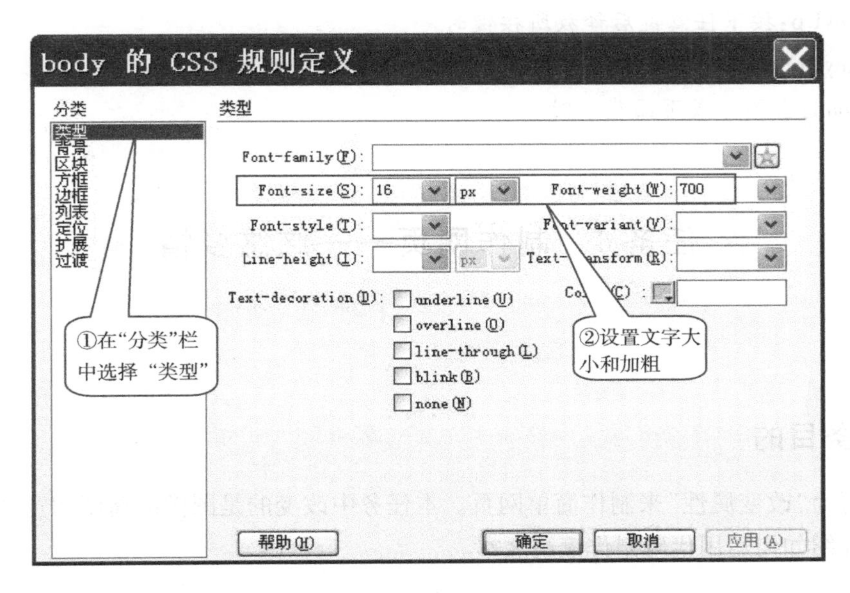

图 10-3-7　“CSS 规则定义”对话框

(9)保存网页并预览。

知识窗

一、Dreamweaver CS6 的内置行为动作

检查插件

使用“检查插件”行为,可根据用户是否安装了指定插件这一情况而转到不同的网页。如让安装有 Shockwave 软件的用户转到某网页,让未安装该软件的用户转到另一网页。

二、常用的触发事件

行为是针对某个网页对象,由事件和动作两部分组成。当发生了某个事件时才产生相应的动作。常用的事件如下:

- onBlur:失去焦点时。
- onFocus:得到焦点时。
- onClick:用鼠标单击指定元素时。
- onDbclick:用鼠标双击指定元素时。
- onMouseOver:鼠标移到指定元素上时。
- onMouseOut:鼠标离开指定元素时。
- onMouseDown:当按下鼠标键时。

- onMouseUp：当按下的鼠标键释放时。
- onKeyDown：按下任意键时。
- onKeyUp：按下任意键后释放所按键时。
- onKeyPress：按下并释放任意键时，相当于 onKeyUp 和 onKeyDown 的组合。
- onLoad：当图像或页面载入时。

任务 4　制作网页——悠悠乡情

任务目的

运用行为“改变属性”来制作简单网页。本任务中改变的是图像的高度和宽度属性。本任务还将介绍如何运用代码制作滚动文本。

任务展示

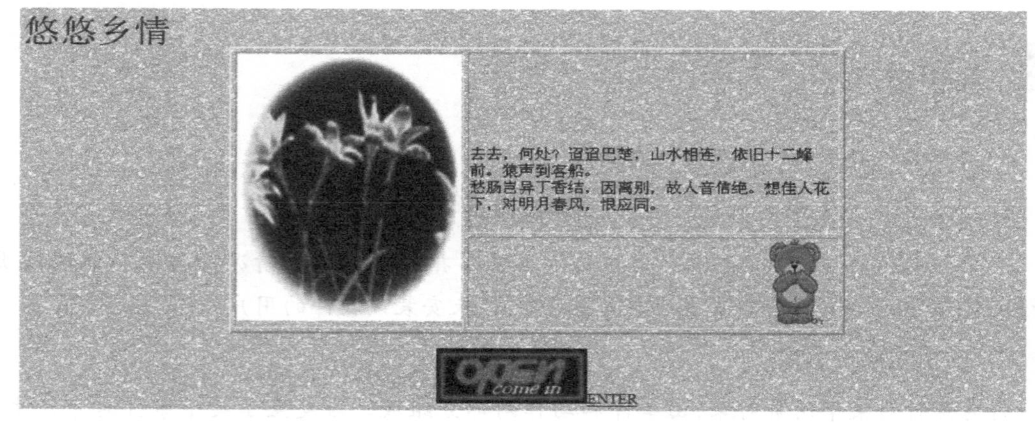

重点提示

- 表格内右上角的文本有向上滚动的效果。
- 表格下的“OPEN”图片和文本“ENTER”建有超链接。当鼠标移到图片上时，图片的大小增加；当鼠标离开图片时，图片的大小恢复（运用行为——改变属性）。

跟我做

(1)新建静态网页 10-4. html。在网页顶部左端输入“悠悠乡情”。

(2)设置网页的页面属性:网页标题是“悠悠乡情”,背景图像是 10-19. gif。

(3)打开 CSS 样式面板。新建样式. biaoti。其中,选择器类型是“类(可应用于任何 HTML 元素)”,选择器名称是“. biaoti”,规则定义是“(仅限该文档)”。“CSS 规则定义”对话框如图 10-4-1 所示。

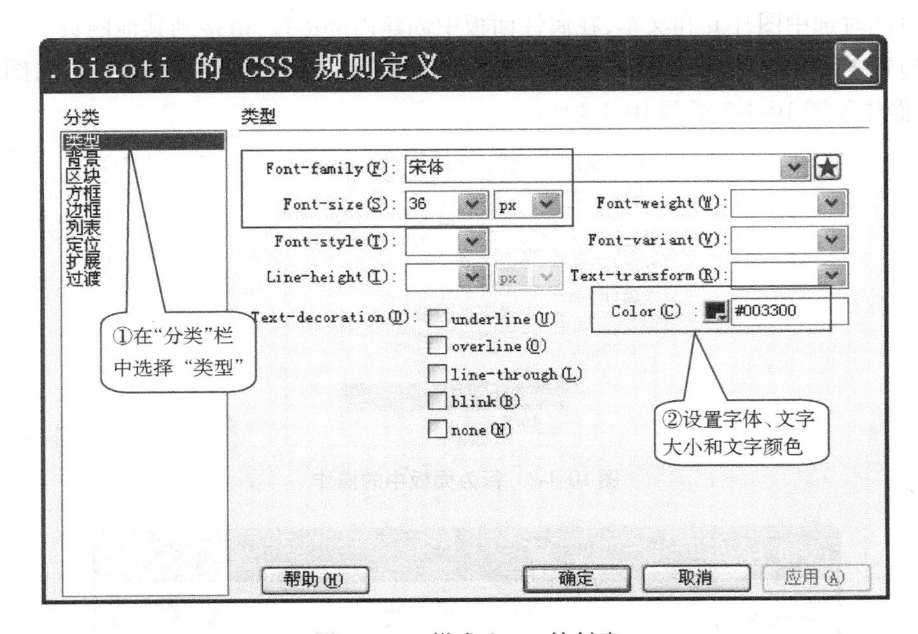

图 10-4-1　样式. biaoti 的创建

(4)选中文本“悠悠乡情”,在属性面板应用样式. biaoti。

(5)插入一个表格:2 行 2 列,边框为 2,单元格间距为 4,表格宽度是 60%。选中表格,在属性面板中设置表格“居中对齐”。

(6)合并第 1 列,光标置于第 1 列单元格内,在属性面板中设置垂直对齐“顶端”,再插入图像 10-20. jpg。选中图像,在属性面板中设置图像宽 219 像素,高 300 像素。

(7)光标置于第 2 行第 2 列单元格内,在属性面板中设置单元格对齐方式为:水平“右对齐”,垂直“顶端”,再插入图像 10-21. gif。选中图像,在属性面板中设置图像宽 90 像素,高 94 像素。

(8)制作滚动文本。

- 光标置于第 1 行第 2 列单元格内,在属性面板中设置单元格对齐方式为垂直“底部”。
- 切换到代码视图,就在光标所在位置,删除“ & nbsp;”,再输入下列程序:

<marquee direction="up" scrollamount=4 onmouseover=this.stop()
onmouseout=this.start()>去去，何处？迢迢巴楚，山水相连，依旧十二峰前。猿声到客船。
愁肠岂异丁香结，因离别，故人音信绝。想佳人花下，对明月春风，恨应同。</marquee>

• 返回设计视图。

(9)光标置于表格之后按回车键，然后插入图像10-22.gif。选中图像，选择"格式"菜单→"对齐"→"居中对齐"命令，设置图片居中对齐，并在属性面板中给图片取名为b。

(10)在图片10-22.gif后输入文本"ENTER"。

(11)同时选中图片b和文本，在属性面板中创建内部链接，链接到其他网页。

(12)选中图片b，打开行为面板，添加"改变属性"行为：当鼠标移到图片上时，图片的高度增加，操作如图10-4-2至图10-4-4所示。

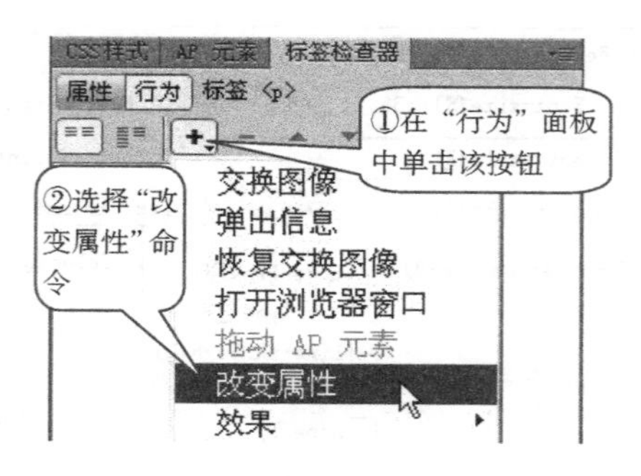

图10-4-2 行为面板中的操作

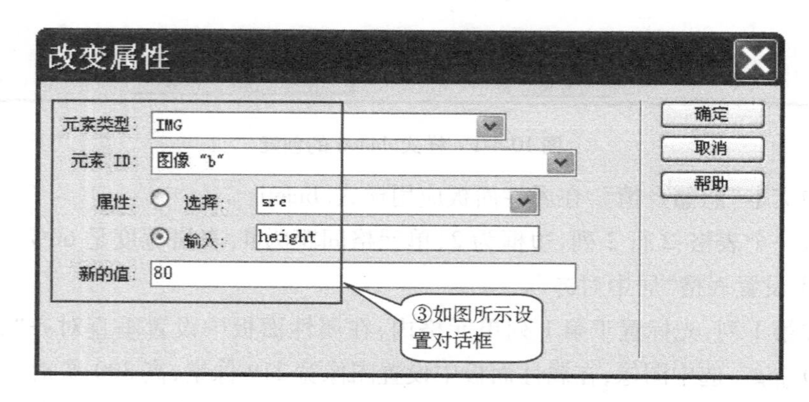

图10-4-3 "改变属性"对话框中改变高度

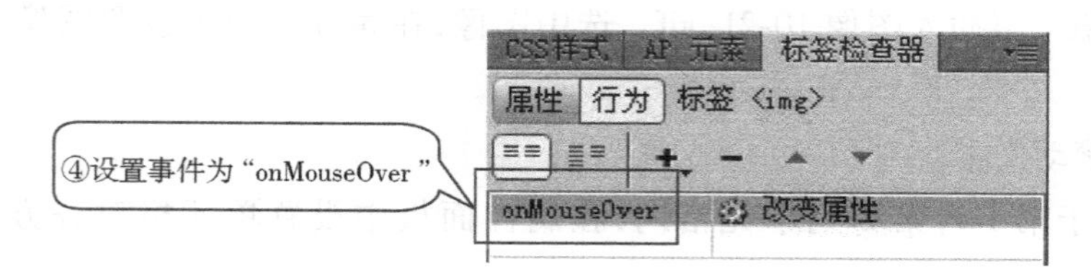

图10-4-4 添加了行为之后的行为面板

(13)用同样的方法,选中图片 b,添加“改变属性”行为:当鼠标移到图片上时,图片的宽度增加。操作如图 10-4-5 至图 10-4-7 所示。

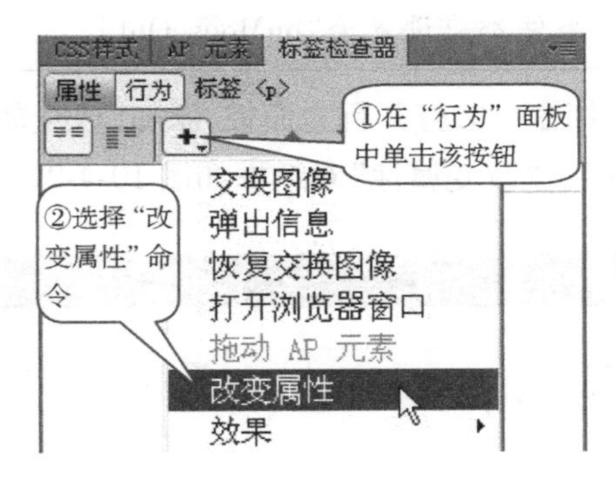

图 10-4-5　行为面板中的操作

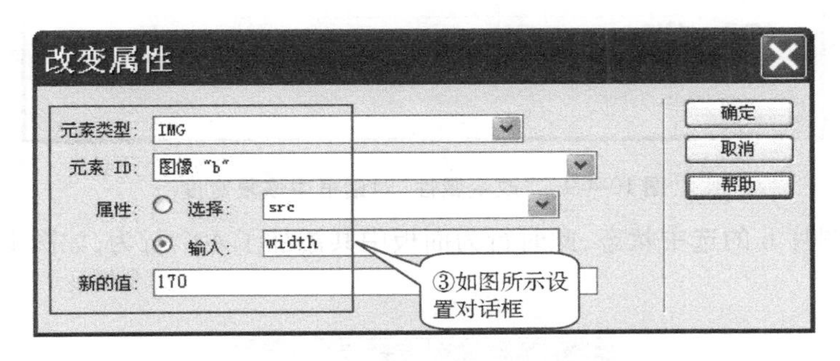

图 10-4-6　“改变属性”对话框中改变高度

图 10-4-7　添加了行为之后的行为面板

(14)用同样的方法,选中图片 b,打开行为面板,添加“改变属性”行为:当鼠标离开图片时,图片的高度恢复。“改变属性”对话框如图 10-4-8 所示。

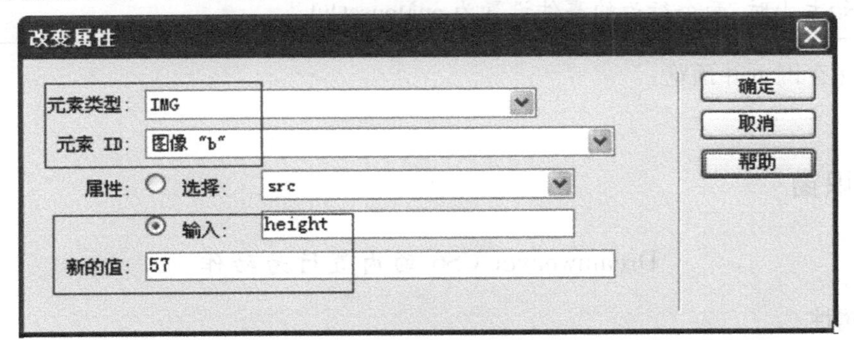

图 10-4-8　“改变属性”对话框中恢复高度

注意

该行为和下一个行为的事件都应设置为“onMouseOut”。

(15)用同样的方法,选中图片 b,打开行为面板,添加“改变属性”行为:当鼠标离开图片时,图片的宽度恢复原始大小。“改变属性”对话框如图 10-4-9 所示。

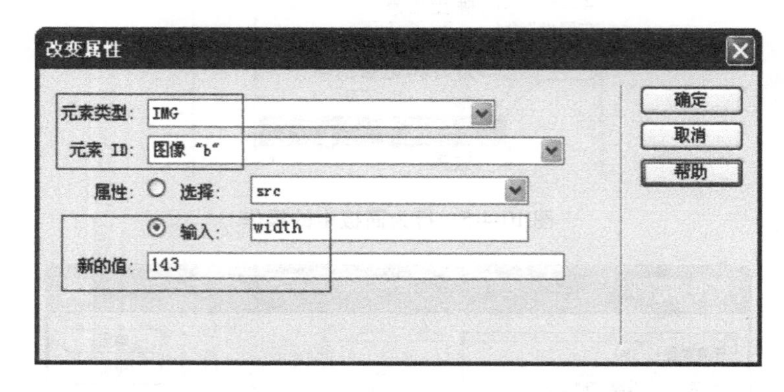

图 10-4-9 “改变属性”对话框中恢复宽度

(16)保持图片 b 的选中状态,此时行为面板中共添加了 4 个行为,如图 10-4-10 所示。

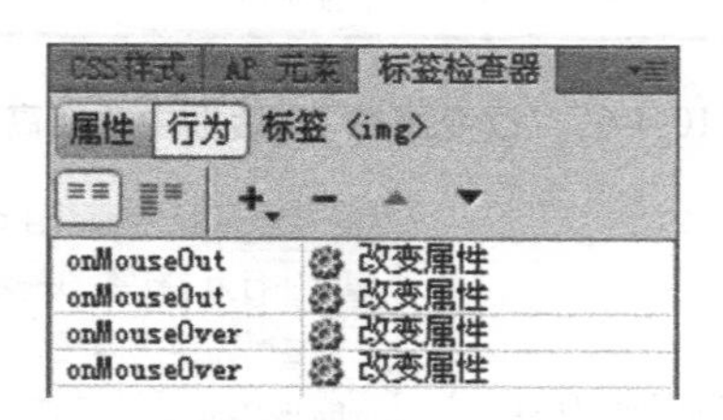

图 10-4-10 添加了行为之后的行为面板

注意

事件的设置一定要仔细。图片高、宽增加时,两个行为的事件设置为 onMouseOver。图片恢复原始大小时,两个行为的事件设置为 onMouseOut。

(17)保存网页并预览。

知识窗

Dreamweaver CS6 的内置行为动作

改变属性

使用“改变属性”行为,可改变对象的某个属性。如改变 AP Div 的背景颜色,改变图像

的高、宽等。可以更改的属性是由浏览器决定的。“改变属性”对话框如图 10-4-11 所示。

改变属性

元素类型: DIV

元素 ID: DIV "apDiv1"

属性: ⦿ 选择: top

○ 输入:

新的值:

确定

取消

帮助

图 10-4-11　“改变属性”对话框

对话框中各项参数的含义如下：

- 元素类型：在该下拉列表框中选择需要改变属性的网页元素类型。
- 元素 ID：在该下拉列表框中列出了所有可选类型的已命名元素。
- 属性：可在下拉列表框中选择一个属性，或在文本框中输入该属性的名称。
- 新的值：在该文本框中为该属性指定新值。

任务 5　制作网页——转到 URL

任务目的

运用行为“转到 URL”来制作网页，从而实现新旧网址之间的自动跳转。

任务展示

本网站的地址已经更改为

www.taobao.com

如果你的浏览器不支持自动跳转到新网址，请单击下面的链接

www.taobao.com

重点提示

- 该网页显示出:网站已经更换了新地址。因此,本网页上应用了行为——转到 URL。如果访问者的浏览器支持该行为,则本网页一闪而过,便立即跳转到新网址;如果访问者的浏览器不支持该行为,也可以根据提示,用鼠标单击超链接后再访问进入新网址。
- 行为——转到 URL。

跟我做

(1)新建网页 10-5. html。设置页面属性:背景图片 10-32. gif,网页标题是"转到 URL"。

(2)按两次回车键,在网页顶部空出两行。参照任务展示效果图,输入文本内容。

(3)选中所有文本,选择"格式"菜单→"对齐"→"居中对齐"命令。

(4)选择最后 1 行的文本"www. taobao. com",在属性面板中给文本建立外部链接,访问淘宝网的新网址,属性面板如图 10-5-1 所示。

图 10-5-1 属性面板中外部链接的创建

(5)打开行为面板,用鼠标单击属性面板上方标签选择器中的"body",添加行为:转到 URL,操作如图 10-5-2 至图 10-5-4 所示。

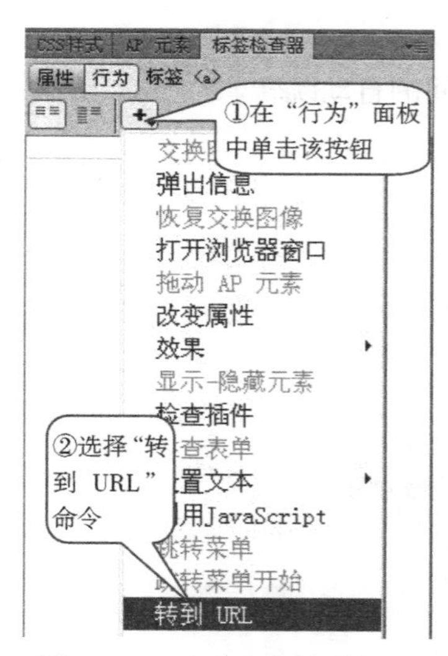

图 10-5-2 行为面板中的操作

图 10-5-3 "转到 URL"对话框的设置

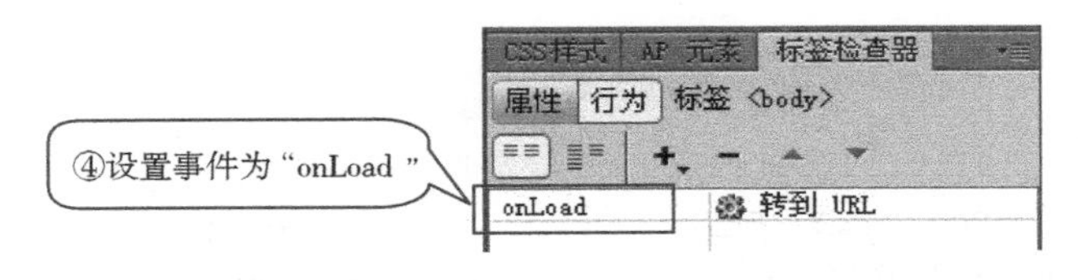

图 10-5-4　添加了行为之后的行为面板

(6)保存网页并预览。

知识窗

Dreamweaver CS6 的内置行为动作

转到 URL

使用该行为,可在当前窗口或指定的框架中打开一个新的网页。"转到 URL"对话框如图 10-5-5 所示。

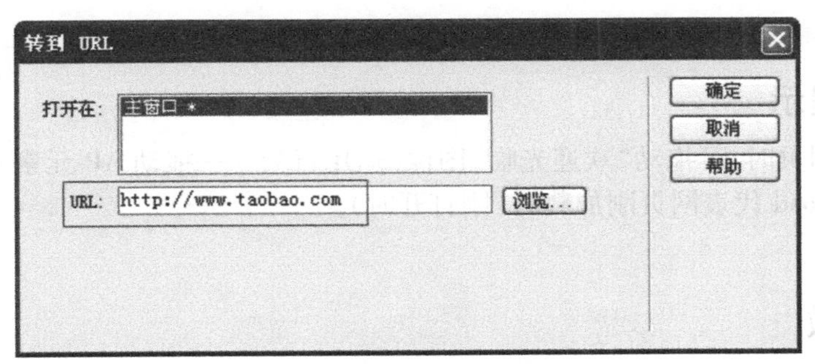

图 10-5-5　"转到 URL"对话框

对话框中各项参数的含义如下:

- "打开在"文本框:指定新的网页打开的位置。
- "URL"文本框:指定要打开的网页。

任务 6　制作网页——拖动 AP 元素

任务目的

在本模块任务 1 的基础上,运用行为——"拖动 AP 元素"来制作网页,从而实现 AP 元素跟随鼠标移动的效果。

任务展示

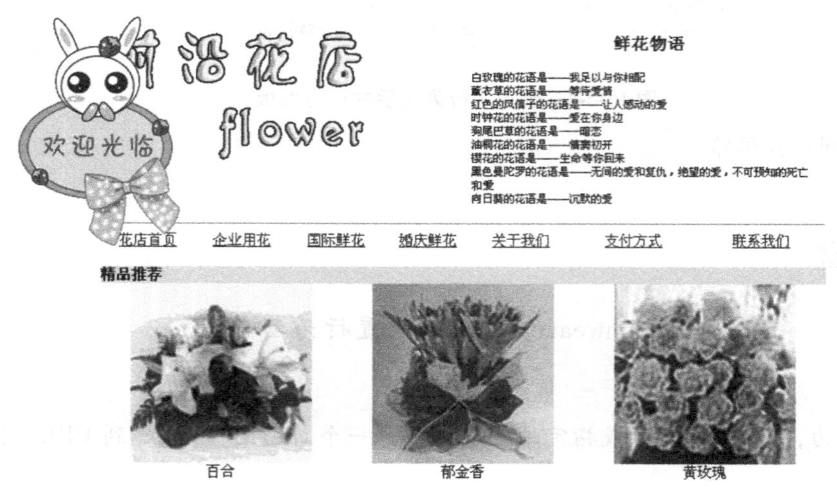

重点提示

- 刚打开网页时，可拖动“欢迎光临”图像（运用行为——拖动 AP 元素）。
- 事件 onLoad 代表网页刚加载时（刚打开时）。

跟我做

（1）打开本书配套素材中的“ch 10→10-1. html”文件，选择“文件”菜单→“另存为”命令，另存为网页 10-6. html。

（2）设置页面属性：网页标题为“拖动 AP 元素”。

（3）选择“插入”菜单→“布局对象”→“AP Div”命令，在页面中插入一个 AP Div，默认名为 apDiv1。

（4）选择 AP Div，在属性面板中设置 AP Div 宽 200 像素，高 255 像素。网页效果如图 10-6-1 所示。

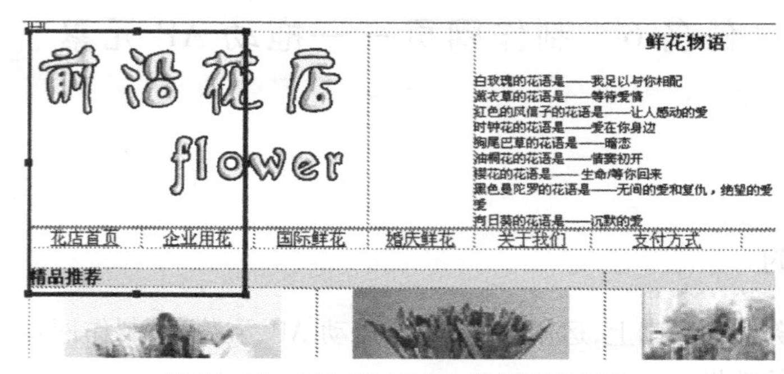

图 10-6-1　添加了 AP Div 的网页效果图

(5)光标置于 AP Div 中,插入图像 10-38. gif。

(6)打开行为面板。鼠标单击属性面板上方的标签选择器中的"body"标签,添加行为:拖动 AP 元素,操作如图 10-6-2 至图 10-6-5 所示。

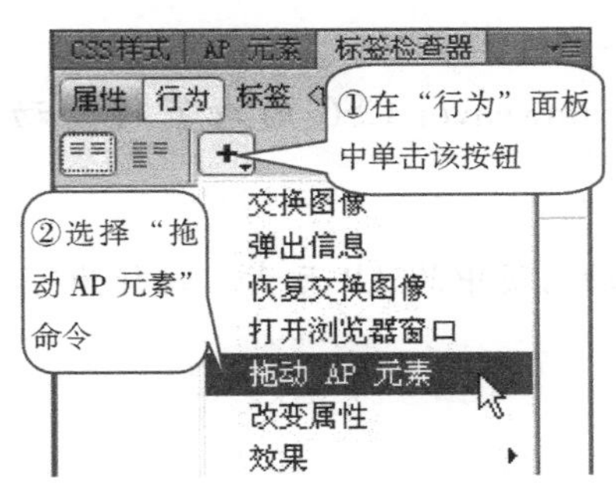

图 10-6-2　行为面板中的操作

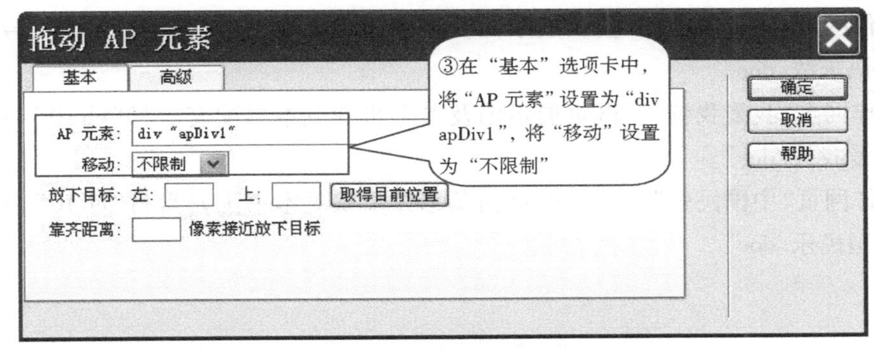

图 10-6-3　"拖动 AP 元素"对话框的设置

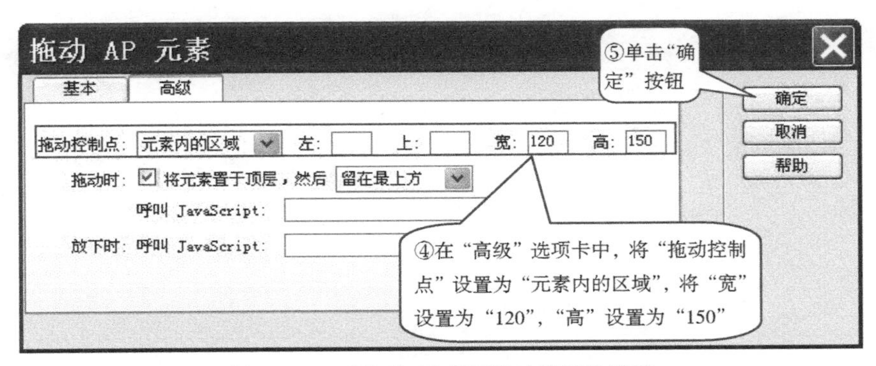

图 10-6-4　"拖动 AP 元素"对话框的设置

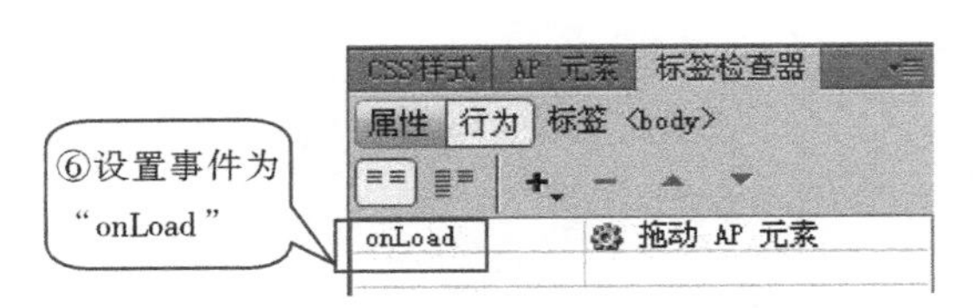

图 10-6-5　添加了行为的"行为"面板

(7)保存网页并预览。在网页刚加载时,使用鼠标可拖动 AP 元素。

知识窗

Dreamweaver CS6 的内置行为动作

拖动 AP 元素

使用该行为,允许用户拖动网页中的 AP 元素。此行为可制作拼图游戏、滑块控件和其他可移动的页面元素。

拓展练习

1. 制作网页“花语未浓”。网页展示图及参考步骤见本书配套素材“ch 10”→“拓展练习”→“花语未浓. doc”。
2. 制作网页“我爱我校”。网页展示图及参考步骤见本书配套素材“ch 10”→“拓展练习”→“我爱我校. doc”。
3. 制作网页“中国民乐”。网页展示图及参考步骤见本书配套素材“ch 10”→“拓展练习”→“中国民乐. doc”。

使用模板和库项目提高网页制作效率

【模块综述】

为了提高网页制作效率和统一网站设计风格，Dreamweaver 提供了模板和库两个非常实用的功能。使用模板可以定制网页结构和布局，对于那些经常要改变的文字、图像、链接等网页元素所在区域，可在模板中设置成可编辑区，这样在网页中随时可进行修改，在不改变版面设置的前提下更多地改变细节，使网页风格一致，却又不单调乏味。使用库可以把网页常用和常变的内容设置为库项目。

学习完本模块后，你将能够：

- 掌握“资源”面板的使用方法
- 创建并应用模板
- 编辑模板
- 创建并使用库项目
- 编辑库项目

任务1　制作网页——我们的成长季

任务目的

该任务先制作一个网页模板，在模板中定义可编辑区域（这样套用模板制作网页时才能插入内容和修改内容），然后应用该模板制作页面。

任务展示

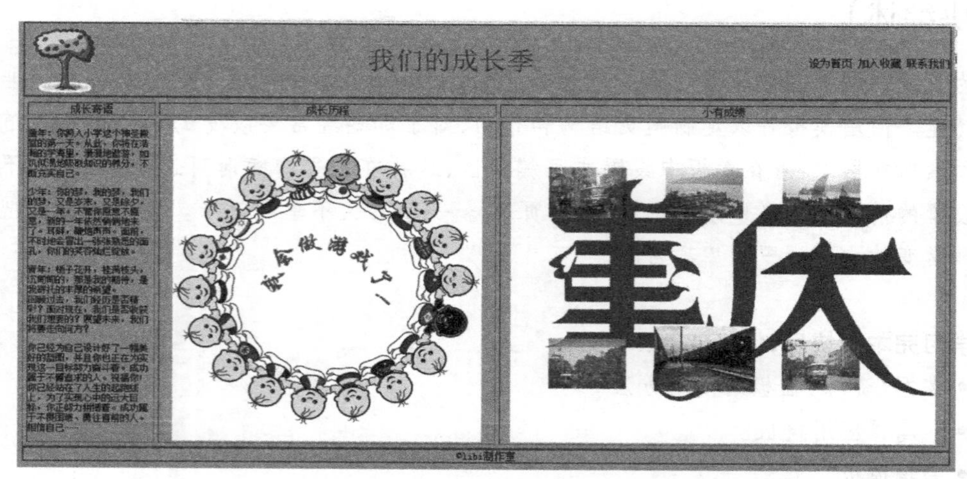

重点提示

- 掌握新建模板的几种方法。
- 定义可编辑区域。
- 应用模板制作网页。
- 修改模板和更新页面。

跟我做

（1）启动 Dreamweaver，选择“窗口”菜单→“资源”命令，打开“资源”面板。

（2）在“资源”面板中新建模板，操作如图 11-1-1 所示。

(3)在“资源”面板“名称”下面会出现一个“Untitled”模板文件，把名称改为“moban1”，然后再单击底部的“编辑”按钮来制作模板，操作如图 11-1-2 所示。

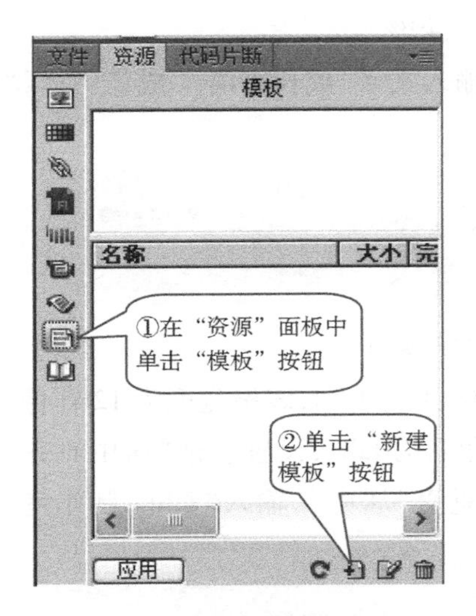

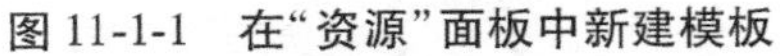

图 11-1-1　在“资源”面板中新建模板

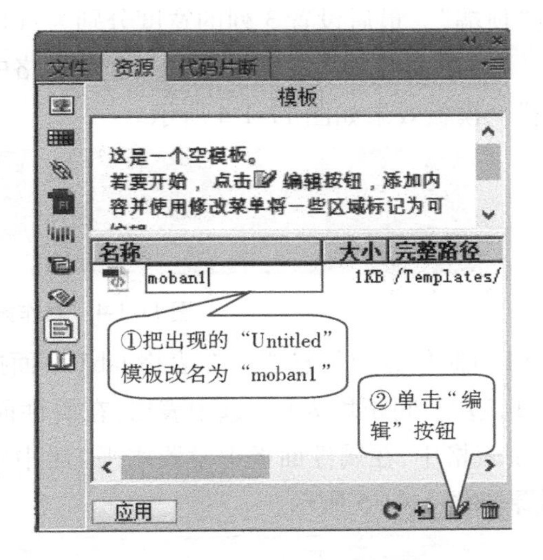

图 11-1-2　给新建模板命名

(4)制作模板。在制作模板时，插入网页元素和设置各种属性的方法与制作网页时完全一样。设置页面属性：背景颜色“#E2A954”，上边距“0”。

(5)制作标题栏。在模板中插入表格：1 行 1 列，表格宽度为 1 200 像素，边框为 1，边距、间距均为 0。选中表格，在属性面板中命名为 tab1，再设置表格“居中对齐”。光标置于表格中，在属性面板中设置水平“左对齐”，垂直“顶端”。在该表格中再插入一个表格：1 行 3 列，表格宽度 100%，边框、边距、间距均为 0。选中表格，在属性面板中命名为 tab2。

(6)在表格 tab2 的第 1 列中设置水平“左对齐”，垂直“顶端”；插入图片 11-1. gif，设置图片宽、高均为 100 像素。

(7)在表格 tab2 的第 2 列中设置水平“居中对齐”，垂直“居中”，输入文字“我们的成长季”。通过编辑 CSS 样式，设置文字字号为 36，颜色为“#ff0033”。

(8)在表格 tab2 的第 3 列中设置水平“右对齐”，垂直“居中”，输入文字“设为首页　加入收藏　联系我们”。完成后的标题栏如图 11-1-3 所示。

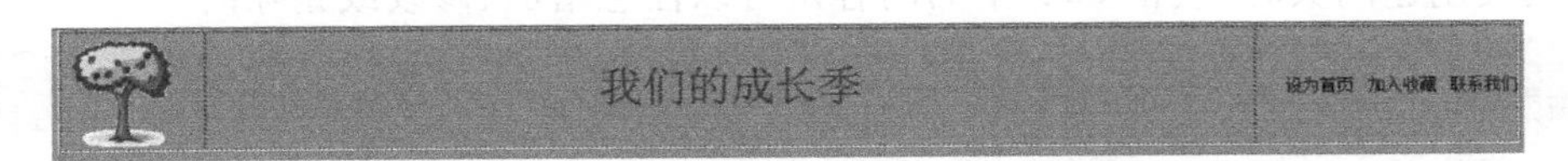

图 11-1-3　制作好的标题栏

(9)制作内容区。光标置于表格 tab1 后面，按“Shift+Enter”，插入表格：2 行 3 列，表格宽度为 1 200 像素，边框为 1，边距为 0，间距为 5。选中表格，在属性面板中命名为 tab3，并设置表格“居中对齐”。

(10)选中表格 tab3 第 1 行的所有单元格，在属性面板中设置水平“居中对齐”，垂直“居

中”。光标置于表格 tab3 第 2 行的第 1 个单元格，在属性面板中设置水平“左对齐”，垂直“顶端”。选中表格 tab3 第 2 行的第 2，3 两个单元格，在属性面板中设置水平“居中对齐”，垂直“顶端”。最后设置 3 列的宽度分别为：14%，37%，49%。

（11）在表格 tab3 的第 1 行的 3 个单元格中分别输入文字“成长寄语”“成长历程”“小有成绩”。模板效果如图 11-1-4 所示。

图 11-1-4　制作好内容区后的模板

（12）制作版权信息栏。在表格 tab3 下面插入表格：1 行 1 列，表格宽度为 1200 像素，边框为 1，边距、间距均为 0。选中表格，在属性面板中命名为 tab4，设置表格“居中对齐”。光标置于表格中，在属性面板中设置水平“居中对齐”，垂直“居中”，输入“©libi 制作室”。模板效果如图 11-1-5 所示。

图 11-1-5　制作好版权信息栏后的模板

（13）设置可编辑区域。选中表格 tab3，选择“插入”菜单→“模板对象”→“可编辑区域”命令，打开“新建可编辑区域”对话框，对话框中的操作如图 11-1-6 所示。

图 11-1-6　给可编辑区域命名

（14）设置可编辑区域后，表格 tab3 如图 11-1-7 所示。表格 tab3 成为可编辑，即是说当套用该模板创建网页时，表格 tab3 中的内容是可以任意增加、修改或删除的。

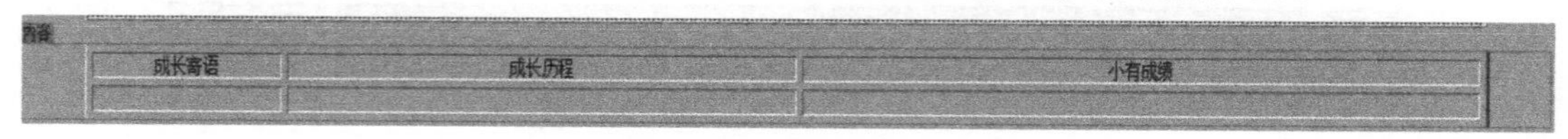

图 11-1-7　设置可编辑区域后的表格 tab3

注意

在定义可编辑区域时，可以定义整个表格或一个单元格为可编辑区域，但不能同时定义几个单元格。

(15)至此模板已制作完成,选择"文件"菜单→"保存"命令。

(16)应用模板制作网页。新建一个静态网页文档 11-1. html,在"资源"面板中应用模板 moban1,操作如图 11-1-8 所示。

(17)光标置于"成长寄语"下面的单元格中,导入本书配套素材中的 word 文档"ch 11→word\成长寄语. doc",创建 CSS 样式设置字号为 12,参见任务展示图设置格式。

(18)光标置于"成长历程"下面的单元格中,插入图片"ch 11→images→11-2. gif";在"小有成绩"下面的单元格中插入动画"ch 11→others→11-1. swf",设置动画大小:宽 550 像素,高 450 像素。

(19)保存并预览网页。

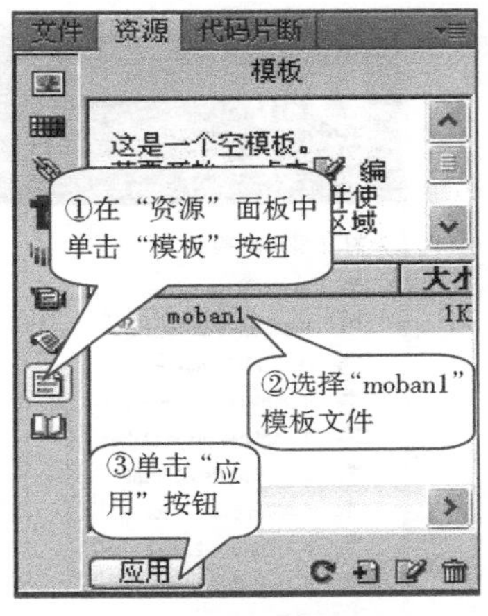

图 11-1-8　应用模板到新网页

知识窗

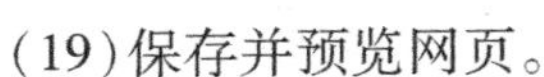

一、基本概念

模板是一种特殊类型的文档,文件扩展名为". dwt"。在设计网站时,可以将网站中各网页的公共部分放到模板中。当要更新网页的公共部分时,只需要更改模板,所有应用该模板的页面都会随之改变。

在模板中可以创建可编辑区域,应用模板的页面只能对可编辑区域内的内容进行编辑,而可编辑区域外的部分只能在模板中编辑。

二、模板的优点

- 创建有统一风格的网页,省去了重复操作的麻烦,提高工作效率。
- 更新站点时,使用相同模板的网页文件可同时更新。
- 模板与基于该模板的网页之间保持连接状态,对于应用模板的内容可保证完全一致。

三、创建模板的 3 种方法

1. 在开始界面中创建模板

运行 Dreamweaver,出现如图 11-1-9 所示的开始界面窗口,单击如图 11-1-9 所示中"新建"下面的"更多..."按钮,以后的操作步骤如图 11-1-10 所示。

2. 在资源面板中创建

操作方法及步骤见任务 1。也可以在模板列表空白处单击鼠标右键,在弹出的快捷菜单中选择"新建模板"命令来新建模板,如图 11-1-11 所示。

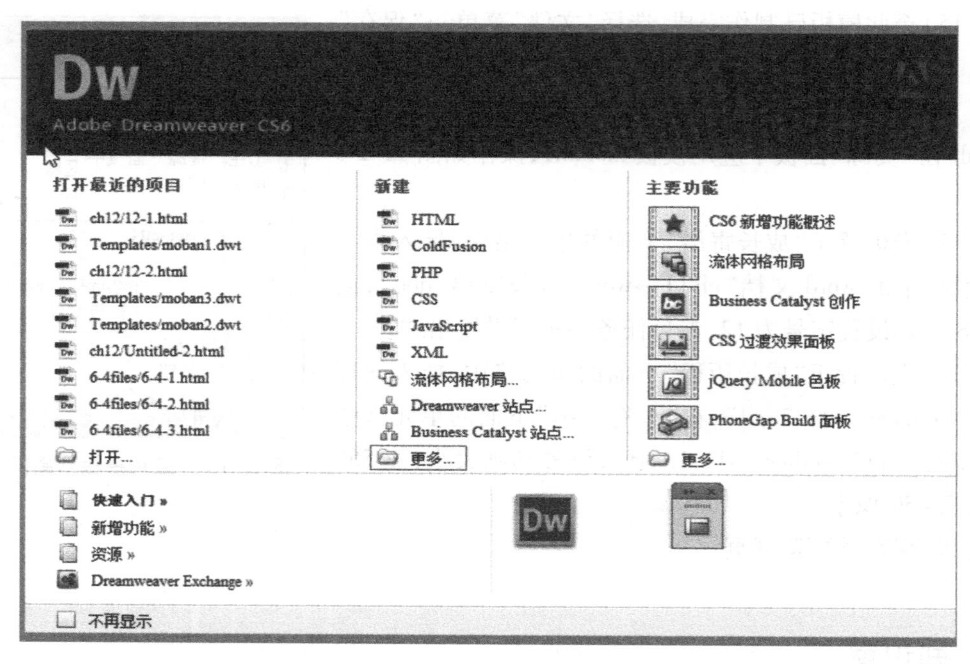

图 11-1-9 “新建”下的“更多...”

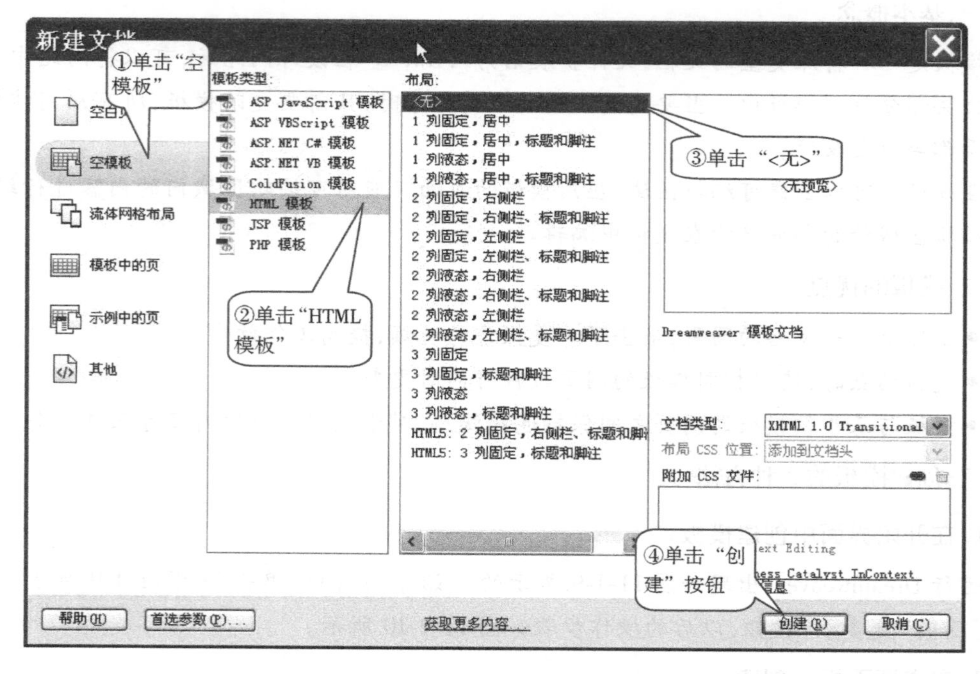

图 11-1-10 通过开始界面创建模板

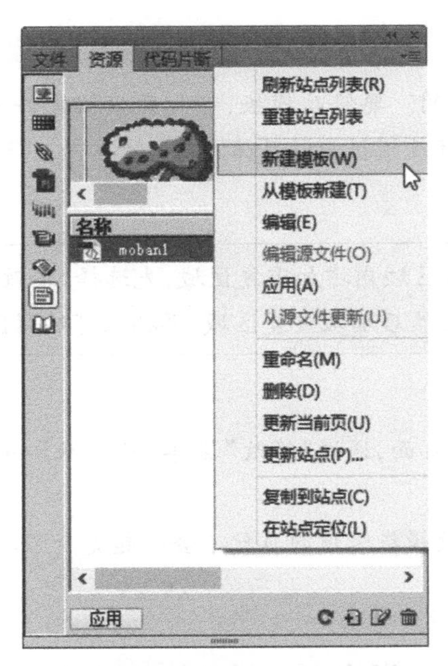

图 11-1-11　在模板列表空白处单击右键来创建模板

3. 用已有的网页文档创建模板

打开要作为模板的网页文件，选择“文件”菜单→“另存为模板”命令。

四、可编辑区域和不可编辑区域

在模板中包括可编辑区域和不可编辑区域，前者对于由模板产生的网页而言，可以是不同的内容，因为它们在网页文档创建过程中是可编辑的；后者在模板窗口中可以编辑，而在网页文档窗口中不能进行编辑，所以在网页创建过程中内容是固定的。

所有应用模板制作出来的网页，只是模板中的可编辑区域发生了变化，而不可编辑区域的内容都相同。

五、对现有网页应用模板

如果有事先已经制作好的网页，也可以对它们应用模板。但需要注意的是：要对现有网页应用模板，现有网页应与模板网页的结构相似。

六、重复区域与可选区域

1. 重复区域

有两种重复区域模板对象可供使用：重复区域和重复表格。通过在 Dreamweaver 模板中使用重复区域，可以以一种重复特定项目的方式来控制页面布局。重复区域通常与表格一起使用，但也可以为其他页面元素定义重复区域。重复表格可以认为是一种特殊的重复区域。

2. 可选区域

可选区域是指模板中的此部分是可选的，即是说有的网页使用该部分，有的网页不使用。

七、修改模板

模板并非永久固定不变的。要修改模板，可打开模板文件，在其中增删可编辑区域、可选区域与重复区域等，也可修改模板中的具体内容。

注意

> 如果要在模板的可编辑区域内增加重复区域，先选择“修改”菜单→“模板”→“删除模板标记”命令删除模板标记，然后插入重复区域，再插入可编辑区域。

八、从模板中分离

方法是打开应用模板的页面，通过“修改”菜单→“模板”→“从模板中分离”命令，将其转化为普通HTML页面。

从模板中分离后，再修改模板时该网页就不会一起更新了。

任务2　创建库项目

任务目的

当多张网页都有一些相同的部分时，可以把这些相同部分建成库项目，通过插入库项目来避免反复制作相同内容。本任务就是把网页中相同的部分制作成库项目。

任务展示

可爱中华 ——　　　　libi制作室

重点提示

- 通过资源面板创建库项目。
- 利用已有的网页中的部分元素创建库项目。

跟我做

（1）单击“窗口”菜单→“资源”命令，打开“资源”面板。

（2）创建库项目，操作如图11-2-1和图11-2-2所示。

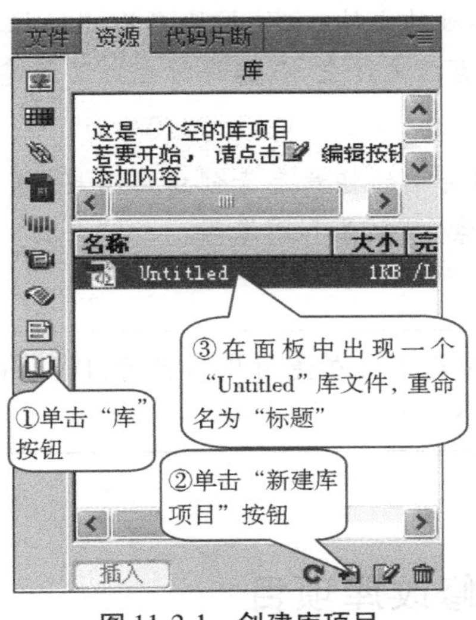

图 11-2-1　创建库项目

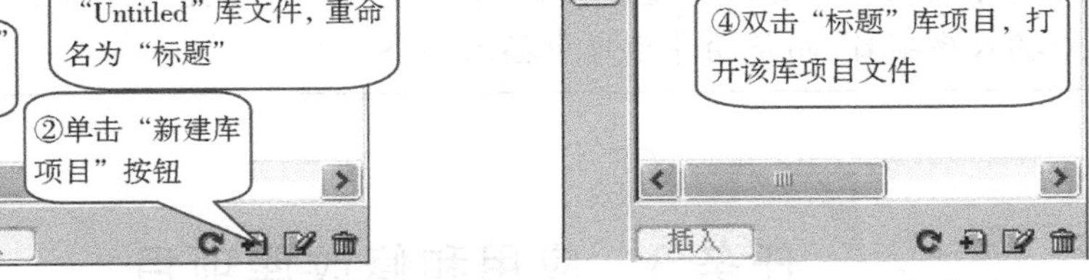

图 11-2-2　打开库项目

(3)在打开的库项目文件中输入文字“可爱中华——”。通过 CSS 样式控制文本格式：字体“隶书”，字号“36”，颜色“#FF0000”，保存该文件。制作好后的效果如图 11-2-3 所示。

可爱中华——

图 11-2-3　“可爱中华”库项目

注意

在库项目中使用 CSS 样式时，尽量不要创建复杂的“标签”类型 CSS 样式。因为标签类型的 CSS 样式定义后，所有引用该样式表的文档，只要文档中有定义的 HTML 标签，其样式就要起作用。

(4)用同样的方法新建库项目“版权”，在编辑区内输入字符“libi 制作室”，保存。

(5)将网页中现有的元素转换为库项目。打开文件 4-6. html，选中标题栏图片 4-21. jpg，单击“修改”菜单→“库”→“增加对象到库”命令，选中的图片转化为库项目，库项目内容出现在“库”列表中，给新建的库文件命名为“banner”。

(6)新建静态网页 11-2. html。

(7)打开网页 11-2. html，插入库项目。光标置于网页顶部，在“资源”面板中选中库项目“标题”，单击“资源”面板左下角的“插入”按钮，即可将库项目“标题”插入到网页中。用同样的方法，在库项目“标题”的右边插入库项目“版权”。

(8)保存网页并预览。

知识窗

一、库项目

库是一种用来存储想要在整个网站上重复使用或经常更新页面元素的方法。库中的这些元素称为库项目。库中包含的项目主要有：图像、表格、声音和 Flash 文件等。库是一种特

殊的 Dreamweaver 文件,每一个库项目作为一个单独的文件(文件扩展名为.lbi)保存在本地站点根文件夹下的 Library 文件夹中,如果事先没有该文件夹,在保存时会自动创建。

二、创建库项目

往往使用资源面板创建库项目。可以选择网页中的任意元素创建库项目,这些元素包括文本、表格、表单、Java 小程序、插件、ActiveX 元素、导航条和图像等。

库项目是可以在多个页面中重复使用的页面元素。在使用库项目时,Dreamweaver 不是向网页中插入库项目,而是向库项目中插入一个链接。

任务3 应用和修改库项目

任务目的

利用模块和库项目来制作模块六的拓展练习"可爱中华"。先创建模板,在模板中插入库项目。当发现库项目和模板不完善时,修改库项目和模板。

任务展示

重点提示

- 新建模板,在模板中插入库项目。
- 套用模板制作网页。
- 修改库项目。

跟我做

(1)新建模板文件 moban3. dwt。

(2)设置页面属性:背景色为"#ffcccc",上边距为0。

(3)插入表格:4 行 1 列,宽度 800 像素,边框为 1,单元格边距和单元格间距为 0。选中表格,在属性面板设置表格"居中对齐",并命名为 tab1。

(4)光标置于第 1 行单元格内,在属性面板设置水平"居中对齐",垂直"居中"。然后插入库项目"标题",操作如图 11-3-1 所示。

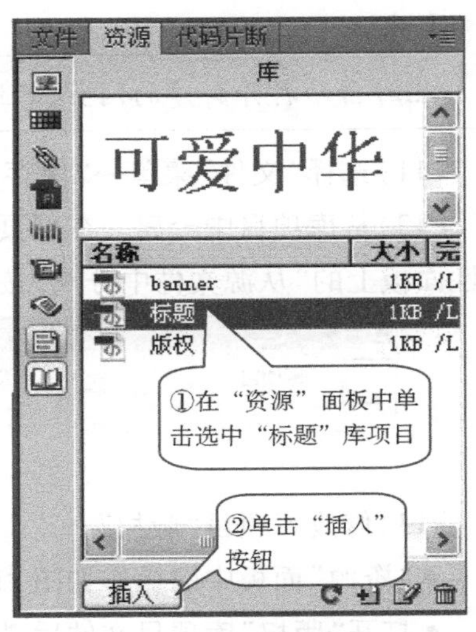

图 11-3-1　插入库项目

(5)光标置于第 2 行单元格内,插入表格:1 行 7 列,宽度 100%,边框、单元格边距和间距均为 0。选中表格,在属性面板中命名为 tab2。选中表格 tab2 的所有单元格,在属性面板设置水平"居中对齐",垂直"居中"。

(6)在表格 tab2 的第 1 至第 7 单元格中依次输入文字"首页""美食""风土人情""矿产资源""IT 产业""文化遗址""留学生看中国"。

(7)光标置于表格 tab1 的第 3 行单元格内,在属性面板中设置水平"居中对齐",垂直"顶端",输入文本"内容"。

(8)光标置于 tab1 的第 4 行单元格内,在属性面板中设置水平"居中对齐",垂直"居中"。用与步骤 4 相同的方法,在其中插入库项目"版权"。

(9)在模板中插入可编辑区域。

- 光标置于表格 tab1 的第 1 行单元格内,单击属性面板上方最右边的<td>标签,选中该单元格。再选择"插入"菜单→"模板对象"→"可编辑区域"命令,插入可编辑区域,命名为"标题"。
- 选中表格 tab2,插入可编辑区域,命名为"导航"。
- 光标置于表格 tab1 的第 3 行单元格中,单击属性面板上方最右边的<td>标签,选中该

单元格。插入可编辑区域，命名为“内容”。模板制作完成，保存。模板效果如图11-3-2所示。

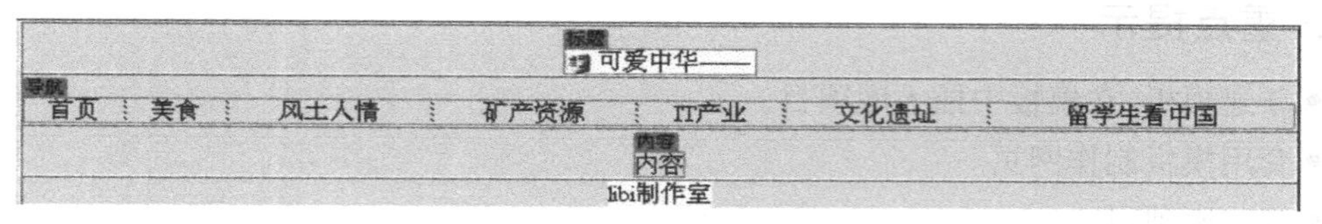

图 11-3-2　模板效果

（10）套用模板制作新网页。选择“文件”菜单→“新建”命令，在“新建文档”对话框中依次选择“模板中的页”，选择“moban3”，单击“创建”按钮。

注意

此时自动打开新建的网页，新网页已应用了 moban3。

（11）选择“文件”菜单→“保存”命令，保存新网页为 11-3. htm。

（12）从库项目中分离。在网页 11-3. htm 中，选中“标题”库项目“可爱中华——”，单击属性面板上的“从源文件中分离”按钮（图 11-3-3），然后删除“可爱中华”后面的破折号。

图 11-3-3　分离库项目

（13）修改库项目“版权”。

- “资源”面板中的操作如图 11-3-4 所示。
- 打开“版权”库项目文件后，把文本“制作室”改为“工作室”。保存文件，此时会弹出如图 11-3-5 所示的“更新库项目”对话框，单击“更新”按钮。
- 接着弹出“更新页面”对话框，操作如图 11-3-6 所示。

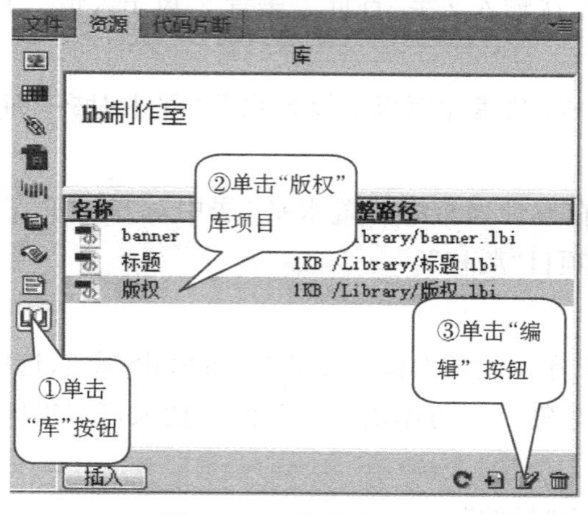

图 11-3-4　修改库项目

图 11-3-5　“更新库项目”对话框

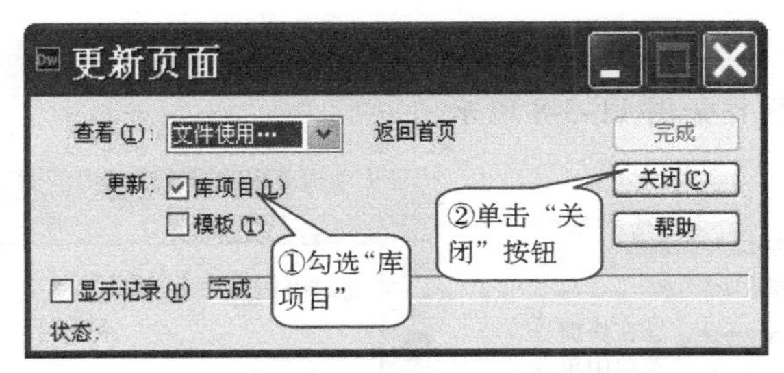

图 11-3-6　"更新页面"对话框

(14)回到网页 11-3. html 中,在表格 tab1 的第 3 行的可编辑区域内删除文字"内容",插入图片 6-1. jpg,图片大小设为宽 790 像素,高为 620 像素,11-3. html 制作完成。

(15)制作子页面。

- 在本地站点根文件夹下建子文件夹"11-3files",用于存放 11-3. html 的子页面。
- 套用模板 moban3 制作子页面 ms. html,对应"美食"子网页。
- 在可编辑区域"标题"的"可爱中华——"后面输入字符"美食",设置字体大小为"24",颜色为"#FF0000",加粗。在表格 tab1 第 3 行的可编辑区域内删除文字"内容",插入图片 6-2. jpg,图片大小设为宽 790 像素,高 620 像素。

(16)用同样的方法制作子页面 ftrq. html,kczy. html,itcy. html,whyz. html,lxskzg. html,保存在"11-3files"文件夹中。

(17)为导航栏建立链接。

- 打开文件 11-3. html 及文件夹"11-3files"中所有文件。
- 在每个文件中选中文字"首页",与 11-3. html 建立链接。
- 在每个文件中选中文字"美食",与 ms. html 建立链接。
- 在每个文件中选中文字"风土人情",与 ftrq. html 建立链接。
- 以此类推,完成导航栏中余下文字的链接。

(18)预览网页 11-3. html,并检查链接是否正确。

知识窗

一、编辑库项目

编辑库项目包括更新库项目、重命名库项目、删除库项目等。更新库项目在前面的任务中已经讲过,在此不赘述了。

1. 重命名库项目

"资源"面板中的操作如图 11-3-7 所示。

2. 删除库项目

“资源”面板中的操作如图 11-3-8 所示。

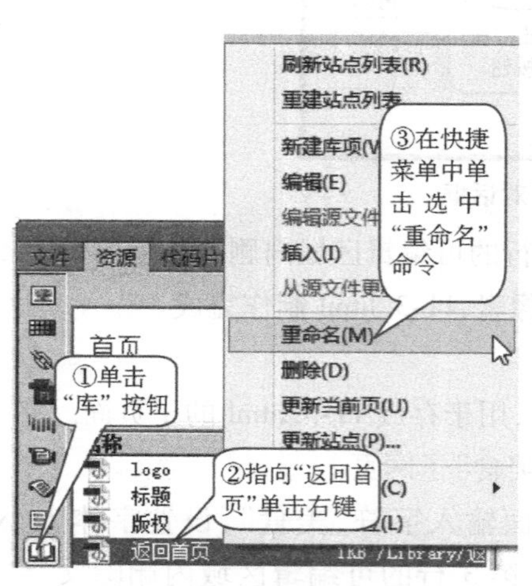

图 11-3-7　重命名库项目

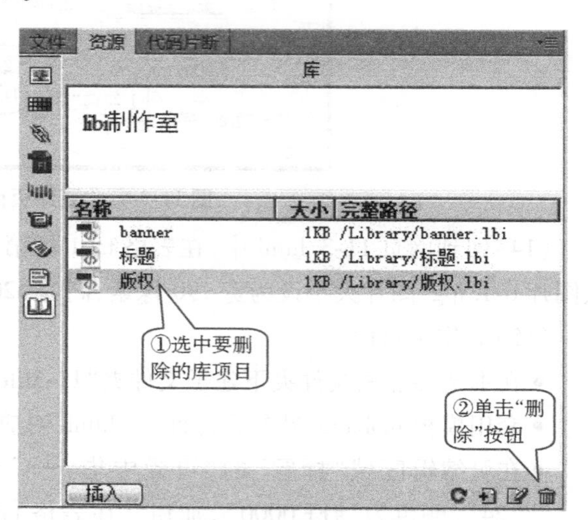

图 11-3-8　删除库项目

注意

每当编辑某个库项目时,可以自动更新所有使用该项目的页面。通过这种方式,可以大大提高网站维护的工作。

二、分离库项目

分离库项目是指插入了库项目的模板或网页不再与库有关联,即修改库项目时不会对它们产生影响。操作的方法是:打开插入了库项目的模板或网页,选中插入的库项目,会看到如图 11-3-9 所示的属性面板,单击“从源文件中分离”即可。

图 11-3-9　分离库项目

拓展练习

修改模板。修改后的模板及参考步骤见本书配套素材“ch11”→“拓展练习”→“修改模板. doc”。

制作个人网站

【模块综述】

前面我们学习了制作网页的各种技术,而网站是各种网页通过超链接有机组合而成的。在网络技术普及的今天,网站在各领域的作用日益重要。要制作一个网站,首先要了解制作网站的目的及网站能提供给浏览者的内容,其次要体现出行业特点。本模块从最简单的个人网站出发,介绍个人网站的制作,帮助大家增长网页制作的经验。

学习完本模块后,你将能够:

- 规划网站
- 创建模板
- 制作主页及二级网页
- 完善网站的超链接

任务1　规划网站

任务目的

网站规划就像设计师设计大楼一样，图纸设计好了，才能建成一座漂亮的楼房。本任务将规划一个个人网站——流行前线，并书面形成该网站的规划书，制订出它的站点结构。

重点提示

- 网站规划的步骤：网站定位→网站的题材→网站的结构→网站的名称→网站的具体内容→网站的风格与颜色搭配→版面布局→文字图片等素材的准备。
- 本模块制作的个人网站共计10张网页：1张主页和9张二级网页。

跟我做

（1）网站的定位。即明确所要创建的网站所服务的对象，要为浏览者提供怎样的服务。在此定位为“个人网站”，同时，在纸上形成的“个人网站规划书”，如图12-1-1所示。

“流行前线”个人网站规划

网站定位：

本网站定位为“个人网站”。

由于本人爱美，喜爱漂亮衣服、漂亮首饰，还是个爱吃狗，因此本网站秉承“秀出个人”的理念，力求追逐时尚。本网站主要面向年轻妹妹，为她们提供美的服装饰品和美食。

图12-1-1　个人网站规划书之“网站定位”

（2）网站题材。即围绕网站定位，决定网站中要放什么内容，以确立网站主栏目，形成网站主导航栏。同步形成的“个人网站规划书”如图12-1-2所示（接图12-1-1）。

网站题材（网站栏目）：

- ❖ 首页
- ❖ 美食前线
- ❖ 服装前线
- ❖ 饰品前线

图12-1-2　个人网站规划书之“网站题材”

（3）网站的结构是指利用不同的文件夹将不同的网页内容分门别类地保存。同步形成

的“个人网站规划书”如图 12-1-3 所示(接图 12-1-2)。

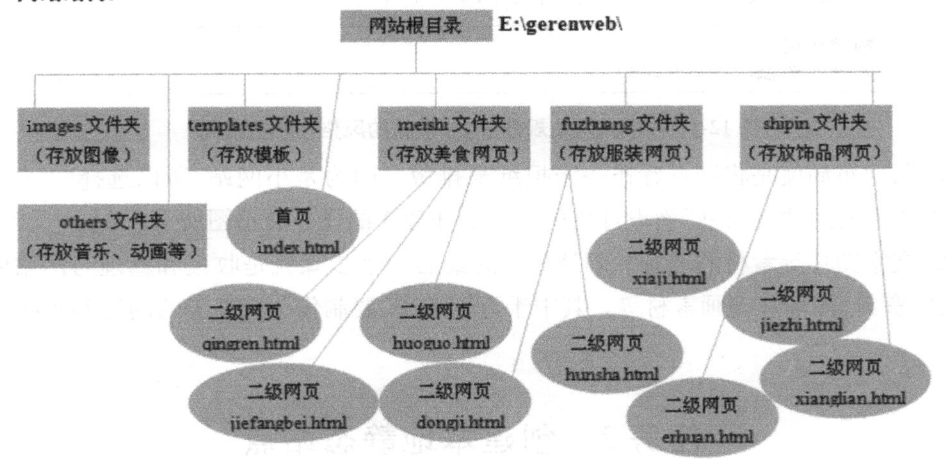

图 12-1-3　个人网站规划书之“网站结构”的树形结构图

注意

> 合理地组织网站结构,可提高工作效率,加快对网站的设计。

(4)网站的名称。即给网站取一个好听的名字,以吸引访问者。同步形成的“个人网站规划书”如图 12-1-4 所示。

(5)网站的具体内容。在步骤 2 基础上,确定各主栏目的子项目内容。同步形成的“个人网站规划书”如图 12-1-4 所示(接图 12-1-3)。

网站名称: 流行前线
网站具体内容列表(针对网站各栏目):
- 首　　页:对应 index.html 网页
- 美食前线:对应 3 张网页,分别是 qingren.html(情人巧克力)、jiefangbei.html(解放碑好吃街)、huoguo.html(重庆美味火锅)
- 服装前线:对应 3 张网页,分别是 dongji.html(今年冬季最流行时装秀)、xiaji.html(当今最流行的夏季时装)、hunsha.html(最流行的婚纱)
- 饰品前线:对应 3 张网页,分别是 erhuan.html(现在最流行的耳环)、jiezhi.html(今年最流行的戒指)、xianglian.html(今年最流行的项链)

图 12-1-4　个人网站规划书之“网站的具体内容”

技巧提示

> 决定网站具体内容的方法是,针对步骤 2 所规划的具体栏目,先列几张清单,把自己现有的、能提供或想要提供的内容列出来,再把觉得网站访问者会喜欢的、需要的内容列出来,最后考虑实际制作技术能力,综合决定网站的具体内容。

(6)网站的风格与颜色搭配。网站定位不同,则网站的风格与主色调也不同。同步形成的"个人网站规划书"如图 12-1-5 所示(接图 12-1-4)。

网站风格: 简洁、大方
网站主色调: 黑色和粉色

图 12-1-5 个人网站规划书之"网站的风格与颜色搭配"

(7)版面布局就是将网页看作一张报纸来排版。因为是小网站,所以选择"厂"字形布局。根据"个人网站规划书"而设计出的主页如任务 3 的任务展示图所示。

(8)文字图片等素材的准备。网站规划的最后一个步骤就是收集和整理与网站内容相关的文字资料、图像和动画素材等。其中千万别忘了,要制作一个精美的网站 LOGO。

任务 2 创建本地静态站点

任务目的

网站规划好以后,就应该在本地计算机上创建本地站点。本任务即是根据规划来创建"流行前线"个人网站的本地静态站点。

重点提示

- 个人网站的本地根文件夹是 E:\gerenweb。

跟我做

(1)新建本地站点根文件夹。在 E 盘根目录下新建一个文件夹,名为"gerenweb"。该文件夹将作为个人网站的根文件夹来存放网站中的首页、二级网页和图片等文件。

注意

站点文件夹名最好不以中文命名,避免因软件对中文不支持而引起错误。

(2)启动 Dreamweaver CS6。

(3)新建本地站点。选择"站点"菜单→"新建站点"命令,弹出"站点设置对象"对话框,对话框中操作如图 12-2-1 所示。

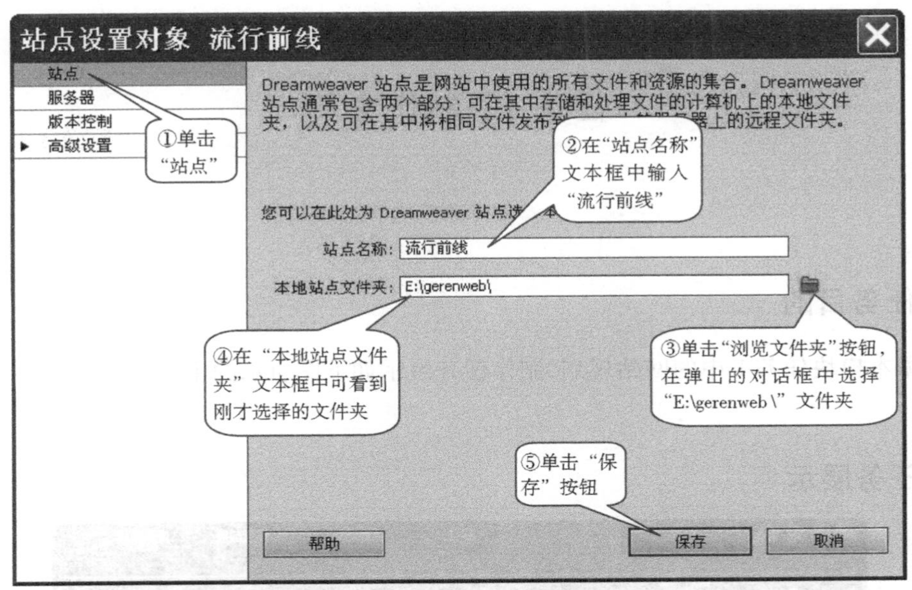

图 12-2-1　"站点设置对象"对话框

(4)观察文件面板。在 Dreamweaver 主界面右侧可观察到文件面板(图 12-2-2)。站点中只有 1 行内容，即本地站点根目录，将来创建的网页文件等将放置其中。

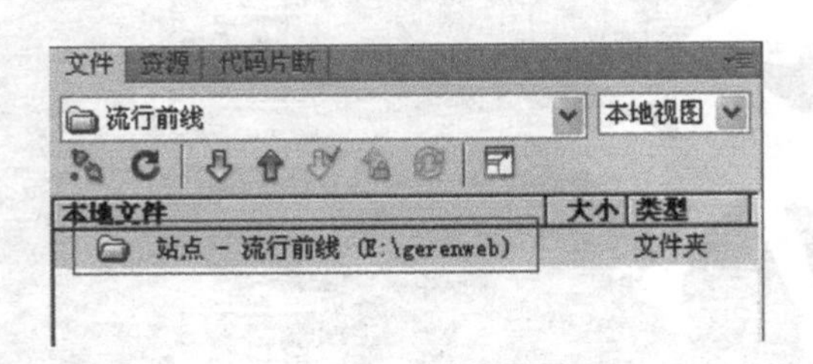

图 12-2-2　文件面板

(5)鼠标右击本地站点根目录，从快捷菜单中选择"新建文件夹"，输入文件夹名为"images"，该文件夹用于存放图像。

(6)鼠标右击本地站点根目录，从快捷菜单中选择"新建文件夹"，输入文件夹名为"others"，该文件夹用于存放音乐、动画等。

(7)用同样的方法，创建"meishi""fuzhuang""shipin"文件夹，分别用于存放"美食前线""服装前线"和"饰品前线"3 个栏目的页面。此时，文件面板中的网站结构如图 12-2-3 所示。

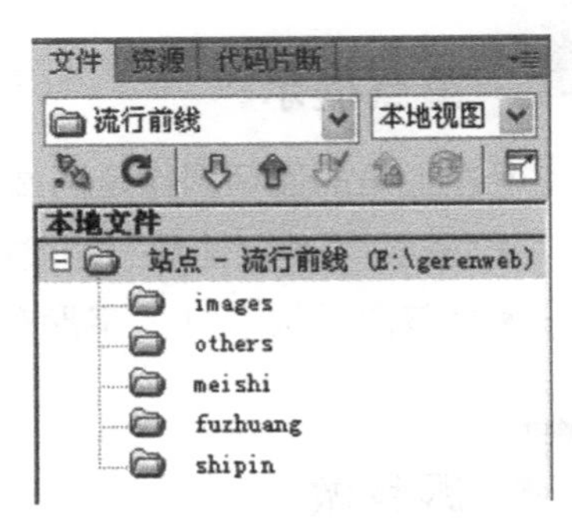

图 12-2-3　文件面板中的网站结构

任务3　制作主页

任务目的

根据本模块任务1中的网站规划，制作任务展示如下图所示的主页。

任务展示

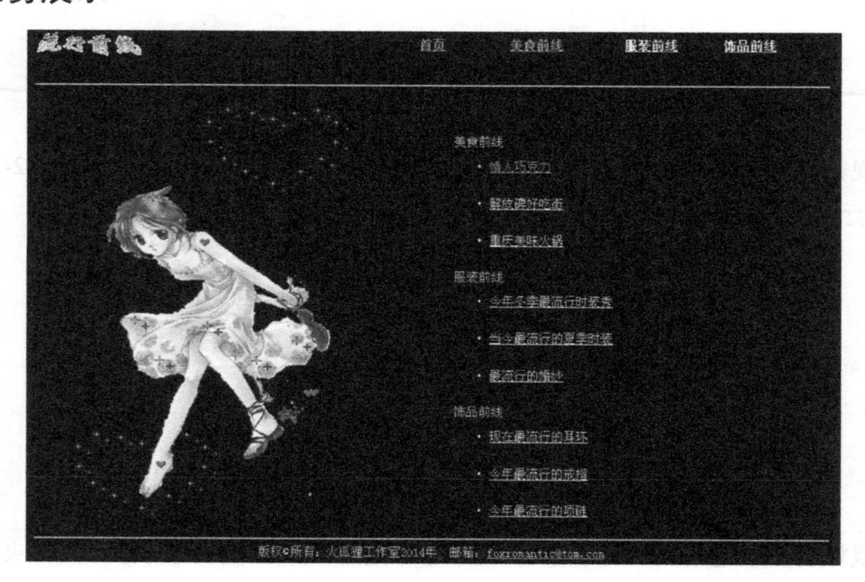

重点提示

- 左上角的文字图像是网站LOGO。
- “首页”“美食前线”这个主导航栏位于“厂”字形布局的“一横”。
- 女孩图像位于“厂”字形布局的“一撇”。网页具体内容位于“厂”字的中间。

跟我做

（1）打开“文件”面板，选择任务2创建的本地站点“流行前线”。右击“流行前线”本地站点根目录，新建主页index.html。

(2)双击打开主页 index. html,设置页面属性,如图 12-3-1 至图 12-3-3 所示。

页面属性
分类：外观 (CSS)、外观 (HTML)、链接 (CSS)、标题 (CSS)、标题/编码、跟踪图像
外观 (CSS)
页面字体 (F): 宋体　B　I
大小 (S): 14　px
文本颜色 (T): #FFF
背景颜色 (B): #000
背景图像 (I):　浏览 (W)...
重复 (E):
左边距 (M):　px　右边距 (R):　px
上边距 (P):　px　下边距 (O):　px
帮助 (H)　确定　取消　应用 (A)

图 12-3-1　“页面属性”对话框——外观设置

页面属性
分类：外观 (CSS)、外观 (HTML)、链接 (CSS)、标题 (CSS)、标题/编码、跟踪图像
链接 (CSS)
链接字体 (I): 宋体　B　I
大小 (S): 14　px
链接颜色 (L): #FFF　变换图像链接 (R):
已访问链接 (V): #F7B9B6　活动链接 (A): #9999FF
下划线样式 (U): 始终有下划线
帮助 (H)　确定　取消　应用 (A)

图 12-3-2　“页面属性”对话框——链接设置

页面属性
分类：外观 (CSS)、外观 (HTML)、链接 (CSS)、标题 (CSS)、标题/编码、跟踪图像
标题/编码
标题 (T): 流行前线
文档类型 (DTD): XHTML 1.0 Transitional
编码 (E): Unicode (UTF-8)　重新载入 (R)
Unicode 标准化表单 (F): C (规范分解，后跟规范合成)
包括 Unicode 签名 (BOM) (S)
文件文件夹: E:\gerenweb\
站点文件夹: E:\gerenweb\
帮助 (H)　确定　取消　应用 (A)

图 12-3-3　“页面属性”对话框——标题设置

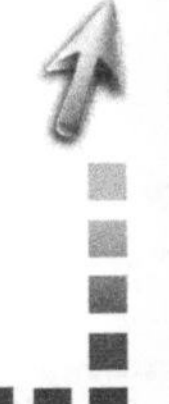

(3)插入1个表格:2行2列,无边框,表格宽度900像素,单元格间距和单元格边距都为0。选中表格,在属性面板设置表格“居中对齐”,并给表格命名为biao1。属性面板如图12-3-4所示。

图 12-3-4 属性面板

(4)光标置于第1行第1列单元格中,在属性面板设置宽“435”,再插入图像12-3. gif。选中第2行所有单元格,合并单元格。光标置于合并的单元格中,插入水平线。

(5)光标置于第1行第2列单元格中,插入1个小表格:1行4列,边框为0,表格宽100%,单元格间距和单元格边距都为0。选中表格,在属性面板给表格命名为biao3。

(6)在表格biao3的4个单元格中分别输入文本“首页”“美食前线”“服装前线”“饰品前线”。选中这4组文本,选择“格式”菜单→“段落格式”→“标题3”命令。网页效果如图12-3-5所示。

图 12-3-5 网页效果

(7)光标置于表格biao1之后,插入1个表格:1行2列,无边框,表格宽度900像素,单元格间距和单元格边距都为0。选中表格,在属性面板设置表格居中对齐,并将表格命名为biao2。

(8)光标置于表格biao2的第1列单元格内,插入图像12-1. gif。选中图像,在属性面板设置图像高500像素。拖动第1列右边框,使第1列的宽度与图像一致。网页效果如图12-3-6所示。

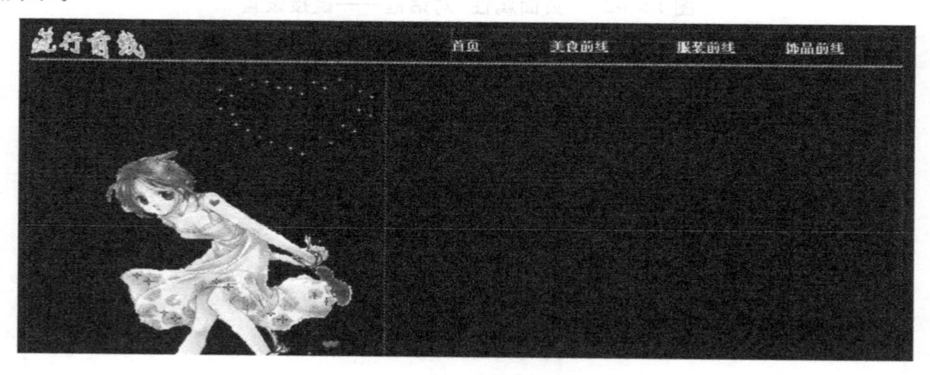

图 12-3-6 网页效果

(9)光标置于表格biao2的第2列单元格内,在属性面板中设置垂直对齐为“顶端”,再插入1个小表格:1行4列,边框为0,表格宽100%,单元格间距和单元格边距都为0。选中表格,在属性面板将表格命名为biao4。

(10)光标置于表格 biao4 之后,插入 1 个小表格:14 行 1 列,边框为 2,表格宽 60%,单元格间距和单元格边距都为 0。选中表格,在属性面板设置表格“居中对齐”,并将表格命名为 biao5。

(11)在表格 biao5 中,参照图 12-3-7 所示效果图输入文本。

图 12-3-7　网页效果

(12)选择文本“情人巧克力”,单击属性面板中的“项目列表”按钮“☰”,制作项目列表。

(13)用同样的方法,选择文本“解放碑好吃街”,单击属性面板中的“项目列表”按钮“☰”,制作项目列表。

(14)如图 12-3-8 所示,依次给其他文本制作项目列表效果。

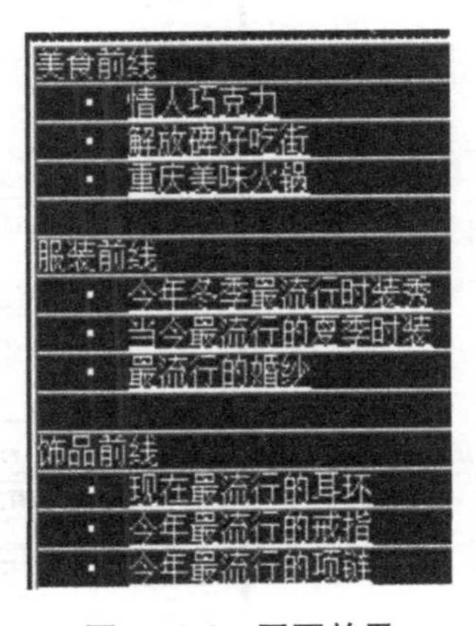

图 12-3-8　网页效果

(15)选中表格 biao5,在属性面板将“边框”设为 0。

(16)光标置于表格 biao2 后,插入 1 个表格:2 行 1 列,无边框,表格宽度 900 像素,单元格间距和单元格边距都为 0。选中表格,在属性面板设置表格“居中对齐”,并将表格命名为 biao6。

(17)光标置于表格 biao6 的第 1 行单元格中,插入一根水平线。

(18)光标置于表格 biao6 的第 2 行单元格中,在属性面板设置单元格水平“居中对齐”。输入版权文本“版权© 所有:火狐狸工作室 2014 年　邮箱:foxromantic@ tom. com”。

(19)选择文本“foxromantic@ tom. com”,单击“插入”面板中的“电子邮件链接”按钮“▭”,创建电子邮件链接,如图 12-3-9 所示。

图 12-3-9　“电子邮件链接”对话框

(20)选择导航栏上的文本“美食前线”,在属性面板创建内部链接,链接到网页 meishi/qingren. html。属性面板如图 12-3-10 所示。

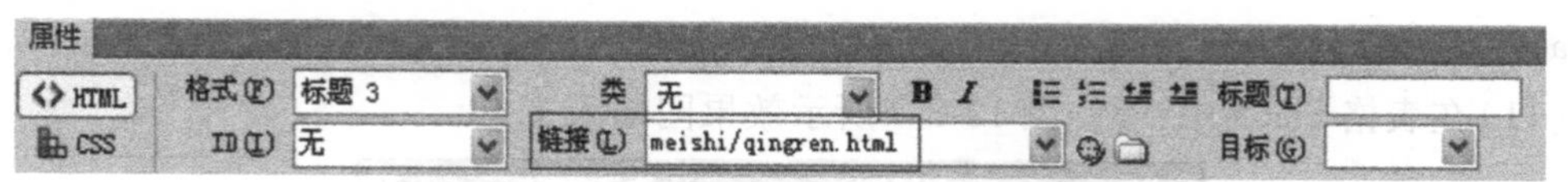

图 12-3-10 属性面板

(21)用同样的方法,为导航栏上的文本“服装前线”创建内部链接,链接到网页 fuzhuang/dongji. html。将导航栏上的文本“饰品前线”链接到网页 shipin/erhuan. html。

(22)选择文本“首页”,在属性面板创建内部链接,链接到网页 index. html。

(23)将本书配套素材“ch 12”→“others”→“bj. mp3”复制到网站子文件夹“others”中。选择“插入”菜单→“媒体”→“插件”命令,制作网页背景音乐,操作如图 12-3-11 所示。

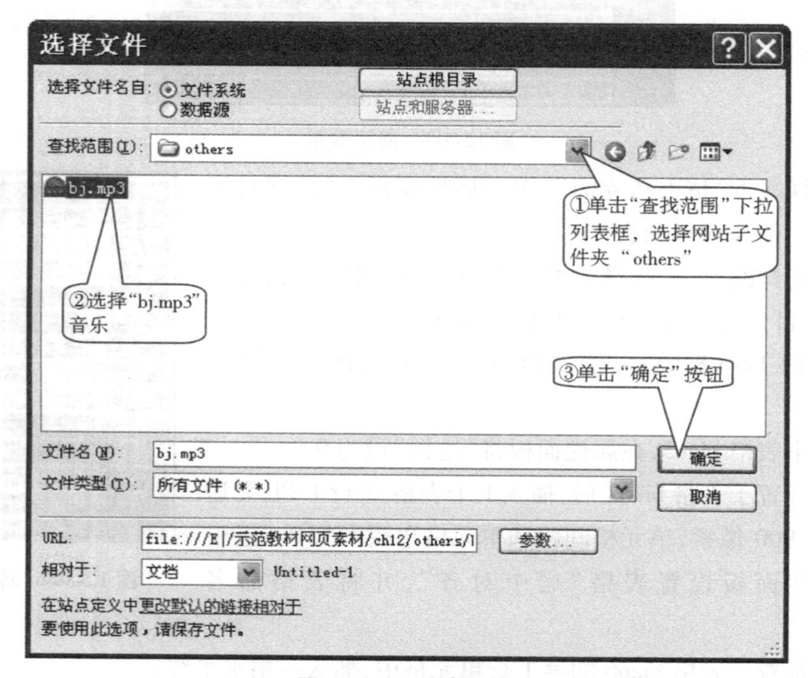

图 12-3-11 属性面板

(24)网页中单击插件占位符“ ”,再切换到“代码”视图,将代码<embed src = " others/bj. mp3" width = " 32" height = " 32" >修改为<embed src = " others/bj. mp3" width = " 32" height = "32" autostart = " true" hidden = " true" >。

(25)保存网页并预览。

任务4　创建模板

任务目的

利用本模块任务3中制作好的主页创建模板,指定可编辑区域,从而为快速批量制作二级网页打好基础。

重点提示

- 利用现有网页创建模板。
- 指定模板的可编辑区域。

跟我做

(1)打开任务3完成的主页index.html。

(2)选择"文件"菜单→"另存为模板"命令,"另存模板"对话框的操作如图12-4-1和图12-4-2所示。

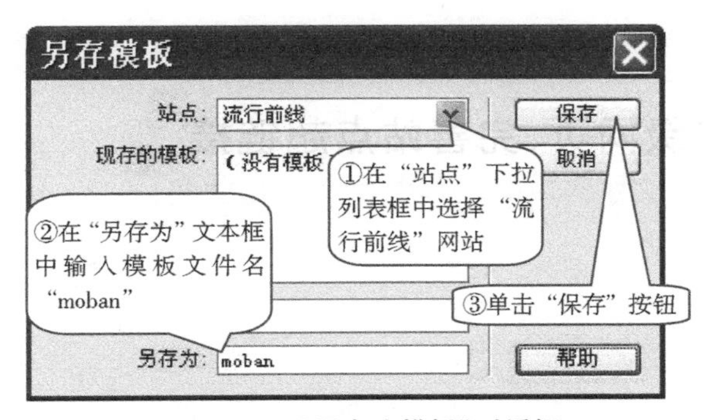

图12-4-1　"另存为模板"对话框

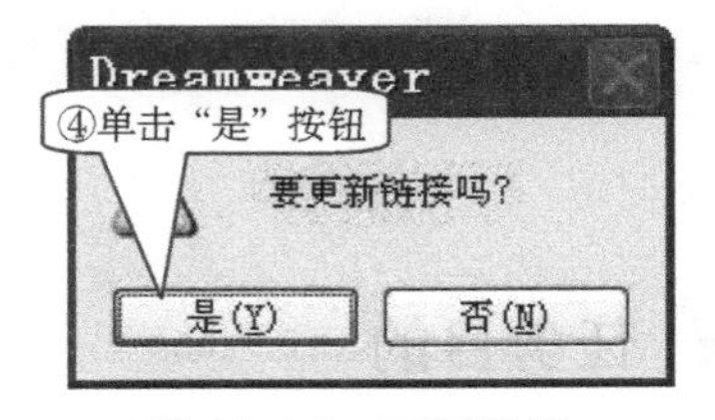

图12-4-2　更新链接

注意

> 更新链接后,刚才打开的主页index.html自动关闭,自动打开模板文件moban.dwt。以下操作都在模板文件中完成。

(3)光标置于表格biao2第2列单元格中,在属性面板上方的标签选择器中单击最右边

的"td",再选择"插入"菜单→"模板对象"→"可编辑区域"命令,定义可编辑区 b2。对话框设置如图 12-4-3 所示。

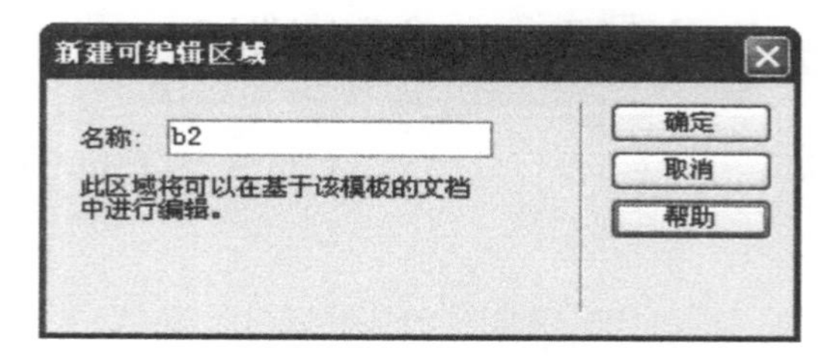

图 12-4-3 "新建可编辑区域"对话框

(4)删除表格 biao5 中的所有文本,此时模板效果如图 12-4-4 所示。

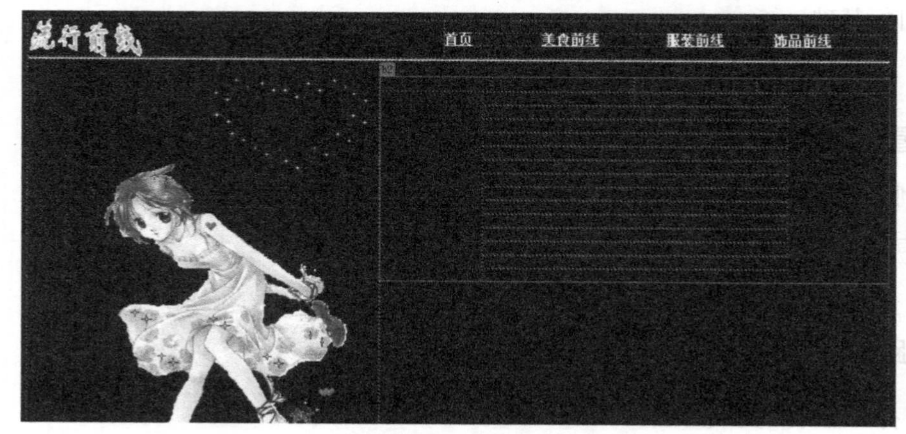

图 12-4-4 模板效果

(5)选择"文件"菜单→"保存"命令,保存模板,最后关闭模板文件。

任务 5 制作二级网页,完善站点超链接

任务目的

运用本模块任务 4 中制作的模板,快速制作流行前线个人网站的二级网页。

重点提示

- 个人网站中共有 9 张二级网页。
- 二级网页完成后,须完善网站中的超链接。

跟我做

(1)在“文件”面板中,选择“流行前线”网站。新建静态网页 qingren. html(对应“情人巧克力”网页),操作如图 12-5-1 和图 12-5-2 所示。

图 12-5-1 文件面板

图 12-5-2 文件面板

(2)选择“窗口”菜单→“资源”命令,打开资源面板。

(3)应用模板于“情人巧克力”网页,操作如图 12-5-3 所示。

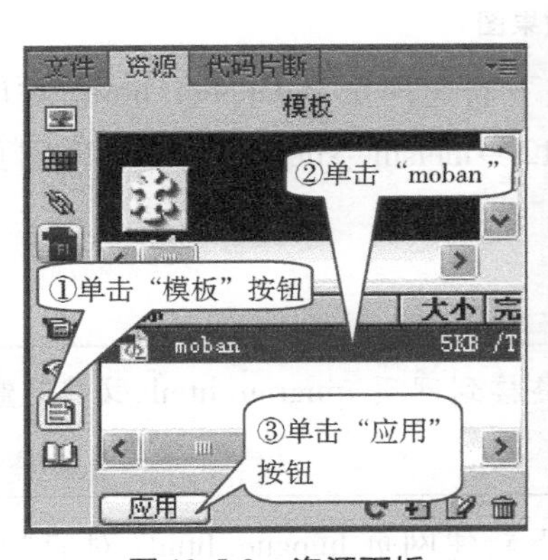

图 12-5-3 资源面板

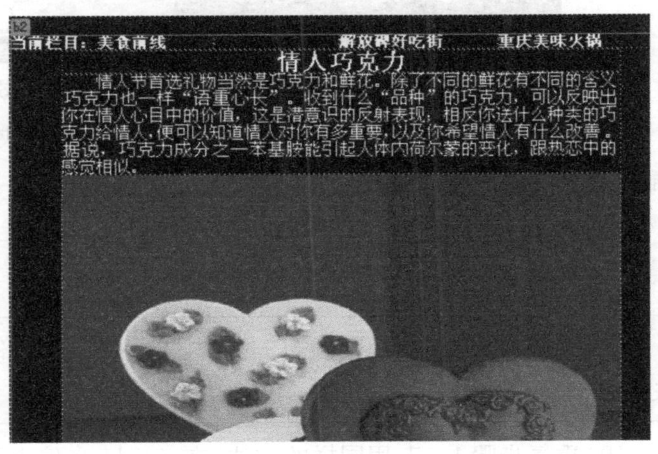

图 12-5-4 网页效果

(4)编辑 b2 可编辑区域中的表格 biao4。参照如图 12-5-4 所示效果图,在表格 biao4 的第 1,3,4 单元格中输入文本“当前栏目:美食前线”等。选中所输入的文本,选择“格式”菜单→“段落格式”→“标题 4”命令。

(5)编辑 b2 可编辑区域中的表格 biao5,可参照如图 12-5-4 所示效果图。光标置于表格 biao5 的第 1 行单元格中,在属性面板设置单元格水平“居中对齐”,再输入文本“情人巧克力”。选择文本“情人巧克力”,选择“格式”菜单→“段落格式”→“标题 2”命令。光标置于

第2行单元格中，参照效果图输入文本。合并表格 biao5 剩余的单元格。光标置于合并后的单元格中，插入图像12-2. jpg。选择图像，在属性面板设置图像宽451像素，高350像素。

(6)选中文本“解放碑好吃街”，在属性面板创建链接，链接到网页 jiefangbei. html。选中文本“重庆美味火锅”，在属性面板创建链接，链接到网页 huoguo. html。网页 jiefangbei. html 和网页 huoguo. html 将在下面的步骤中创建。

(7)保存网页并预览。“情人巧克力”网页如图12-5-5所示。

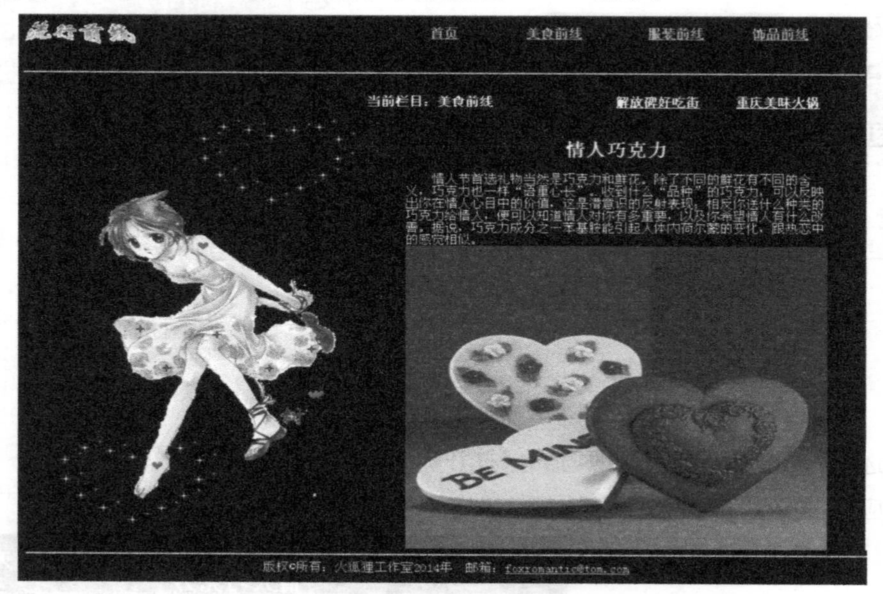

图12-5-5 “情人巧克力”网页效果图

(8)重复步骤1—7，用同样的方法，在 meishi 文件夹下新建网页 jiefangbei. html(对应“解放碑好吃街”网页)。网页效果见本书配套素材“ch12→meishi→jiefangbei. html”网页文档。

注意

> “当前栏目”一行中的链接如下：文本“情人巧克力”链接到网页 qingren. html，文本“重庆美味火锅”链接到网页 huoguo. html。

(9)重复步骤1—7，用同样的方法，在 meishi 文件夹下新建网页 huoguo. html(对应“重庆美味火锅”网页)。网页效果见本书配套素材“ch12→meishi→huoguo. html”网页文档。

注意

> “当前栏目”一行中的链接如下：文本“情人巧克力”链接到网页 qingren. html，文本“解放碑好吃街”链接到网页 jiefangbei. html。

(10)用同样的方法，在 fuzhuang 文件夹下新建3张网页，分别是：网页 dongji. html(对应

"今年冬季最流行时装秀")、网页 xiaji. html(对应"当今最流行的夏季时装")和网页 hunsha. html(对应"最流行的婚纱"网页)。

(11)在 shipin 文件夹下新建 3 张网页,分别是:网页 erhuan. html(对应"现在最流行的耳环")、网页 jiezhi. html(对应"今年最流行的戒指"网页)和网页 xianglian. html(对应"今年最流行的项链"网页)。

(12)完善网站链接。打开主页 index. html,为 9 组文本"情人巧克力""解放碑好吃街"……"今年最流行的项链"分别创建超链接,链接到所对应的网页。

拓展练习

自主命题,自由设计,制作彰显个性的个人网站。

优化、测试与发布网站

【模块综述】

在模块十二中,我们学习制作了个人网站"流行前线"。现在我们要学习如何测试个人网站"流行前线",并发布到互联网上,让公众都能访问该网站。网站测试与发布是网站建设的最后一个步骤。一般先对网站进行优化与测试,测试完成后,在网上注册一个域名,并申请网页空间,然后将网站上传发布。

学习完本模块后,你将能够:

- 进行网站的优化
- 进行网站的测试
- 申请及注册域名空间,然后发布网站

任务 1　优化网站

任务目的

本任务将对模块十二设计的个人网站“流行前线”进行优化。

重点提示

- 先整理 HTML 源代码,再进行网站的优化。

跟我做

(1)启动 Adobe Dreamweaver CS6,在“文件”面板中选择个人网站“流行前线”。

(2)打开网站“流行前线”的主页文档。选择“命令”菜单→“应用源格式”命令来整理 HTML 代码。

(3)选择“命令”菜单→“清理 XHTML”命令来优化主页代码。“清理 XHTML”对话框的操作如图 13-1-1 和图 13-1-2 所示。

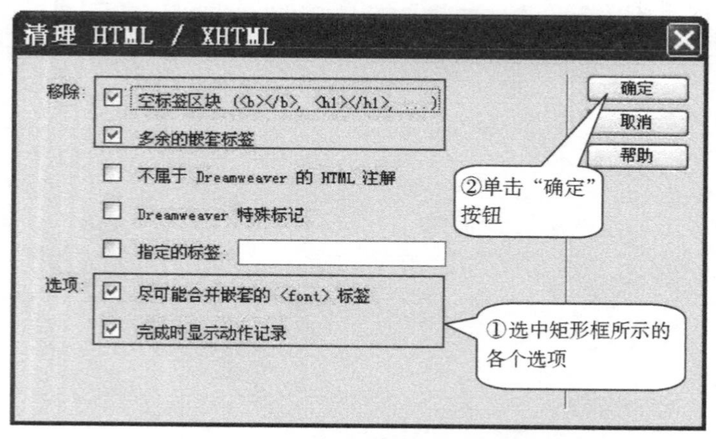

图 13-1-1　“清理 XHTML”对话框

(4)在“文件”面板中展开“fuzhuang”文件夹,双击打开网页 dongji. html(对应“今年冬季最流行时装秀”网页)。选择“命令”菜单→“应用源格式”命令来整理 HTML 代码。再选择“命令”菜单→“清理 XHTML”命令来优化该网页代码。

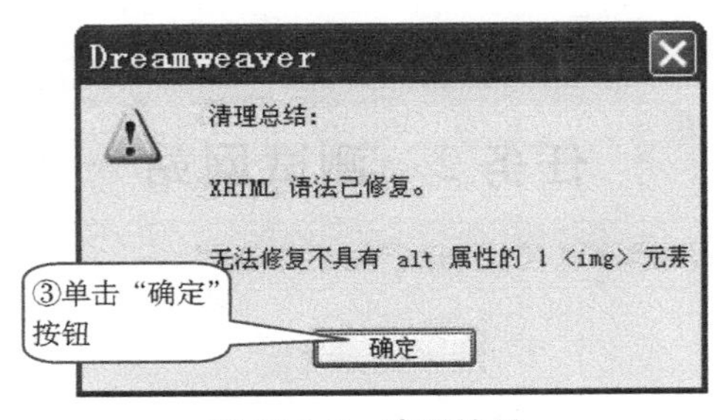

图 13-1-2 清理结果

(5)用同样的方法,依次打开"fuzhuang"文件夹中其他网页文档 hunsha. html 和 xiaji. html,先整理代码再进行网站的优化。

(6)依次打开"meishi"文件夹和"shipin"文件夹中的网页,先整理代码再进行网站优化。

知识窗

一、基本概念

1. 什么叫网站优化

在用户制作网页的过程中,Adobe Dreamweaver CS6 根据用户的操作自动生成了相应的 HTML 代码,该代码程序在代码视图中可完整浏览。网站的优化实际上就是对 HTML 源代码的一种优化。

2. 优化的作用及原则

使用 Adobe Dreamweaver CS6 提供的"清理 XHTML"命令,可以最大程度地对代码进行优化,除去无用的垃圾(空标记,嵌套的 FONT 标记等),修复代码错误,提高代码质量。

对网站进行优化的原则是先整理 HTML 后优化。

二、整理 HTML

整理 HTML 就是将 HTML 代码以特定的、便于阅读理解的模式排版(不改变代码的实际内容)。整理 HTML 的操作步骤如下:

①打开要优化的网页文档。

②选择"命令"菜单→"应用源格式"命令。

三、优化文档

优化网页文档的步骤如下:

①打开要优化的网页文档。

②选择"命令"菜单→"清理 XHTML"命令。

任务 2　测试网站

任务目的

本任务将对模块十二设计的个人网站“流行前线”进行各种测试，具体包括：浏览器兼容性的测试、链接测试、不同操作系统/分辨率的测试和下载速度的测试。

重点提示

- “结果”面板的使用。
- 浏览器兼容性测试和链接测试。

跟我做

（1）启动 Adobe Dreamweaver CS6。

（2）打开“文件”面板，在“文件”面板中选择个人网站“流行前线”。

（3）打开主页文档 index. html，进行不同浏览器兼容性的测试。在“文档”工具栏中单击“检查浏览器兼容性”按钮“ ”（文档工具栏如图 13-2-1 所示），在弹出的菜单中选择“设置”命令，打开“目标浏览器”对话框，如图 13-2-2 所示。

图 13-2-1　文档工具栏

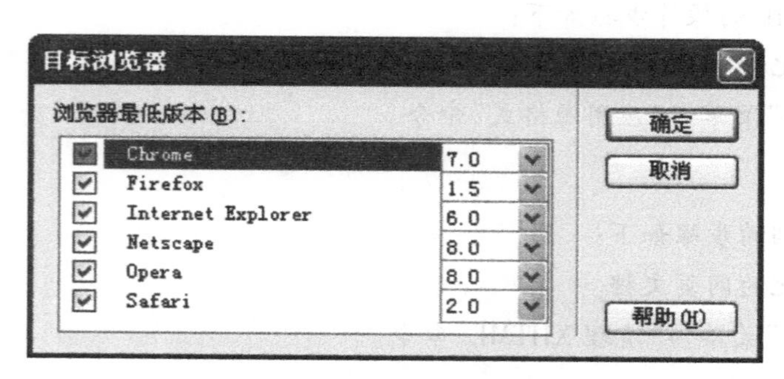

图 13-2-2　“目标浏览器”对话框

注意

不同浏览器兼容性的测试是指在不同的浏览器和不同版本下,测试页面的运行和显示情况,主要是检查网页文档中是否有目标浏览器所不支持的标签或属性,当有元素不被目标浏览器所支持时,网页将显示不正常或部分功能不能实现。

(4)设置“目标浏览器”对话框。具体方法是:在该对话框中选中需要检查的浏览器复选框,在其右侧的下拉列表框中选择浏览器的最低版本(最好选择现在使用的最低版本),然后单击“确定”按钮关闭对话框。

(5)上一步单击“确定”按钮后,将会自动打开“结果”面板中的“浏览器兼容性”小面板,并自动对主页进行浏览器测试,测试结果显示在“浏览器兼容性”小面板中。“浏览器兼容性”小面板如图13-2-3所示。

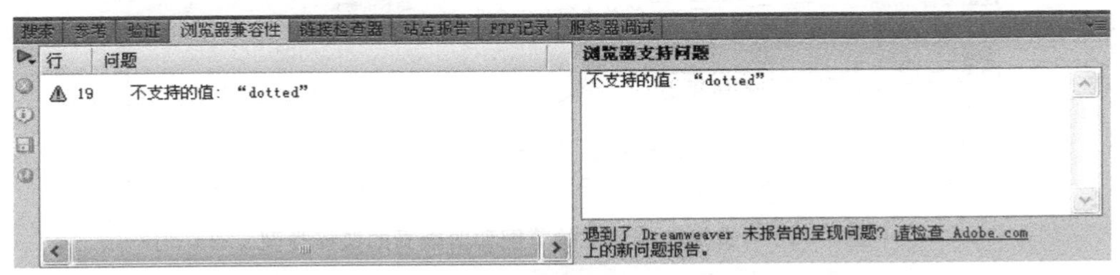

图13-2-3　“结果”面板中的“浏览器兼容性”小面板

技巧提示

进行浏览器兼容性测试,一定要先打开网页文档。在第一次进行浏览器兼容性测试时,要先设置目标浏览器的各种版本,设置好目标浏览器后,会自动打开“浏览器兼容性”小面板进行浏览器兼容性测试,并在该面板中显示测试结果。如果不是首次浏览器兼容性测试,在打开网页和“浏览器兼容性”小面板的情况下,有两种方法开始浏览器兼容性测试:

· 从“浏览器兼容性”小面板左侧的绿箭头菜单中选择“检查浏览器兼容性”。

· 选择“文件”菜单→“检查页”→“浏览器兼容性”命令。

(6)根据“浏览器兼容性”小面板中给出的报告清单,对网页进行修改。最后选择“文件”菜单→“检查页”→“浏览器兼容性”命令,此时“浏览器兼容性”小面板中将会再次快速进行检查,并显示检查结果。要求一直到没有错误为止。

技巧提示

双击“浏览器兼容性”小面板中的某个错误信息,Adobe Dreamweaver CS6会自动转到拆分视图,在拆分视图中系统自动已选中错误信息,我们修正错误即可。

(7)打开个人网站“流行前线”中的其他网页文档,选择“文件”菜单→“检查页”→“浏览器兼容性”命令,进行浏览器兼容性的测试。

（8）单击“浏览器兼容性”小面板右边的“链接检查器”小面板，打开“链接检查器”面板，如图 13-2-4 所示。

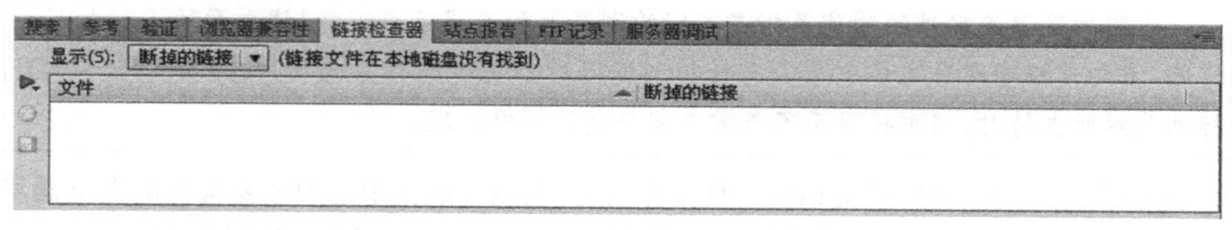

图 13-2-4　“结果”面板中的“链接检查器”小面板

（9）确定在“文件”面板中打开的是个人网站“流行前线”。

（10）在整个站点中检测是否有断掉的链接，操作如图 13-2-5 和图 13-2-6 所示。

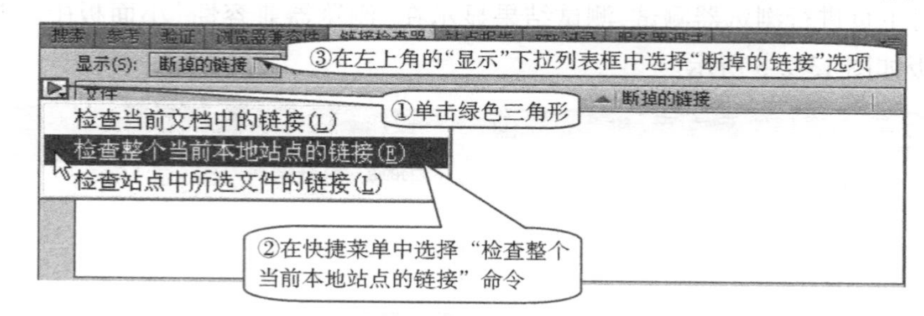

图 13-2-5　选择链接测试的范围和要查看的链接类型

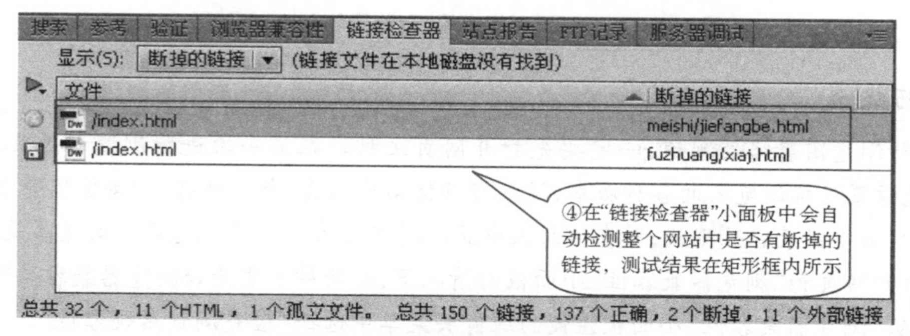

图 13-2-6　“断掉的链接”测试结果

注意

“链接检查器”面板中，左上角的“显示”下拉列表框的默认选项就是“断掉的链接”。

（11）单击“链接检查器”小面板中“断掉的链接”列表中的选项，使其呈改写状态，在其中重新输入链接路径即可，操作如图 13-2-7 所示。

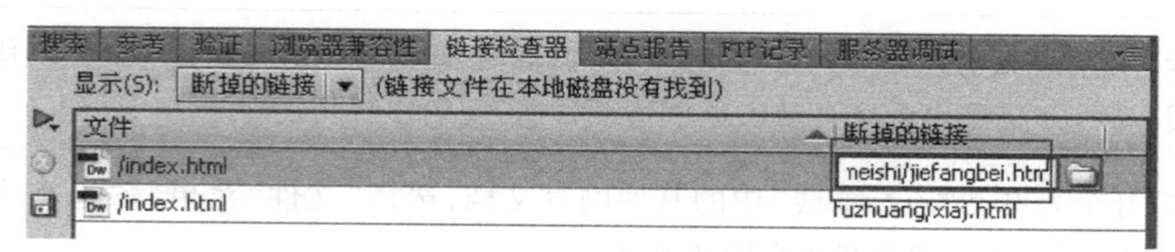

图 13-2-7　修改断掉的链接

(12)在整个站点中检测外部链接,操作如图 13-2-8 和图 13-2-9 所示。

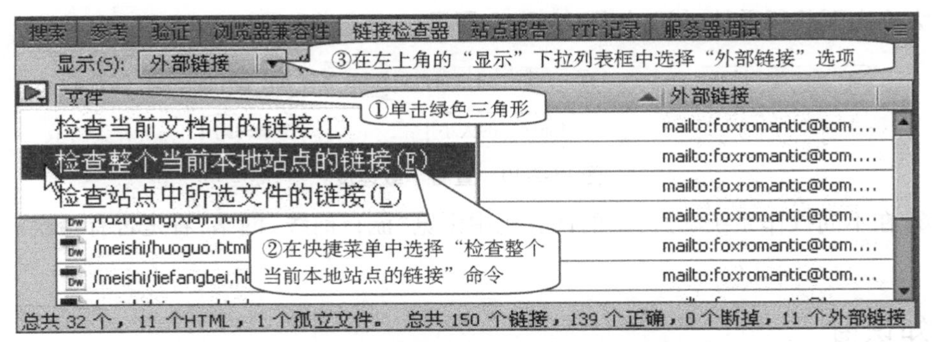

图 13-2-8　选择链接测试的范围和要查看的链接类型

图 13-2-9　"外部链接"测试结果

注意

检测外部链接的目的是检查外部链接是否有效。如外部链接有错,修改方法是:单击"链接检查器"小面板中"外部链接"列表中的选项,使其呈改写状态,在其中重新输入链接路径即可。

(13)在整个站点中检测孤立文件。方法同上,只是在"链接检查器"小面板左上角的"显示"下拉列表框中要选择"孤立文件"选项。如网站中有孤立的文件,将会显示在"链接检查器"小面板中。

注意

孤立文件只有在检查整个站点时才能检查出,最好把孤立文件删除。CSS 样式文件和 JavaScript 用到的文件,都是孤立文件,不要轻易删除。

(14)单独网页的链接测试。打开主页文档,选择"文件"菜单→"检查页"→"链接"命令,检查结果将显示在"结果"面板的"链接检查器"面板中,结果列表中列出的是断掉的链接。当然,也可以在面板左上角的"显示"下拉列表框中选择"外部链接"选项,查看相应的链接情况,并修改链接。

(15)查看下载速度。在 Adobe Dreamweaver CS6 编辑窗口的右下角可以查看当前网页文档的大小和下载所需的时间,如图 13-2-10 所示。

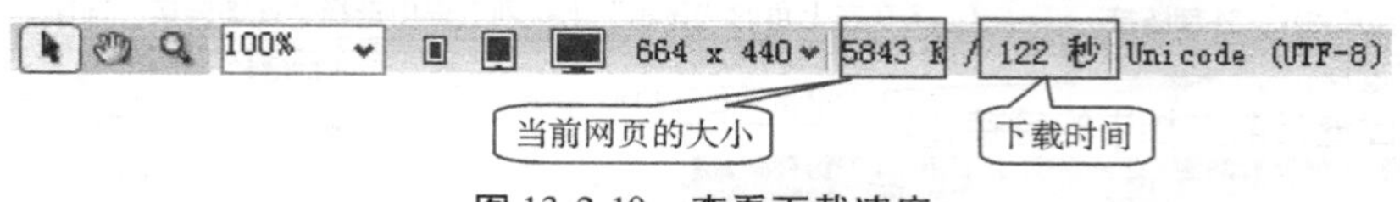

图 13-2-10　查看下载速度

(16)在不同操作系统/分辨率的计算机中浏览“流行前线”网站,看是否有错误。

知识窗

一、基本概念

1. 网站测试的必要性

网站制作完成后,为了保证在浏览器中网页的内容能正常显示、链接能正常进行跳转,为了使页面下载时间缩短,在上传网站之前要进行网站的本地测试。

2. 网站测试的种类

网站的本地测试包括不同浏览器兼容性的测试、不同分辨率的测试、不同操作系统的测试和链接测试、下载速度的测试等。

二、不同浏览器兼容性的测试

由于我们制作的网页上传后,并不能知道上网者使用哪种浏览器,而我们应用在网页制作中的有些技巧,并不是所有的浏览器都能支持,也就是说别人也许看不到网页应有的效果,甚至是一团糟,因此我们必须保证自己的网页被主流的浏览器所支持。Adobe Dreamweaver CS6 提供了这样一个功能,即检查目标浏览器的兼容性。

三、链接测试

在开发建设网站的过程中,页面越来越多,则链接出错的可能性会很大,单凭人力去检查这些链接显然是特别麻烦的,而且有些隐蔽的链接我们也不会一一点击。Adobe Dreamweaver CS6 提供了一个很好的链接检查器,它具有自动检查链接错误的功能,可以快速地在打开的文档或本地站点的某一部分或整个本地站点中搜索断开的链接和未被引用的链接(孤立文件)。

四、下载速度的测试

网页下载速度是衡量网页制作水平的一个重要标准,等待一个页面载入的时间最好不超过 8 s。默认情况下该下载速度是以“56 kB/s”的连接速度计算的,如要查看以其他连接速度下载时所需的时间,可以在“首选参数”对话框中进行设置。操作步骤如下:

(1)选择“编辑”菜单→“首选参数”命令,打开“首选参数”对话框。

(2)在“首选参数”对话框的“分类”列表框中选择“窗口大小”选项。

(3)在“窗口大小”列表框中选择窗口大小。

(4)在“连接速度”下拉列表框中选择下载该网页时的连接速度，一般保持默认值不变，也可以根据实际情况选择更高的下载速度。首选参数对话框如图 13-2-11 所示。

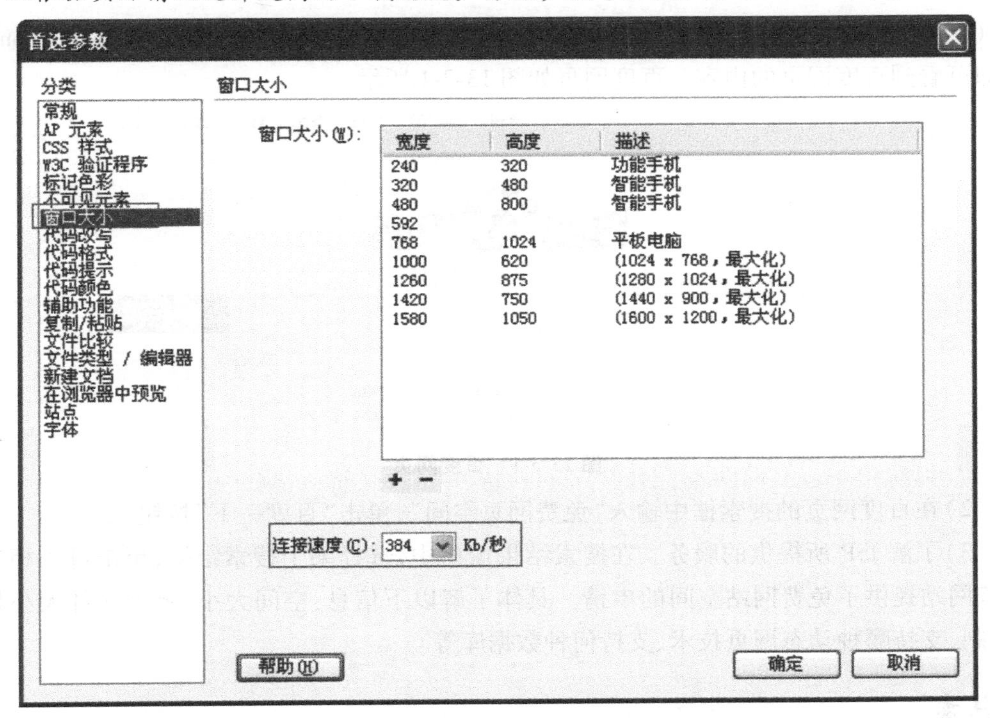

图 13-2-11　“首选参数”对话框

任务 3　注册申请域名、空间

任务目的

域名、空间的注册申请就好比写了一本书，现在要寻找一家出版社来出版。本任务即是在互联网上申请免费的网站空间和域名。申请成功了，就好比已有出版社愿意出版书籍了。

重点提示

- 如何搜索免费网页空间，并了解 ISP 所提供的服务。
- 记录网址、上传地址(即 FTP 服务器)、上传账号、上传密码等信息。

跟我做

（1）双击桌面上 Internet Explorer（IE）图标，在其地址中输入：http://www.baidu.com，回车，即可看到百度网页的内容。百度网页如图 13-3-1 所示。

图 13-3-1　百度网页

（2）在百度网页的搜索框中输入“免费网页空间”，单击“百度一下”按钮。

（3）了解 ISP 所提供的服务。在搜索结果窗口中，选择某个搜索结果，单击进入相应网站，该网站提供了免费网站空间的申请。具体了解以下信息：空间大小、单个文件大小是否有限制、支持哪种动态网页技术、支持何种数据库等。

注意

> 步骤 3 可能要重复多次，以比较选定最后要申请哪一个免费的网站空间。

（4）假设最后选定了 www.3v.cm 网站。在 IE 浏览器的地址栏中输入 www.3v.cm，按回车键，即可看到网站首页内容，如图 13-3-2 所示。

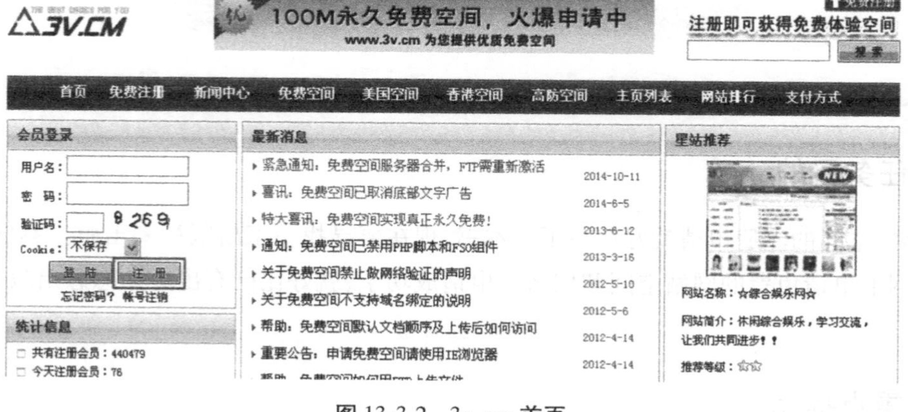

图 13-3-2　3v.cm 首页

（5）如图 13-3-2 所示首页中，单击网页左上角矩形框所示的“注册”按钮，注册会员账号。此时将打开“会员注册_第一步”网页，阅读服务条款后，单击“我同意”按钮。

（6）在新打开的“会员注册_第二步”网页中填写信息，如图 13-3-3 所示。

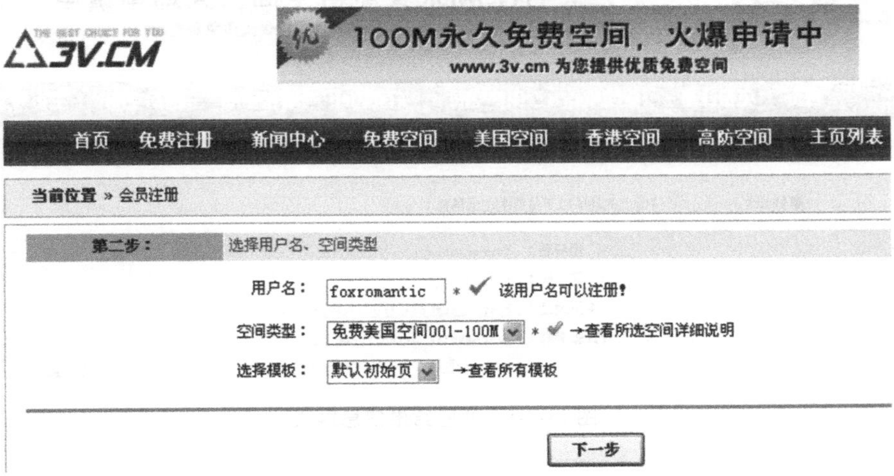

3V.CM　100M永久免费空间，火爆申请中　www.3v.cm 为您提供优质免费空间

首页　免费注册　新闻中心　免费空间　美国空间　香港空间　高防空间　主页列表

当前位置 » 会员注册

第二步：　选择用户名、空间类型

用户名：foxromantic * 该用户名可以注册！

空间类型：免费美国空间001-100M * →查看所选空间详细说明

选择模板：默认初始页 →查看所有模板

下一步

图 13-3-3　填写注册信息

（7）在如图 13-3-3 所示页面中单击“下一步”按钮，新打开的网页如图 13-3-4 所示。

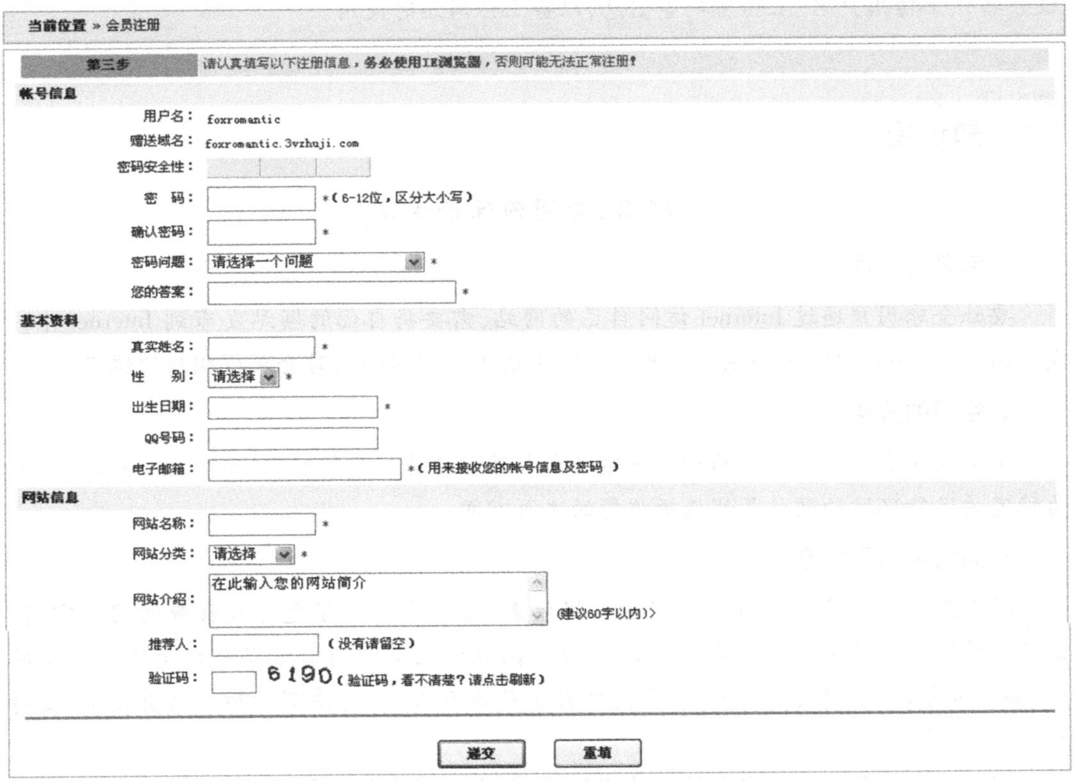

当前位置 » 会员注册

第三步　请认真填写以下注册信息，务必使用IE浏览器，否则可能无法正常注册！

帐号信息

用户名：foxromantic

赠送域名：foxromantic.3vzhuji.com

密码安全性：

密　码：*（6-12位，区分大小写）

确认密码：*

密码问题：请选择一个问题 *

您的答案：*

基本资料

真实姓名：*

性　别：请选择 *

出生日期：*

QQ号码：

电子邮箱：*（用来接收您的帐号信息及密码）

网站信息

网站名称：*

网站分类：请选择 *

网站介绍：在此输入您的网站简介　(建议60字以内))

推荐人：（没有请留空）

验证码：6190（验证码，看不清楚？请点击刷新）

递交　重填

图 13-3-4　填写注册信息

（8）在如图 13-3-4 所示网页中填写注册信息，单击“递交”按钮。申请成功后的网页如图 13-3-5 所示。

图 13-3-5　开通结果信息网页

注意

免费空间开通成功后，对照如图 13-3-5 所示网页，一定要记下网址、上传地址（即 FTP 服务器）、上传用户名、上传密码等信息，以备上传网站时使用。

知识窗

域名、空间的注册申请

1. 域名与空间

要让全球用户通过 Internet 访问自己的网站，需要将自己的网站发布到 Internet 中。在发布网站前，要先申请一个主页空间。通常申请主页空间的同时会获得相应的域名。

2. 空间的分类

主页空间有收费和免费两种。一般的个人网站可选择免费空间，而企业、公司等需要较为稳定的运行环境的网站最好选择收费的主页空间。

3. 如何申请网站空间

现在互联网上很多 ISP（因特网服务提供者）服务商提供了免费或收费的网站空间，我们只要填写相应的申请表单即可。建议读者在申请主页空间前先了解该 ISP 所提供的服务，如是否免费、空间大小如何、单个文件大小是否有限制、支持哪种动态网页技术、支持何种数据库等。

网上可申请免费主页空间的网站比较多，各个网站上的申请操作基本相同。申请网站空间的方法是：在网上搜索“免费网页空间”，就可获得很多免费空间的信息。

任务 4　发布网站

任务目的

本任务介绍使用 CuteFTP 软件上传发布网站的操作。在 CuteFTP 软件中发布站点，要先配置远程服务器信息，再上传网站。

重点提示

- CuteFTP 软件的基本操作：新建 FTP 站点、配置远程服务器信息及上传网站。

跟我做

（1）启动 CuteFTP 软件，软件界面如图 13-4-1 所示。

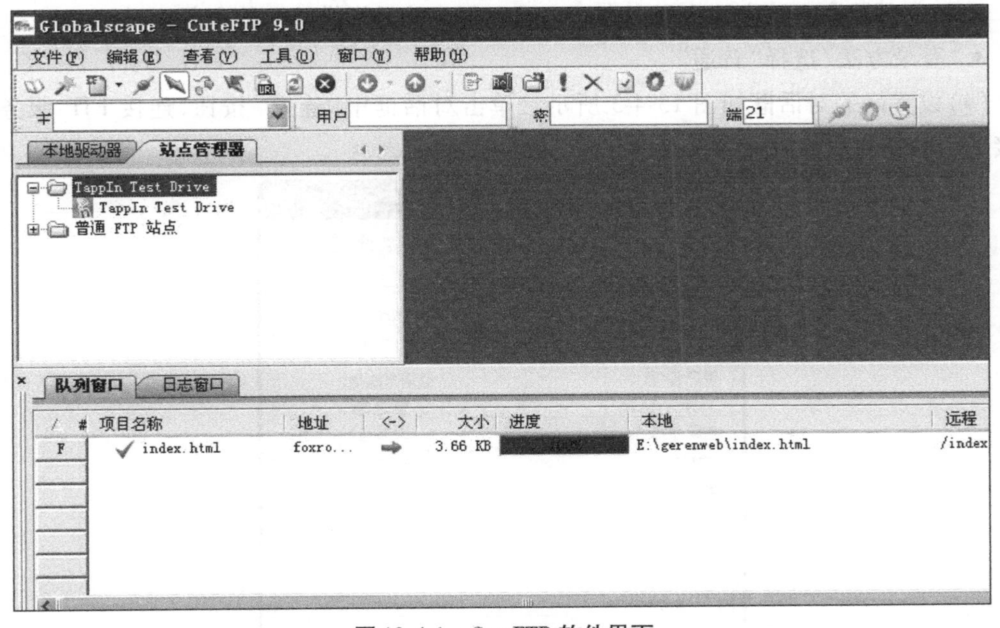

图 13-4-1　CuteFTP 软件界面

（2）新建站点。在左窗格中，单击选中“普通 FTP 站点”，选择“文件”菜单→“新建”→“FTP 站点”命令，打开“此对象的站点属性”对话框，如图 13-4-2 所示。

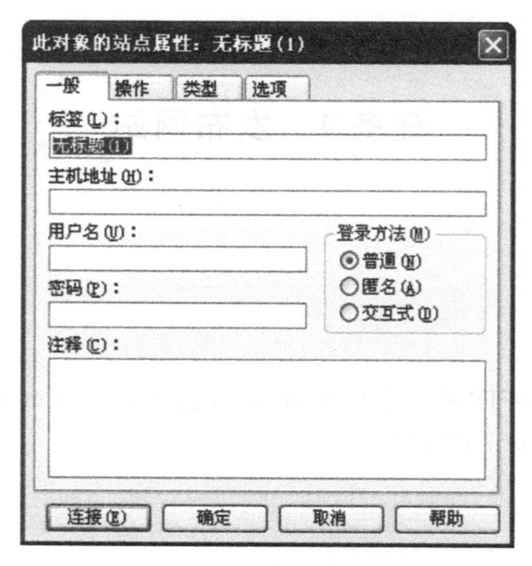

图 13-4-2 “此对象的站点属性”对话框

（3）在对话框中设置远程服务器信息。设置信息如下：

- 在“标签”文本框中输入要上传的个人网站的名称“流行前线”。
- 在“主机地址”文本框中输入申请主页空间成功后提供给用户的上传地址。上传地址即是 FTP 服务器。
- 在“用户名”文本框中输入用户申请主页空间成功后提供的上传用户名。
- 在“密码”文本框中输入用户申请主页空间成功后提供的上传密码。
- “登录方法”选择“普通”。

（4）设置好的对话框如图 13-4-3 所示。单击对话框中“连接”按钮，连接 FTP 服务器。连接后的软件界面如图 13-4-4 所示。

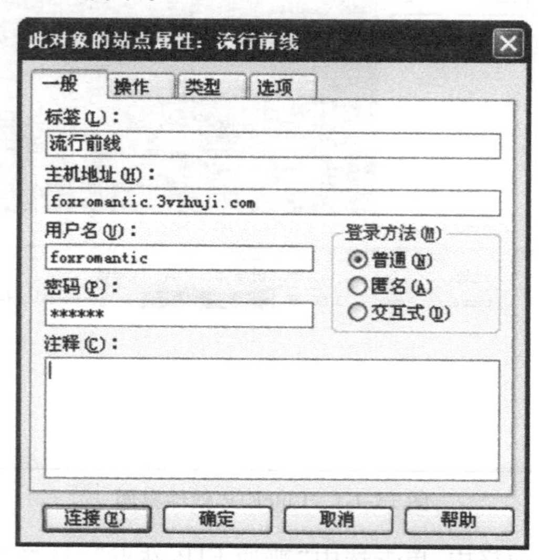

图 13-4-3 “此对象的站点属性”对话框

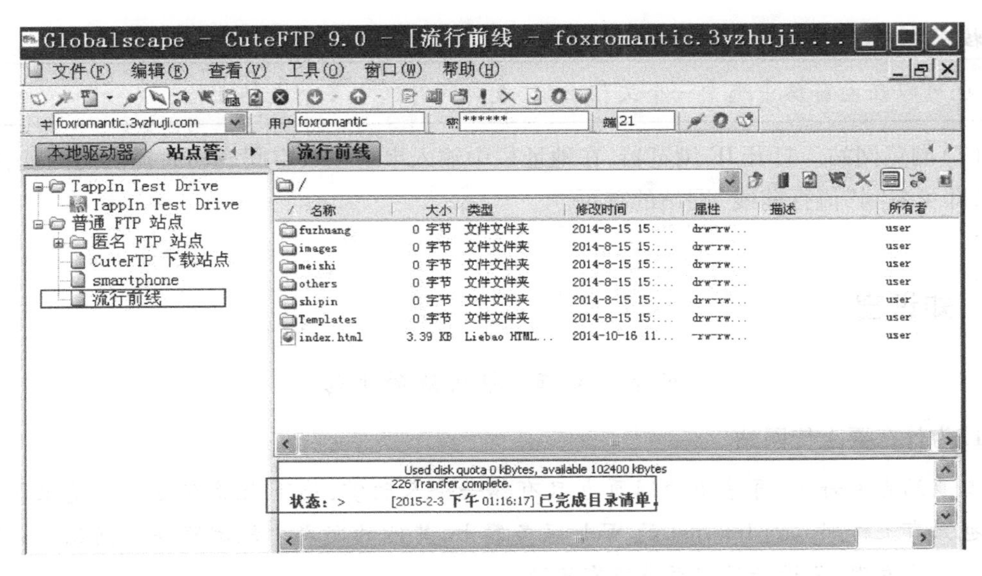

图 13-4-4　连接成功后的 CuteFTP 软件界面

注意

在 CuteFTP 软件界面中间的窗格中有连接 FTP 服务器成功的标志“已完成目录清单”。在如图 13-4-4 所示网页中用矩形框标示。

(5)设置本地站点,操作过程如图 13-4-5 所示。

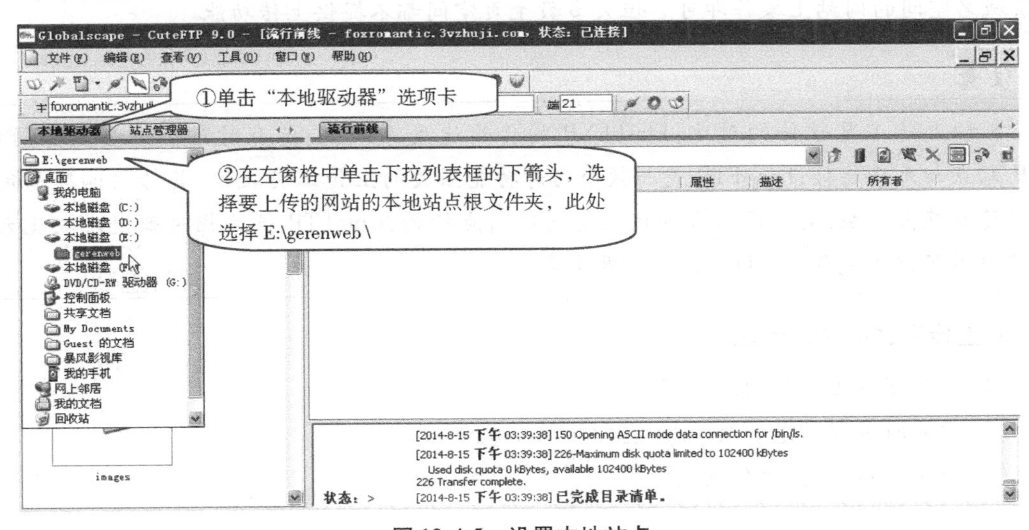

图 13-4-5　设置本地站点

(6)上传网站。在左窗格中选中所有文档,单击工具栏的上传按钮“”,开始上传网站。

技巧提示

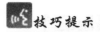

也可以在左窗格中选中一个文档上传，或者同时选中多个文档上传。

（7）浏览网站。打开 IE 浏览器，在地址栏中输入申请主页空间成功后提供的网址，按回车键，即可看到“流行前线”网站的首页。

知识窗

网站的发布（即网站的上传）

1. 为什么要上传网站

本地站点做好了，再漂亮的网页也只有你一个人欣赏，接下来最重要的就是上传网站啦！也只有上传网站到 Internet 的 Web 服务器上，其他的网友才能浏览您的网站，而且，上传之后才能发现，您设计的网页是否有问题。

2. 上传的工具（3 种方式）

主页空间申请成功以后，接下来可以上传站点了。目前主要有 3 种上传方式：第一，可以使用 Adobe Dreamweaver CS6 的远程站点功能来上传发布站点。这种方式适用于初学者。第二，使用专门的上传下载软件（如 LeapFTP，CuteFTP，FlashFXP 等）进行发布。这是目前主流的上传方式。第三，部分主页空间本身也提供网站的上传功能。该方式操作简单，直接在申请域名空间的网站上操作即可。但大多数主页空间都不提供上传功能。

注意

3 种上传工具软件的对比：FlashFXP 的传输速度比较快，但有时对于一些教育网站 FTP 站点却无法连接；LeapFTP 是一款小巧却功能强大的上传工具软件，其传输速度稳定，能够连接绝大多数站点，而最大的优点是支持断点续传；CuteFTP 虽然相对来说比较庞大，但其自带了许多免费的 FTP 站点，资源丰富。

3. 上传网站的操作步骤

（1）在互联网上申请网站空间。

（2）设置服务器信息。

（3）使用上传工具，上传网页。

[1] 数字艺术教育研究室. 中文版 Dreamweaver CS6 基础培训教程[M]. 北京:人民邮电出版社,2012.
[2] 叶哲丽,孙海龙. Dreamweaver 实例教程[M]. 北京:机械工业出版社,2008.
[3] 胡崧,吴晓炜,李胜林. Dreamweaver CS6 中文版从入门到精通[M]. 北京:中国青年出版社,2013.
[4] 朱印宏. 中文版 Dreamweaver CS6 标准教程[M]. 北京:中国电力出版社,2014.
[5] 刘进,李少勇. 48 小时精通 Dreamweaver CS6[M]. 北京:电子工业出版社,2013.
[6] 百度文库——Dreamweaver CS6 基础入门教程.

[1] 数字艺术教育研究室. 中文版 Dreamweaver CS6 基础培训教程[M]. 北京：人民邮电出版社，2012.
[2] 曲红娟，谢阿文. Dreamweaver 实例教程[M]. 北京：机械工业出版社，2008.
[3] 胡崧，吴晓炜，李时兵. Dreamweaver CS6 中文版从入门到精通[M]. 北京：中国青年出版社，2013.
[4] 李如超，丁文华. Dreamweaver CS6 标准教程[M]. 北京：中国电力出版社，2014.
[5] 刘进，李心剑. 48 小时精通 Dreamweaver CS6[M]. 北京：电子工业出版社，2013.
[6] 后盾网视频——Dreamweaver CS6 基础入门教程.